TRAITÉ
DE
BALISTIQUE
EXPÉRIMENTALE,

PAR M. HÉLIE,
Professeur à l'École d'Artillerie de la Marine.

DEUXIÈME ÉDITION, CONSIDÉRABLEMENT AUGMENTÉE,

AVEC LA COLLABORATION DE

M. HUGONIOT,
Capitaine d'Artillerie de la Marine.

OUVRAGE PUBLIÉ SOUS LES AUSPICES DU MINISTRE DE LA MARINE.

TOME SECOND.

PARIS,
GAUTHIER-VILLARS, IMPRIMEUR-LIBRAIRE
DU BUREAU DES LONGITUDES, DE L'ÉCOLE POLYTECHNIQUE,
Quai des Augustins, 55.

1884

TRAITÉ

DE

BALISTIQUE EXPÉRIMENTALE.

TRAITÉ

DE

BALISTIQUE

EXPÉRIMENTALE,

PAR M. HÉLIE,
Professeur à l'École d'Artillerie de la Marine.

DEUXIÈME ÉDITION, CONSIDÉRABLEMENT AUGMENTÉE,

AVEC LA COLLABORATION DE

M. HUGONIOT,

Capitaine d'Artillerie de la Marine.

OUVRAGE PUBLIÉ SOUS LES AUSPICES DU MINISTRE DE LA MARINE.

TOME SECOND.

PARIS,

GAUTHIER-VILLARS, IMPRIMEUR-LIBRAIRE

DU BUREAU DES LONGITUDES, DE L'ÉCOLE POLYTECHNIQUE,

Quai des Augustins, 55.

—

1884

(Tous droits réservés.)

TRAITÉ

DE

BALISTIQUE EXPÉRIMENTALE.

AVANT-PROPOS.

Cette seconde Partie est divisée en trois Sections. La première contient les considérations générales applicables à tous les systèmes de l'Artillerie rayée.

L'examen des systèmes essayés en France antérieurement à 1870 est l'objet de la seconde Section.

Le chargement des canons s'opérait alors le plus souvent par la bouche, et les projectiles étaient munis de tenons qui glissaient dans les rayures.

L'usage des anciennes poudres était conservé et leurs propriétés brisantes occasionnaient parfois des accidents; les charges étaient généralement assez faibles et les vitesses initiales des boulets dépassaient rarement 320^m.

L'étude du système actuellement adopté se trouve dans la troisième Section. Les tenons des projectiles sont remplacés par des ceintures en cuivre et le chargement des bouches à feu s'opère par la culasse. De nouvelles poudres de combustion plus lente ont été substituées aux anciennes. Les modifications apportées à la confection des bouches à feu ont beaucoup augmenté leur résistance. Par suite, on peut maintenant employer de très fortes charges et imprimer au projectile des vitesses considérables.

SECONDE PARTIE.

ARTILLERIE RAYÉE.

PROJECTILES A TENONS. - PROJECTILES A CEINTURE.

SECONDE PARTIE.

ARTILLERIE RAYÉE.

PROJECTILES A TENONS. - PROJECTILES A CEINTURE.

PREMIÈRE SECTION.

NOTIONS PRÉLIMINAIRES.

§ 1. — Considérations générales.

On connaît les inconvénients des projectiles sphériques ; leurs rotations irrégulières produisent de fortes déviations qui, dès que la distance devient un peu grande, rendent le tir fort incertain.

Des boulets oblongs et terminés par des surfaces de révolution offriraient de grands avantages, si l'on parvenait à maintenir leur axe dans la direction du mouvement. La faculté de varier leur forme et, en même temps, d'augmenter leur masse, sans être obligé de leur donner des dimensions latérales plus considérables, permettrait de diminuer les effets de la résistance de l'air.

C'est en vue de réaliser, sinon complètement, du moins en grande partie, un pareil état de choses, qu'on a adopté des dispositions telles que le projectile, en sortant de la bouche à feu, tourne autour de son axe. L'expérience a fait reconnaître l'efficacité de ce procédé.

Les circonstances principales du mouvement sont, du reste, les conséquence des propriétés dont jouit un corps de révolution doué d'une rotation autour de son axe. C'est pourquoi, bien que ces propriétés soient connues, on croit devoir le rappeler succinctement.

§ 2. — Propriétés d'un corps de révolution animé d'un mouvement de rotation autour de son axe.

Comme il ne s'agit ici que de mouvements rotatoires, il est permis de supposer que le centre de gravité reste fixe.

On peut substituer au corps son ellipsoïde central, qui est aussi un corps de révolution.

Soient O le centre de gravité, OA l'axe (*fig.* 1).

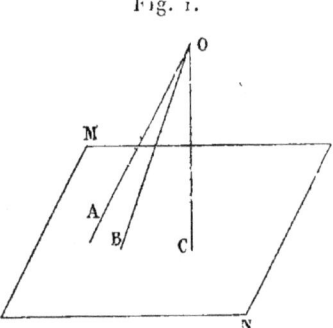

Fig. 1.

Lorsque, à la rotation autour de l'axe, il vient s'en joindre une autre accidentelle, elles se composent en une seule autour d'une certaine droite OB. Soit MN le plan tangent à la surface de l'ellipsoïde au point B, où elle est percée par la droite OB. D'après le théorème de Poinsot, le corps tourne autour du point O, de telle sorte que l'ellipsoïde reste toujours tangent au plan MN. L'axe OA décrit donc un cône autour de la perpendiculaire OC abaissée du point O sur le plan MN.

Si la rotation accidentelle est faible relativement à celle qui s'opère autour de OA, l'angle du cône est très aigu et l'axe s'écarte peu de la direction primitive.

NOTIONS PRÉLIMINAIRES.   7

La question devient plus compliquée quand le mouvement est modifié par une cause permanente; mais il suffira d'examiner le cas où une force P, constante en grandeur et en direction, se trouve appliquée en un point de l'axe.

Soient Ω la vitesse angulaire constante que le mobile possède autour de son axe; A le moment d'inertie relativement à ce dernier. La valeur du couple capable de produire la rotation est $A\Omega$; la somme des forces vives est $A\Omega^2$.

Que l'on conçoive au centre de gravité O (*fig.* 2) trois

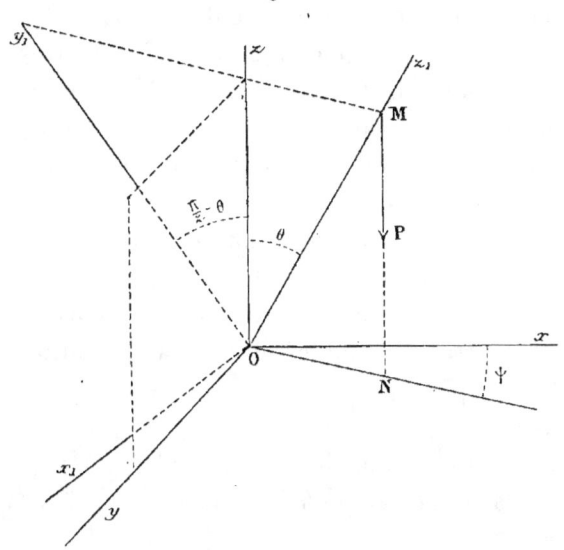

Fig. 2.

axes de coordonnées rectangulaires Ox, Oy, Oz, le troisième Oz parallèle à la direction de la force P, et soient, au bout du temps t :

Oz_1 la position de l'axe mobile;
ON la projection de Oz_1 sur le plan xy;
Ox_1 une droite située dans le plan xy et perpendiculaire à ON;
Oy_1 une autre droite perpendiculaire à Oz_1 et située dans le plan zOz_1.

Il est clair que les droites Oy_1 et Ox_1 forment un angle droit; leur plan est perpendiculaire à l'axe Oz_1 du mobile : c'est le plan de l'équateur.

Ox_1 est la trace du plan de l'équateur sur le plan xy.

Soit enfin M le point d'application de la force P, laquelle est dirigée suivant la droite MN parallèle à Oz.

Posant
$$\text{angle } zOz_1 = \theta,$$
$$\text{angle } NOx = \psi,$$

chacun des angles zOy_1, z_1ON est égal à $\frac{\pi}{2} - \theta$.

L'équateur du corps est circulaire; soit B le moment d'inertie relatif à l'un quelconque de ces diamètres.

Pendant chaque instant dt la force P engendre une rotation infiniment petite autour de la trace de l'équateur. Cette trace varie continuellement; mais, tous ces mouvements élémentaires se composant entre eux, il en résulte qu'au bout du temps t le corps possède une certaine rotation autour d'un axe de l'équateur, lequel, d'ailleurs, reste inconnu.

Cette rotation peut être décomposée en deux autres, l'une autour de la trace actuelle Ox_1, l'autre autour du diamètre Oy_1 perpendiculaire à cette trace.

En vertu de la première, l'axe Oz_1 du mobile tourne pendant l'instant dt autour de la droite Ox_1, à laquelle il est perpendiculaire, et l'angle θ devient $\theta + d\theta$. La vitesse angulaire est donc représentée par $\frac{d\theta}{dt}$; et, puisque B est le moment d'inertie relatif à Ox_1, la valeur du couple capable de produire le mouvement est $B\frac{d\theta}{dt}$; la somme des forces vives est $B\left(\frac{d\theta}{dt}\right)^2$.

La seconde rotation fait varier l'angle ψ, qui devient $\psi + d\psi$. L'axe Oz_1 tournant autour de la droite Oy_1, à laquelle il est perpendiculaire, décrit pendant l'instant dt un angle infiniment petit dont le plan a sur le plan xy une inclinaison égale à $\frac{\pi}{2} - \theta$. La projection de ce petit angle sur le plan xy n'est autre que $d\psi$ et il est aisé de voir qu'il est égal à $\sin\theta$ et $d\psi$. Par conséquent, la rotation autour de Oy_1 a pour vitesse angulaire $\sin\theta \dfrac{d\psi}{dt}$. Le couple capable de produire cette rotation est égal à $B\sin\theta \dfrac{d\psi}{dt}$; la somme des forces vives est $B\sin^2\theta \left(\dfrac{d\psi}{dt}\right)^2$.

On voit qu'au bout du temps t le corps peut être considéré comme soumis à l'action de trois couples

$$A\Omega, \quad B\dfrac{d\theta}{dt}, \quad B\sin\theta\dfrac{d\psi}{dt},$$

ayant respectivement pour axes les trois droites rectangulaires Oz_1, Ox_1 et Oy_1, lesquelles sont des axes principaux.

La somme des forces vives est alors

$$A\Omega^2 + B\left(\dfrac{d\theta}{dt}\right)^2 + B\sin^2\theta\left(\dfrac{d\psi}{dt}\right)^2.$$

Avant l'action de la force P, elle était égale à $A\Omega^2$, les vitesses $\dfrac{d\theta}{dt}$ et $\dfrac{d\psi}{dt}$ étaient nulles. L'accroissement

$$B\left(\dfrac{d\theta}{dt}\right)^2 + B\sin^2\theta\left(\dfrac{d\psi}{dt}\right)^2$$

doit être égal au travail de la force P.

Désignant par l la distance OM et par α la valeur primitive de l'angle θ; supposant, en outre, l'angle α aigu, si la force P agit dans le sens zO, il est bien clair que son travail ne peut être positif qu'autant que θ surpasse α; il est alors exprimé par

$$P\,l(\cos\alpha - \cos\theta).$$

Quand, au contraire, la force P agit dans le sens Oz, il faut que θ devienne inférieur à α et le travail est représenté par

$$P\,l(\cos\theta - \cos\alpha) \quad \text{ou} \quad -P\,l(\cos\alpha - \cos\theta).$$

On peut donc, dans les deux cas, adopter la même expression, pourvu qu'on convienne de regarder la force P comme positive quand elle agit dans le sens zO, et comme négative quand elle est dirigée en sens opposé.

Cela posé, on a l'équation

$$(1) \qquad \left(\frac{d\theta}{dt}\right)^2 + \sin^2\theta \left(\frac{d\psi}{dt}\right)^2 = \frac{2Pl}{B}(\cos\alpha - \cos\theta).$$

Si l'angle α était obtus, on remplacerait la force P par une autre qui lui serait égale et parallèle, mais de sens opposé, et appliquée sur le prolongement de MO, de l'autre côté du point O et à une distance de ce point égale à l. On retomberait alors dans le cas de l'angle aigu.

Les trois couples $A\Omega$, $B\dfrac{d\theta}{dt}$ et $B\sin\theta \dfrac{d\psi}{dt}$ peuvent être décomposés en d'autres dont les axes seraient les trois droites Ox, Oy et Oz.

Les couples $A\Omega$ et $B\sin\theta \dfrac{d\psi}{dt}$, dont les axes sont Oz_1 et Oy_1, fournissent seuls des composants ayant pour axe la droite Oz. La somme de ces composants est

$$A\Omega \cos\theta + B\sin^2\theta \frac{d\psi}{dt}.$$

Telle est donc la valeur du couple qui a Oz pour axe, et elle doit rester la même pendant toute la durée du mouvement, puisque la seule force du système est parallèle à Oz. Or cette valeur était $A\Omega\cos\alpha$ au moment où la force a commencé à agir; donc

$$A\Omega\cos\theta + B\sin^2\theta \frac{d\psi}{dt} = A\Omega\cos\alpha$$

ou

$$(2) \qquad B\sin^2\theta \frac{d\psi}{dt} = A\Omega(\cos\alpha - \cos\theta).$$

L'angle ψ ne restant pas constant, le plan zOz_1 tourne autour de Oz. C'est à ce mouvement qu'on a donné le nom de *précession*.

La position de Ox est tout à fait arbitraire ; on peut la faire coïncider avec celle qu'occupait ON au moment où la force P a commencé à agir. L'angle ψ désigne alors la quantité dont la droite s'est écartée de la direction primitive.

$\dfrac{d\psi}{dt}$ est la vitesse angulaire du mouvement de précession.

Dans le cas où θ surpasse α et où, par conséquent, $\cos\theta$ est inférieur à $\cos\alpha$, l'équation (2) montre que la vitesse angulaire a le même signe et, par conséquent, le même sens que la vitesse $A\Omega\cos\alpha$. La force P agit alors dans le sens zO.

Le contraire arrive évidemment quand θ est moindre que α, c'est-à-dire quand la force P est dirigée dans le sens Oz.

Ainsi le mouvement de précession et la rotation primitive ont le même sens ou des sens opposés, suivant que l'action de la force P tend à augmenter ou à diminuer l'angle α supposé aigu.

L'élimination de $\dfrac{d\psi}{dt}$ entre les équations (1) et (2) conduit à

$$(3) \quad \begin{cases} B^2 \sin^2\theta \left(\dfrac{d\theta}{dt}\right)^2 \\ = (\cos\alpha - \cos\theta)[2\,PB\,l\sin^2\theta - A^2\Omega^2(\cos\alpha - \cos\theta)]. \end{cases}$$

Supposant, pour fixer les idées, que la force P agisse dans le sens zO, alors le premier facteur du second membre n'est jamais négatif ; il faut donc qu'il en soit de même de l'autre,

$$2\,PB\,l\sin^2\theta - A^2\Omega^2(\cos\alpha - \cos\theta).$$

Quand $\theta = \alpha$, ce facteur est égal à $2\,PB\,l\sin^2\alpha$; il deviendrait négatif si l'on supposait $\theta = \pi$; il y a donc entre α et π une certaine valeur β qui l'annule et que l'angle θ ne peut jamais dépasser. La valeur de β est fournie par l'équation

$$2\,PB\,l\sin^2\beta - A^2\Omega^2(\cos\alpha - \cos\beta) = 0.$$

Après avoir atteint cette limite, l'angle θ doit nécessairement décroître; le rapport $\dfrac{d\theta}{dt}$, positif jusqu'alors, devient négatif en passant par zéro, et reste tel jusqu'à ce qu'il s'annule de nouveau, quand θ, décroissant toujours, reprend sa valeur primitive α. Après quoi, tout recommence.

L'axe du corps fait ainsi une suite d'oscillations isochrones dans le plan zOz_1, pendant que ce plan tourne autour de la droite Oz. Ce mouvement oscillatoire a reçu le nom de *nutation*.

Lorsque la force P agit dans le sens Oz, elle est considérée comme négative; l'angle θ ne pouvant être supérieur à α, le premier facteur du second membre n'est jamais positif; l'autre doit être dans le même cas. Il y a donc entre α et zéro une valeur qui s'annule et qu'on peut encore désigner par β. L'angle θ décroît jusqu'à ce qu'il ait atteint cette limite, puis croît. L'axe éprouve donc encore un mouvement oscillatoire.

Toutes les courbes décrites par les divers points de l'axe Oz sont semblables, et l'on prend une idée très nette de leurs formes en considérant leurs projections sur le plan xy.

Considérons, par exemple, le point M, dont N est la projection, et soit $ON = \rho$, il est clair que $\rho = l \sin\theta$; et, comme θ ne varie qu'entre α et β, la courbe que décrit le point N est comprise entre deux circonférences de cercle ayant le point O pour centre. Le rayon de l'une est $l \sin\alpha$, celui de l'autre est $l \sin\beta$. La courbe se compose d'une suite de festons tous égaux entre eux. Quand elle atteint la première circonférence, elle lui est normale; en rencontrant la seconde, elle lui devient tangente; c'est ce dont il est facile de s'assurer. En effet $d\rho = l \cos\theta \, d\theta$; par conséquent,

$$\frac{d\rho}{d\psi} = l \cos\theta \frac{d\theta}{d\psi},$$

et l'on obtient le rapport $\dfrac{d\theta}{d\psi}$ en divisant l'équation (3) par l'équation (2), après avoir élevé les deux membres de cette dernière au carré. Ce calcul conduit à

$$\left(\frac{d\rho}{d\psi}\right)^2 = \frac{l^2 \sin^2\theta \cos^2\theta \left[2\,\mathrm{PB}\,l \sin^2\theta - \mathrm{A}^2\Omega^2(\cos\alpha - \cos\theta)\right]}{\mathrm{A}^2\Omega^2(\cos\alpha - \cos\theta)}.$$

La dérivée $\dfrac{d\rho}{d\psi}$ devient infinie quand $\theta = \alpha$, tandis qu'elle se réduit à zéro si $\theta = \beta$, attendu qu'alors le second facteur du numérateur est nul.

Quand la force P agit dans le sens $z\mathrm{O}$, la circonférence dont le rayon est $l\sin\beta$ se trouve extérieure à l'autre; le contraire arrive quand elle est dirigée dans le sens $\mathrm{O}z$.

Que l'on imagine une sphère de rayon l ayant pour centre le point O. Le point N trace sur cette surface une suite de festons tous égaux et compris entre deux cercles dont les plans sont parallèles au plan xy et qui ont respectivement pour rayons $l\sin\alpha$ et $l\sin\beta$. Chaque feston intercepte sur le premier de ces cercles un arc qui mesure sa largeur; son sommet est sur l'autre cercle.

Cette analyse s'appliquerait sans modifications au cas où le corps, soumis seulement à l'action de la pesanteur et tournant autour de son axe, serait mobile autour d'un point de cet axe autre que le centre de gravité. La force P serait alors le poids du corps et l'axe $\mathrm{O}z$ serait vertical. Le moment d'inertie B serait relatif à une droite perpendiculaire à l'axe et passant par le point fixe.

Ce cas est précisément celui que présente une toupie tournant autour de son axe, de manière que la pointe occupe toujours la même position.

§ 3. — Suite. — Cas où la vitesse de rotation est très grande.

β désignant comme ci-dessus la valeur de θ qui s'écarte le plus de α, on a

(1) $$\frac{2\,\mathrm{PB}\,l \sin^2\beta}{\mathrm{A}^2\Omega^2} = \cos\alpha - \cos\theta.$$

Lorsque Ω devient très grand, le premier membre étant peu différent de zéro, il faut qu'il en soit de même du second, ce qui exige que β soit peu différent de α. On peut donc alors poser

$$\theta = \alpha + u,$$

u étant une quantité très petite, toujours positive ou toujours négative suivant le sens de la force P. Pour fixer les idées, on la supposera positive, auquel cas la force est dirigée dans le sens $z\mathrm{O}$.

On a

$$\cos\alpha - \cos\theta = \cos\alpha - \cos\alpha\cos u + \sin\alpha\sin u,$$
$$\sin^2\theta = \sin^2\alpha\cos^2 u + 2\sin\alpha\cos\alpha\sin u\cos u + \cos^2\alpha\sin^2 u.$$

A cause de la petitesse de u, il est permis de remplacer $\cos u$ par 1, et $\sin u$ par u et les égalités précédentes deviennent, en négligeant les puissances de u supérieures à la première,

$$\cos\alpha - \cos\theta = u\sin\alpha, \quad \sin^2\theta = \sin^2\alpha + 2u\sin\alpha\cos\alpha.$$

Introduisant ces valeurs dans l'équation (3) du paragraphe précédent, on trouve, en remarquant que l'on a identiquement

$$\frac{d\theta}{dt} = \frac{du}{dt},$$

$$\left(\frac{du}{dt}\right)^2 = \frac{u\sin\alpha}{\mathrm{B}^2(\sin^2\alpha + 2u\sin\alpha\cos\alpha)} \times [2\mathrm{PB}\,l(\sin^2\alpha + 2u\sin\alpha\cos\alpha) - \mathrm{A}^2\Omega^2 u\sin\alpha].$$

Le terme $2u\sin\alpha\cos\alpha$ est négligeable devant $\sin^2\alpha$ à cause de la petitesse de u. Mais, par suite de la grandeur de Ω, il n'en est pas de même du terme $\mathrm{A}^2\Omega^2 u\sin\alpha$. En effet, u_1 désignant la plus grande valeur de u, l'équation (1) peut s'écrire

$$2\mathrm{PB}\,l(\sin^2\alpha + 2u_1\sin\alpha\cos\alpha) = \mathrm{A}^2\Omega^2 u_1\sin\alpha,$$

ou, en négligeant encore $2u_1 \sin\alpha \cos\alpha$ devant $\sin^2\alpha$,

$$2\,\mathrm{PB}\,l\sin^2\alpha = \mathrm{A}^2\Omega^2 u_1 \sin\alpha.$$

Sous cette forme elle montre que le terme $\mathrm{A}^2\Omega^2 u \sin\alpha$ est du même ordre de grandeur que le terme indépendant de u.

La valeur de u est donc déterminée par l'équation différentielle

$$\left(\frac{du}{dt}\right)^2 = u\left(\frac{2\,\mathrm{P}\,l}{\mathrm{B}}\sin\alpha - u\frac{\mathrm{A}^2\Omega^2}{\mathrm{B}^2}\right)$$

dont l'intégration donne, en remarquant que l'on doit avoir $u = 0$ pour $t = 0$,

$$u = \frac{2\,\mathrm{PB}\,l\sin\alpha}{\mathrm{A}^2\Omega^2}\sin^2\frac{\mathrm{A}\Omega t}{2\,\mathrm{B}}.$$

La variable u, nulle quand $t = 0$, croît d'abord avec t; elle atteint son maximum $\dfrac{2\,\mathrm{PB}\,l\sin\alpha}{\mathrm{A}^2\Omega^2}$ lorsque $t = \dfrac{\pi\,\mathrm{B}}{\mathrm{A}\Omega}$; puis elle décroît et redevient nulle pour $t = \dfrac{2\pi\,\mathrm{B}}{\mathrm{A}\Omega}$; t continuant à croître, elle repasse périodiquement par les mêmes valeurs.

Ainsi, la nutation est un mouvement oscillatoire dont l'amplitude est $\dfrac{2\,\mathrm{PB}\,l\sin\alpha}{\mathrm{A}^2\Omega^2}$; la durée d'une oscillation complète (aller et retour) est $\dfrac{2\pi\,\mathrm{B}}{\mathrm{A}\Omega}$.

L'amplitude est proportionnelle au moment de la force P relativement au point fixe O, tandis que la durée d'une oscillation ne dépend que de la vitesse de rotation Ω et de la forme du corps; elle est indépendante de la valeur de la force ainsi que de l'angle α.

La vitesse de précession s'obtient à l'aide de la formule (2) du paragraphe précédent, laquelle devient, lorsqu'on y remplace $\cos\alpha - \cos\theta$ et $\sin^2\theta$ par leurs valeurs approximatives $u\sin\alpha$ et $\sin^2\alpha + 2u\sin\alpha\cos\alpha$,

$$\frac{d\psi}{dt} = \frac{\mathrm{A}\Omega}{\mathrm{B}}\frac{u\sin\alpha}{\sin^2\alpha + 2u\sin\alpha\cos\alpha}$$

et en négligeant, comme on l'a déjà fait, le terme $2u\sin\alpha\cos\alpha$ devant $\sin^2\alpha$,

$$\frac{d\psi}{dt} = \frac{A\Omega}{B}\frac{u}{\sin\alpha} = \frac{2Pl}{A\Omega}\sin^2\frac{A\Omega t}{2B}.$$

Cette vitesse, nulle pour $t=0$, croît d'abord avec t et atteint son maximum lorsque $t = \frac{\pi B}{A\Omega}$, puis elle décroît et redevient nulle quand $t = \frac{2\pi B}{A\Omega}$; elle repasse ensuite périodiquement par les mêmes valeurs. Les périodes que présentent les mouvements de nutation et de précession sont exactement les mêmes.

Intégrant l'équation qui donne $\frac{d\psi}{dt}$, et observant que $\psi = 0$ quand $t = 0$, on trouve

$$\psi = \frac{Pl}{A\Omega}t - \frac{PBl}{A^2\Omega^2}\sin\frac{A\Omega t}{B}.$$

L'expression de ψ se compose de deux termes, l'un proportionnel au temps, et l'autre tantôt positif, et tantôt négatif, mais dont la valeur numérique est constamment très faible, puisqu'il contient Ω^2 en dénominateur. En faisant abstraction de ce dernier, l'équation devient

$$\psi = \frac{Pl}{A\Omega}t;$$

c'est celle du moyen mouvement de précession dont la vitesse angulaire constante est $\frac{Pl}{A\Omega}$. Il est à remarquer qu'elle est égale à la moitié de la vitesse maximum; on voit, de plus, qu'elle est indépendante de l'angle α.

Chacun des festons tracés par le point N sur la sphère dont le centre est en O et le rayon l est décrit dans un temps $\frac{2\pi B}{A\Omega}$, pendant lequel le plan zOz_1 tourne d'un angle $\frac{2\pi PBl}{A^2\Omega^2}$.

La largeur du feston mesurée sur le cercle dont le rayon est $l\sin\alpha$ et dont le plan est parallèle au plan xy est donc égale à $l\sin\alpha\dfrac{2\pi\mathrm{P}\mathrm{B}l}{\mathrm{A}^2\Omega^2}$. D'autre part, l'amplitude ou la hauteur du feston s'obtient en multipliant par l l'amplitude de la nutation ; elle est donc égale à $l\dfrac{2\mathrm{P}\mathrm{B}l\sin\alpha}{\mathrm{A}^2\Omega^2}$. On voit ainsi que le rapport de la hauteur du feston à sa largeur est constante et égale à $\dfrac{1}{\pi}$.

Le mouvement du corps continuerait indéfiniment de la même manière s'il n'intervenait aucune force étrangère ; mais c'est ce qui n'arrive jamais. C'est ainsi que, lorsqu'une toupie tourne autour de son axe, la résistance de l'air diminue d'autant plus vite l'amplitude des oscillations du mouvement de nutation que ce mouvement est lui-même plus rapide. La hauteur des festons diminuant alors, il faut qu'il en soit de même de leur largeur, puisqu'il existe un rapport constant entre ces deux grandeurs. Or la largeur des festons étant proportionnelle à $\sin\alpha$, il faut qu'il en résulte une diminution dans la valeur de $\sin\alpha$, et par suite dans celle de l'angle α. C'est ainsi que l'axe de la toupie se rapproche sans cesse de la verticale jusqu'à ce que la résistance de l'air et les frottements qui s'exercent autour de la pointe aient considérablement diminué la valeur de Ω.

§ 4. — Projectiles.

D'après les dispositions généralement adoptées, le corps du boulet est cylindrique et la partie antérieure a une forme ogivale.

Les projectiles ogivaux qu'emploie la marine forment deux catégories.

Les uns, portant le nom d'*obus*, sont en fonte ordinaire et ont une chambre remplie de poudre.

D'autres sont destinés à agir contre des murailles cuirassées et ont reçu le nom de *projectiles de rupture*. Ils sont en acier ou en fonte dure, quelquefois massifs, souvent disposés de manière à recevoir une charge intérieure.

On fait encore usage de boulets de rupture cylindrique terminés à l'avant par une calotte sphérique très aplatie. Ceux-là sont toujours massifs.

Le mouvement de rotation est imprimé au moyen de parties saillantes appelées *tenons*, et placées sur la portion cylindrique. Ces tenons s'engagent dans des rayures ménagées sur la surface de l'âme et inclinées sur l'axe.

Les parties comprises entre les rayures sont appelées *cloisons*.

Dans ces derniers temps, par suite de l'adoption du chargement par la culasse, on a été conduit à remplacer les tenons par des *ceintures* en plomb ou en cuivre. Ces ceintures sont entaillées par les cloisons, et les parties restées intactes s'engagent dans les rayures et jouent absolument le même rôle que les tenons.

Dans la marine, la partie supérieure du projectile tourne de droite à gauche.

Les mouvements irréguliers ne peuvent être évités qu'autant que l'axe du mobile coïncide avec l'axe de l'âme. Lorsque cette condition est remplie, on dit que le projectile est *centré*. Le maintien du centrage exige que le boulet soit en quelque sorte forcé dans la bouche à feu.

L'emploi d'un métal un peu mou pour la confection des tenons permet d'ailleurs de réaliser le forcement sans que les rayures aient à en souffrir.

§ 5. — **Tenons et rayures.** — **Résistance des canons.**

La recherche de la meilleure manière de disposer les tenons sur le projectile est la première qui se présente.

On suppose que l'axe du boulet se trouve exactement placé sur l'axe de l'âme.

Soient

G le centre de gravité du corps (*fig.* 3),

Fig. 3.

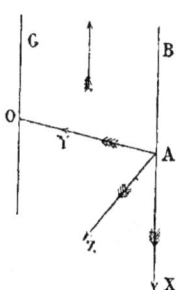

OG l'axe; le mouvement de translation s'effectue dans le sens OG;

AB est une parallèle à l'axe sur laquelle doit se trouver le contact d'un tenon et de la rayure correspondante;

A le point de contact; la figure suppose ce point en arrière du centre de gravité;

O le pied d'une perpendiculaire abaissée du point A sur l'axe.

En A le tenon éprouve à la fois une pression et un frottement qui se composent en une seule force F. La pression est dirigée suivant la normale commune au tenon et à la rayure; le sens du frottement est l'opposé de celui du mouvement du point A.

La force F est décomposable en trois autres: la première X dirigée suivant BA, la deuxième Y suivant AO, la troisième Z suivant une perpendiculaire au plan de deux droites AO et AB.

La composante X a un sens contraire à celui de la translation; son transport au centre de gravité G (*fig.* 4) s'effectue par l'addition d'un couple situé dans le plan de deux droites OG et AB, et ayant un moment égal à $\overline{OA}.X$. La force ainsi transportée retarde le mouvement de translation. Quant au couple, il tend à produire une rotation autour d'une droite perpendiculaire à l'axe, et c'est un genre de mouvement qu'il faut éviter.

Fig. 4.

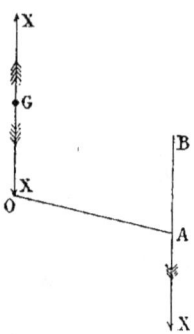

La composante Y (*fig.* 5), provenant d'une pression exercée sur le tenon, agit dans le sens AO. Pour la trans-

Fig. 5.

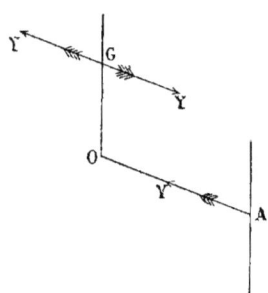

porter au point G, il faut un second couple situé encore dans le plan des deux droites OG et AB et dont le moment est égal à $\overline{OG}.Y$. Son effet s'ajoute à celui du premier. La force Y tend à déplacer le mobile latéralement; c'est encore un effet qu'il faut éviter.

Le transport de la troisième force Z (*fig.* 6) du point A au point O exige un troisième couple situé dans un plan perpendiculaire à l'axe, et dont le moment est $\overline{OA}.Z$; il produit une rotation autour de l'axe, et c'est précisément le mouvement qu'on veut obtenir.

Mais il faut encore porter la force Z du point O au centre

de gravité, et un quatrième couple devient nécessaire; son plan passe par l'axe et est perpendiculaire au plan des deux droites OG et AB; son moment est égal à $\overline{OG}.Z$. Il ne peut

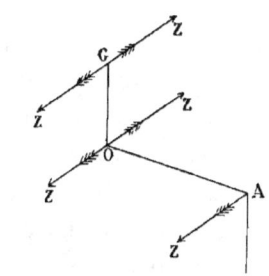

Fig. 6.

avoir pour effet que de produire une rotation autour d'une perpendiculaire à l'axe. Quant à la force Z, elle tend à déplacer le mobile latéralement.

Il y a donc deux forces perturbatrices Y et Z, et trois couples perturbateurs $\overline{OA}.X$, $\overline{OG}.Y$ et $\overline{OG}.Z$. Il faut tâcher de neutraliser leurs effets.

Ordinairement, plusieurs tenons également espacés sont placés sur le contour d'une section perpendiculaire à l'axe; à chacun d'eux correspond une rayure particulière. Il est bien clair que, s'ils supportaient exactement les mêmes efforts, l'équilibre subsisterait entre les diverses forces qui tendent à déplacer le mobile latéralement, aussi bien qu'entre les couples perturbateurs; mais il ne faut pas compter sur une pareille répartition des pressions; de plus, des forces ne peuvent se faire équilibre par l'intermédiaire d'un corps qu'en exerçant sur lui des actions auxquelles il ne résiste pas toujours: il convient donc de rechercher si, par des dispositions particulières, il ne serait pas possible d'en amoindrir ou d'en faire disparaître quelques-unes.

Les couples perturbateurs $\overline{OG}.Y$ et $\overline{OG}.Z$ cessent d'exister lorsque la distance OG devient nulle, c'est-à-dire *lorsque les centres des tenons sont placés sur le contour de la section circulaire qui passe par le centre de gravité,* disposition qui avait été tout d'abord adoptée par la marine.

On peut encore faire disparaître la force Y ; il suffit évidemment pour cela que la normale suivant laquelle la rayure presse le tenon soit perpendiculaire à AO. Cette condition sera, d'ailleurs, remplie si le flanc directeur de la rayure, c'est-à-dire le flanc qui agit sur le tenon, est normal à la surface cylindrique de l'âme, disposition qui a, en outre, l'avantage de réduire la pression à sa moindre valeur, et qui est, par suite, favorable à la conservation de la bouche à feu.

A ce dernier point de vue, il convient d'écarter tout ce qui peut apporter quelque retard aux premiers déplacements du projectile ; c'est alors surtout que la tension des gaz peut acquérir une intensité considérable et devenir dangereuse. Les rayures hélicoïdales offrent cet inconvénient que l'obstacle qu'elles opposent se fait sentir dès les premiers instants ; il est clair qu'il n'en est plus de même lorsque l'on adopte des rayures dont l'inclinaison, nulle à l'origine, croît progressivement jusqu'à la tranche du canon. La rotation du mobile à la sortie de l'âme est, d'ailleurs, la même si l'inclinaison finale est égale à celle des hélices, et les conditions du tir ne sont pas changées.

Il faut seulement faire choix d'une forme simple et facile à construire, et l'on satisfait à cette condition en prenant la courbe qui, dans le développement du cylindre, devient une parabole du second degré.

Soient L la longueur comprise entre l'origine des rayures et la tranche du canon, Θ l'inclinaison finale des rayures sur les génératrices de l'âme.

En supposant les abscisses x parallèles aux génératrices et les ordonnées y dans la direction perpendiculaire ; prenant, d'ailleurs, l'origine des rayures pour celle des coordonnées, il est facile de voir que l'équation de la parabole est

$$y = \frac{\tang \Theta}{2\,l} x^2.$$

Les rayures paraboliques sont adoptées dans la marine.

§ 6. — Résistance que les rayures opposent au mouvement du projectile. — Pression sur les rayures.

Si l'on connaissait à chaque instant la pression des gaz de la poudre, on pourrait, comme on va le voir, déterminer la pression que les tenons exercent sur les rayures et la résistance que ces derniers opposent au mouvement du projectile.

On suppose :

1° Que l'action de la poudre sur le projectile s'exerce parallèlement à l'axe du canon ;

2° Que le projectile tourne autour de son axe qui coïncide lui-même avec celui du canon ;

3° Que les parois forçantes des rayures sont engendrées par le mouvement d'un rayon de l'âme qui s'appuie sur une certaine courbe directrice tracée sur la surface cylindrique du canon.

Soient

N le nombre des rayures ;
A le diamètre de l'âme ;
U la vitesse du projectile dans le mouvement de translation après le temps t ;
ω la vitesse angulaire après le temps t ;
x l'espace parcouru pendant le temps t ;
θ l'angle de la tangente à la directrice avec l'axe, au poids de l'âme correspondant à l'espace x ;
ρ le rayon de gyration du projectile.

Celui-ci est soumis à l'action de diverses forces qui sont :

1° La pression des gaz de la poudre Π ;

2° La pression totale des rayures sur les tenons NP (P la pression que chaque tenon exerce sur sa rayure). Cette dernière force est normale à la rayure, par suite, perpendiculaire au rayon de la bouche à feu et à la tangente à la directrice ; elle fait avec l'axe l'angle $90° - \theta$ et se décompose en deux forces, l'une perpendiculaire à l'axe de la pièce $NP\cos\theta$, l'autre parallèle à cet axe, $NP\sin\theta$;

3° Le frottement sur chaque rayure résultant de la pression P est égal à $f\mathrm{P}$, f désignant le coefficient de frottement; sa composante normale à l'axe est $f\mathrm{P}\sin\theta$, sa composante parallèle à l'axe $f\mathrm{P}\cos\theta$.

Les équations du mouvement sont donc, M désignant la masse du projectile,

$$(1) \qquad \mathrm{M}\frac{d\mathrm{U}}{dt} = \Pi - \mathrm{NP}(\sin\theta + f\cos\theta),$$

$$(2) \qquad \mathrm{M}\rho^2 \frac{d\omega}{dt} = \frac{\mathrm{A}}{2} \times \mathrm{NP}(\cos\theta - f\sin\theta).$$

On a, de plus, entre les déplacements dans les mouvements de translation et de rotation, la relation

$$\frac{\mathrm{A}}{2}\omega\cot\theta = \mathrm{U},$$

d'où

$$(3) \qquad d\omega = \frac{2}{\mathrm{A}}\left(\frac{1}{\cot\theta}d\mathrm{U} + \frac{\mathrm{U}}{\cos^2\theta}d\theta\right).$$

de plus

$$(4) \qquad \mathrm{U} = \frac{dx}{dt}.$$

Remplaçant dans l'équation (3) $d\omega$ par sa valeur tirée de l'équation (2), $d\mathrm{U}$ par sa valeur tirée de l'équation (1) et dt par sa valeur tirée de l'équation (4), il vient

$$(5) \qquad \mathrm{NP} = \frac{\dfrac{4\rho^2}{\mathrm{A}^2}\left(\Pi + \dfrac{\mathrm{MU}^2}{\sin\theta\cos\theta}\dfrac{d\theta}{dx}\right)}{\dfrac{4\rho^2}{\mathrm{A}^2}(\sin\theta + f\cos\theta) + \cot\theta(\cos\theta - f\sin\theta)}.$$

La résistance au mouvement de translation est

$$\mathrm{R} = \mathrm{NP}(\sin\theta + f\cos\theta),$$

c'est-à-dire

$$(6) \qquad \mathrm{R} = \frac{\dfrac{4\rho^2}{\mathrm{A}^2}\left(\Pi + \dfrac{\mathrm{MU}^2}{\sin\theta\cos\theta}\dfrac{d\theta}{dx}\right)}{\dfrac{4\rho^2}{\mathrm{A}^2} + \dfrac{\cos\theta - f\sin\theta}{\sin\theta + f\cos\theta}\cot\theta}.$$

NOTIONS PRÉLIMINAIRES.

Dans le cas où la courbe directrice des rayures est une hélice, l'angle θ est constant; il y a un rapport constant entre la vitesse de rotation et la vitesse de translation du projectile, et aussi, par conséquent, entre la pression exercée par la poudre sur le boulet et la pression des rayures sur les tenons.

On a alors, h étant le pas de l'hélice des rayures,

$$\frac{d\theta}{dx} = 0, \quad \cot\theta = \frac{h}{A\pi};$$

d'où

(7) $$NP = \frac{4\pi\rho^2 \sqrt{A^2\pi^2 + h^2}}{hA(h - fA\pi) + 4\pi\rho^2(A\pi + fh)} \Pi,$$

(8) $$R = \frac{4\pi\rho^2(A\pi + fh)}{hA(h - fA\pi) + 4\pi\rho^2(A\pi + fh)} \Pi,$$

Lorsque la courbe directrice des rayures est une parabole du degré n ayant son sommet à la position initiale du culot du projectile, on a, pour l'équation de cette courbe développée, y désignant l'ordonnée de l'un quelconque de ses points,

$$x^n = py,$$

$$\frac{dx}{dy} = \frac{p}{nx^{n-1}},$$

$$\cot\theta = \frac{2\,dx}{A\,dy} = \frac{2p}{nAx^{n-1}};$$

et, par suite,

$$R = \frac{\dfrac{4\rho^2}{A^2}\left(\Pi + \dfrac{n-1}{x} MU^2\right)}{\dfrac{4\rho^2}{A^2} + \dfrac{\dfrac{2p}{nAx^{n-1}} - f}{1 + \dfrac{2pf}{nAx^{n-1}}} \cdot \dfrac{2p}{nAx^{n-1}}}.$$

Soient L la distance de la tranche du canon à l'origine des rayures, Θ la valeur que prend l'inclinaison θ à la tranche de

26   SECONDE PARTIE. — PREMIÈRE SECTION.

la bouche, en sorte que $\theta = \Theta$ quand $x = L$, on a

$$2p = nAL^{n-1}\cot\Theta,$$

$$\frac{2p}{nAx^{n-1}} = \left(\frac{L}{x}\right)^{n-1}\cot\Theta,$$

$$R = \frac{\dfrac{4p^2}{A^2}\left(\Pi + \dfrac{n-1}{x}MU^2\right)}{\dfrac{4p^2}{A^2} + \dfrac{\left(\dfrac{L}{x}\right)^{n-1}\cot\Theta - f}{1 + f\left(\dfrac{L}{x}\right)^{n-1}\cot\Theta}\left(\dfrac{L}{x}\right)^{n-1}\cot\Theta}.$$

Cette dernière formule peut s'écrire

$$(9) \quad R = \frac{\dfrac{4p^2}{A^2}\left[\left(\dfrac{x}{L}\right)^{n-1}\Pi + \dfrac{n-1}{L}\left(\dfrac{x}{L}\right)^{n-2}MU^2\right]}{\dfrac{\cot\Theta - \left(\dfrac{x}{L}\right)^{n-1}f}{\left(\dfrac{x}{L}\right)^{n-1} + f\cot\Theta}\cot\Theta + \dfrac{4p^2}{A^2}\left(\dfrac{x}{L}\right)^{n-1}}.$$

Quand on prend $n = 1$, la rayure est hélicoïdale et l'on a

$$\cot\Theta = \frac{h}{A\pi},$$

et l'on retombe sur la formule (8).

Quand la rayure n'est pas hélicoïdale, on s'accorde généralement à prendre $n = 2$; mais il est facile de voir qu'en augmentant la valeur de n on réduirait encore la résistance au début du mouvement, ce qui faciliterait les premiers déplacements du projectile.

En effet, le numérateur de l'expression de R renferme en facteur commun $\left(\dfrac{x}{L}\right)^{n-2}$. Dans les premiers instants du mouvement, $\dfrac{x}{L}$ étant une très petite fraction, le numérateur décroît évidemment lorsque n augmente et peut être rendu aussi petit qu'on le veut. Quant au dénominateur, il se compose d'un terme constant et d'autres termes qui deviennent négligeables lorsque $\frac{x}{L}$ étant très petit, la valeur de n est suffisamment grande.

De cet accroissement de n résulterait d'autre part une augmentation de la valeur de R dans les derniers instants du mouvement. En effet, $\frac{x}{L}$ étant alors très peu différent de l'unité, l'augmentation de n n'aurait qu'une faible influence sur les valeurs de $\left(\frac{x}{L}\right)^{n-1}$ et de $\left(\frac{x}{L}\right)^{n-2}$. Le dénominateur serait donc à peu près invariable; quant au numérateur, l'un de ses termes serait aussi sensiblement constant, tandis que le second serait proportionnel à $n-1$.

Lorsqu'on fait $n = 2$ dans la formule (9), on obtient

$$R = \frac{\frac{4\rho^2}{A^2}\left(\Pi\frac{x}{L} + \frac{1}{L}MU^2\right)}{\frac{\cot\theta - \frac{x}{L}f}{\frac{x}{L} + f\cot\theta}\cot\theta + \frac{4\rho^2}{A^2}\frac{x}{L}}.$$

On trouve d'ailleurs facilement, pour la pression totale sur les rayures,

$$NP = \frac{4\rho^2(\Pi x + MU^2)\sqrt{A^2x^2 + p^2}}{Ap(p - Axf) + 4\rho^2 x(Ax + fp)}.$$

§ 7. — Relation entre la vitesse de translation et la vitesse de rotation.

Soient

a le diamètre du cylindre;
V la vitesse initiale de translation;
Ω la vitesse angulaire initiale de rotation;
Θ l'inclinaison finale des rayures.

Un point placé à la surface du cylindre possède à la fois les deux vitesses V et $\frac{a\Omega}{2}$, la première parallèle, la seconde perpendiculaire aux génératrices ; le rapport de la seconde à la première est égal à $\tang\Theta$. Donc

$$\Omega = \frac{2\,V\,\tang\Theta}{a}.$$

Ainsi, quand l'inclinaison des rayures demeure la même, et c'est ce qui arrive dans les bouches à feu semblables, la vitesse angulaire est en raison inverse du calibre et proportionnelle à la vitesse de translation.

Si les projectiles sont semblables et ont la même vitesse de translation, leurs points homologues ont alors des vitesses de rotation égales et, par conséquent, possèdent la même vitesse absolue.

§ 8. — Notations relatives aux boulets ogivaux.

Dans tout ce qui va suivre, on désignera par

p le poids du projectile ;
a le diamètre de sa partie cylindrique ;
j la longueur de l'ogive ;
J le rayon de l'arc ogival ;
l la longueur totale entre la pointe et l'arrière ;
g la distance du centre de gravité à la pointe ;
γ l'angle formé par l'axe avec la tangente à l'extrémité de l'arc ogival.

Lorsque l'ogive est tangente au cylindre, on a

$$j^2 = a\left(J - \frac{a}{4}\right), \quad \sin\gamma = \frac{j}{J},$$

mais cette tangence n'existe pas toujours.

Si, dans ce dernier cas, on conçoit un plan mené par le

centre de l'arc ogival perpendiculairement à l'axe du projectile et si l'on désigne par j_1 la distance de la pointe de l'ogive à ce plan, il est clair que l'angle γ est donné par la formule

$$\sin \gamma = \frac{j_1}{J}.$$

Désignant par ι l'angle que forme la génératrice du cylindre avec la tangente à l'origine de l'arc ogival, on a aussi

$$\sin \iota = \frac{j_1 - j}{J}.$$

Le plus souvent on donne simplement pour chaque projectile les longueurs a, j et J; on obtient alors les angles γ et ι de la manière suivante :

Dans la *fig.* 7, SA est la corde de l'arc ogival, C le centre

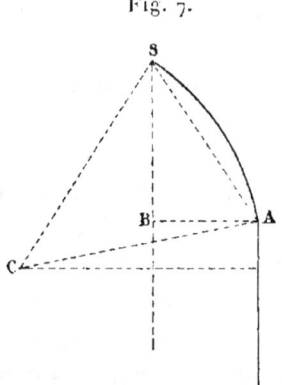

Fig. 7.

de cet arc, $SB = j$ la hauteur de l'ogive. On a,

$$AB = \frac{a}{2} \quad \text{et} \quad CA = J.$$

Il est clair que

$$\tan ASB = \frac{a}{2j}$$

et que

$$\cos ASC = \frac{\sqrt{a^2 + 4j^2}}{4J}.$$

D'ailleurs, l'angle CSB, différence entre les précédents, est le complément de l'angle γ.

L'angle γ étant connu, on obtient l'angle i par les formules

$$j_1 = J \sin \gamma,$$
$$\sin i = \frac{j_1 - j}{J}.$$

Lorsque les projectiles sont semblables, les divers rapports

$$\frac{j}{a}, \frac{J}{a}, \frac{l}{a}, \frac{g}{a}$$

conservent la même valeur; il en est de même de l'angle γ.

Les canons lisses étaient toujours désignés par le poids du boulet massif exprimé en livres ou demi-kilogrammes. Dans la nouvelle artillerie, le même canon pouvant recevoir des projectiles de poids très différents, l'usage s'est introduit de désigner les boulets à feu par le diamètre de l'âme exprimé en centimètres. C'est ce que l'on fera dans tout ce qui va suivre.

§ 9. — Forme générale de la trajectoire.

Le centre de gravité d'un projectile lancé par un canon rayé ne reste pas dans le plan de tir; il s'éloigne à droite ou à gauche de ce dernier, suivant que la partie supérieure du mobile tourne de droite à gauche ou de gauche à droite. On donne le nom de *dérivation* à la distance qui sépare le point de chute du plan de tir.

Ce fait résulte du concours de trois causes, savoir : la pesanteur, la résistance de l'air et la rotation du projectile autour de son axe.

Soit, pour abréger, R la force qui représente la résistance de l'air.

On peut toujours supposer qu'en sortant de la bouche à feu, l'axe du projectile et la tangente à la trajectoire que décrit le centre de gravité coïncident; c'est du moins le résultat que l'on cherche à obtenir. Mais cette coïncidence ne se maintient pas, la pesanteur modifiant sans cesse l'inclinaison de la tangente. Bientôt cette dernière fait un angle sensible avec l'axe. Si alors la force R passait toujours au centre de gravité, elle resterait dans le plan de tir, la symétrie existant à droite et à gauche de ce plan; la trajectoire serait plane et il n'y aurait pas de dérivation. Pour que les faits observés se produisent, il faut donc que la force R ne passe pas par le centre de gravité; elle reste cependant dans le plan passant par l'axe et la tangente, car il y a symétrie relativement à ce plan.

Soit L une droite passant au centre de gravité et parallèle à la force R.

Le projectile étant doué d'un mouvement de rotation autour de son axe, la force R fait tourner cet axe autour de la droite L. C'est ce qui résulte, en effet, de la théorie développée dans les § 2 et 3. Les deux rotations, l'une du mobile autour de son axe, l'autre de cet axe autour de la droite L, sont de même sens ou de sens différents, suivant que la force R agit en avant ou en arrière du centre de gravité.

Dans le système d'artillerie adopté par la marine, la partie supérieure du projectile tourne de droite à gauche. L'observation montre que la pointe de l'ogive s'éloigne du plan de tir en se portant vers la gauche : les deux rotations ont donc le même sens; ainsi la force R rencontre l'axe en avant du centre de gravité.

De plus, le projectile s'éloignant sans cesse à gauche du plan de tir, et ce fait ne pouvant être dû qu'à l'action de la force R, l'axe du projectile doit faire avec cette dernière un angle plus grand qu'avec la tangente.

L'axe continuant à tourner autour de la droite L, il doit arriver un moment où la pointe de l'ogive se dirige vers le plan de tir; mais la direction de la droite L varie continuellement pendant la durée du mouvement, et jusqu'à présent cet effet ne s'est manifesté que sous des inclinaisons qui dépassent toutes celles auxquelles on peut avoir recours dans la pratique.

Le mouvement de précession est toujours accompagné d'un mouvement oscillatoire par suite duquel l'axe du mobile tantôt s'éloigne et tantôt se rapproche de la ligne autour de laquelle il tourne, et la courbe que décrit la pointe se compose d'une suite de festons qui, d'ailleurs, ne présentent pas la même égalité que dans le cas particulier examiné dans le § 2.

Par suite de la grandeur de la vitesse de rotation du boulet, ces oscillations sont d'ailleurs extrêmement rapides; et comme la résistance de l'air tend constamment à diminuer leur amplitude, elles peuvent tendre à diminuer l'angle formé par l'axe du mobile et la tangente à la trajectoire (§ 3).

Il est à remarquer que, si la force R qui représente la résistance de l'air passait constamment au centre de gravité, auquel cas il n'y aurait pas de dérivation, l'axe du projectile resterait toujours parallèle à sa direction primitive; tandis que, par suite de l'action de la pesanteur, la direction de la tangente à la trajectoire s'abaisserait de plus en plus. Ces deux lignes, qui coïncident à l'origine, feraient un angle de plus en plus grand, et la résistance que le projectile éprouverait de la part de l'air pourrait devenir supérieure à celle que subirait un boulet sphérique de même poids. Les canons rayés perdraient alors tous leurs avantages.

La dérivation est toujours fort petite relativement à la portée; par suite, bien que la trajectoire soit à double courbure, il est permis de la traiter d'abord comme une courbe plane, sauf à tenir compte ensuite de la dérivation.

DEUXIÈME SECTION.

PROJECTILES A TENONS. — EMPLOI DE L'ANCIENNE POUDRE.

CHAPITRE I.

DISPOSITIONS GÉNÉRALES. — BOUCHES A FEUX ET PROJECTILES EMPLOYÉS DANS LES EXPÉRIENCES.

Les premières bouches à feu de la nouvelle artillerie n'étaient autres que les anciens canons lisses dans l'âme desquels on avait pratiqué des rayures. C'est ainsi que, dans la marine, les canons lisses de 18 et de 30 ont donné les canons rayés de 14^{cm} et de 16^{cm}. De même l'obusier de 22^{cm} est devenu l'obusier rayé de 22. Ces canons étaient en fonte de fer.

Les ruptures étaient d'abord très fréquentes; mais, depuis 1860, on est parvenu, sinon à les éviter complètement, du moins à les rendre beaucoup plus rares, en enveloppant de frettes en acier la partie postérieure des canons. On donne à cette partie une forme cylindrique, et le diamètre intérieur des frettes, avant leur mise en place, est un peu inférieur à celui du cylindre. On chauffe les frettes pour les placer; en se refroidissant, elles acquièrent une certaine tension, attendu qu'elles ne peuvent reprendre leurs dimensions primitives.

Le développement des rayures est une parabole du second degré. Leur inclinaison finale est de 6°. Leur section transversale a la forme d'une anse de panier, représentée, dans le cas du canon de 16^{cm}, par la *fig.* 8.

Les centres des tenons sont placés sur le contour de la section circulaire qui passe par le centre de gravité. Leur configuration est telle qu'ils n'opposent d'abord qu'une très faible

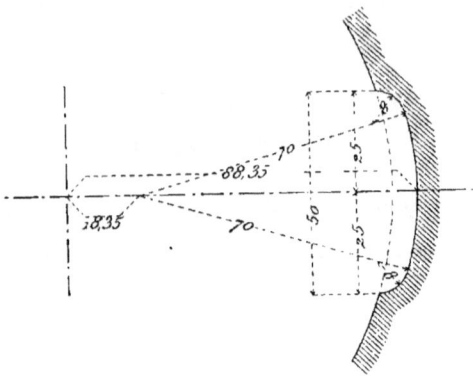

Fig. 8.

saillie aux flancs directeurs dont alors l'action ne s'exerce que dans le voisinage de la partie cylindrique de l'âme, suivant une direction à peu près tangente à cette dernière. (La *fig.* 9

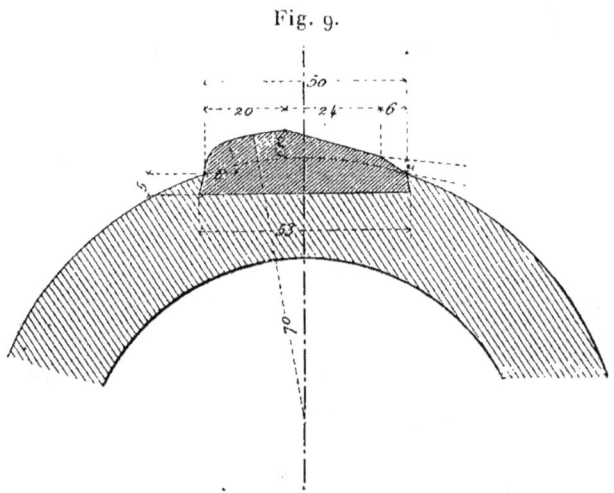

Fig. 9.

représente le profil du tenon du boulet de 16^{cm}). Il résulte de cette disposition que les composantes de l'action des rayures sur les tenons, dirigées normalement à la surface du projectile, et que l'on a désignées par Y (1re Section, § 5), sont sensiblement nulles.

Les tenons sont en zinc, métal mou qui est entamé par les flancs; la portion ainsi rasée, et dont l'épaisseur est devenue à peu près égale à la moitié du vent du boulet, passe sous les parois de l'âme; par suite, le projectile se trouve maintenu (¹).

A mesure que le mouvement se prolonge, les flancs directeurs, rencontrant une saillie plus considérable, agissent par une plus grande portion de leur surface. A raison de la concavité de cette dernière, les forces Y ne peuvent plus être considérées comme nulles; mais alors la grandeur des pressions est beaucoup moins à craindre, et la présence de ces forces peut être avantageuse. En effet, si l'axe du mobile se trouve momentanément écarté de l'axe de l'âme, il importe qu'il se manifeste quelque action qui tende à l'en rapprocher. Or cette action ne manquera pas de se produire si les forces Y existent, les pressions devenant nécessairement plus fortes du côté où l'axe du projectile a été porté.

Au commencement du mouvement, les projectiles dont les tenons n'ont pas encore subi l'action des flancs directeurs éprouvent des battements qui dégradent les rayures. On en atténue les effets au moyen de petites plaques en métal mou convenablement disposées sur l'arrière.

Dans les bouches à feu en fonte de fer, le tir produit dans les rayures des fentes longitudinales qui finissent par amener leur destruction; ces fentes seraient évidemment plus dangereuses si elles se trouvaient deux à deux diamétralement opposées; il convient donc que les rayures soient en nombre impair. Les canons employés dans les expériences antérieures à 1864 n'en avaient que trois.

Il est bien clair que si le fond de la rayure faisait avec les flancs des angles un peu prononcés, cette circonstance favoriserait la formation des fentes.

(¹) Les tenons, disposés de manière à être en partie rasés, sont employés dans la marine depuis 1858; mais le profil des rayures a varié et ce n'est qu'en 1860 que la forme en anse de panier a été adoptée.

Le canal de lumière donne aussi naissance à une fissure longitudinale; il faut donc que l'on adopte une disposition telle que ce canal soit compris dans l'intervalle de deux rayures.

La tension des gaz ne varie pas lorsqu'on augmente le nombre des rayures, si l'ensemble des vides qu'elles présentent reste constamment le même; mais la réaction que chaque flanc directeur a à supporter par suite de la réaction du tenon sur lequel il agit éprouve nécessairement une diminution. La multiplicité des rayures est donc favorable à la conservation de la pièce; toutefois il est à remarquer que, lorsqu'on adopte les rayures paraboliques, l'action des flancs directeurs se trouve à peu près insensible au commencement du mouvement.

Les frettes n'empêchent pas la formation des fentes longitudinales; mais elles opposent un obstacle à leur agrandissement, par suite de la pression qu'elles exercent sur le cylindre; de plus, elles rendent les éclatements beaucoup moins dangereux, en ce qu'elles s'opposent à la dispersion latérale des fragments.

La poudre employée dans la marine jusqu'en 1870 était l'ancienne poudre à canon fabriquée par le procédé des pilons. Elle provenait généralement de la poudrerie du Ripault.

Les effets brisants de cette poudre étaient atténués par l'interposition d'un valet en algue marine entre le projectile et la charge.

Les gargousses étaient en papier parchemin et le diamètre du mandrin était égal aux $0,916$ du calibre de l'âme.

CHAPITRE II.

RÉSISTANCE DE L'AIR AU MOUVEMENT DES PROJECTILES.
PREMIÈRES EXPÉRIENCES.

§ 1. — Considérations générales. — Formules.

Le projectile est toujours un corps de révolution dont la partie postérieure est cylindrique. En sortant du canon, il est animé d'un mouvement de rotation autour de son axe.

Jusqu'à une certaine distance de la bouche à feu, l'axe du projectile ne s'écarte guère de la direction du mouvement, et ce dernier peut être considéré comme à peu près rectiligne, de sorte qu'il est permis de négliger les petites variations que la pesanteur fait subir aux vitesses.

Dès lors, quand il s'agit de comparer les mouvements de projectiles semblables et lancés par des canons dont les rayures ont la même inclinaison finale, l'expression de la résistance de l'air prend une forme analogue à celle que l'on a employée pour les boulets sphériques.

On peut donc admettre que la résistance R est proportionnelle : 1° à la masse du mètre cube d'air représentée par $\frac{\Delta}{g}$; 2° à l'aire de la plus grande section transversale du projectile et, par conséquent, au carré de son diamètre, c'est-à-dire à a^2. Par suite, elle doit être considérée comme égale au produit de $\frac{\Delta}{g} a^2$ par une certaine fonction de la vitesse.

Dans les expériences dont il sera question dans ce Chapitre, la vitesse n'a guère varié qu'entre 200^m et 310^m, et l'on a comparé la résistance de l'air au cube de la vitesse de translation. Dans ce cas, on est conduit à poser

$$R = \frac{\Delta a^2}{g} \varphi(v) v^3,$$

$\varphi(v)$ désignant une fonction de la vitesse qui s'est montrée, comme on le verra, sensiblement constante quand la vitesse variait entre 200^m et 300^m. L'équation du mouvement rectiligne est alors

$$\frac{dv}{dt} = -\frac{\Delta a^2}{p} \varphi(v) v^3,$$

v désignant la vitesse au bout du temps t.

Si l'on pose

$$c = \frac{\Delta a^2}{p} \varphi(v),$$

on a

$$\frac{dv}{dt} = -c v^3.$$

On mesurait la vitesse en deux points séparés par un intervalle peu considérable x. Négligeant l'action de la pesanteur, et admettant que, dans cet intervalle, la quantité c peut être représentée par sa valeur moyenne, et, par suite, considérée comme constante, on a, pour déterminer cette moyenne, l'équation

$$c = \frac{v' - v''}{v' v'' x}.$$

La valeur ainsi obtenue est considérée comme correspondant à la vitesse moyenne $\frac{v' + v''}{2}$.

Les vitesses étaient mesurées à l'aide de l'appareil électrobalistique Navez-Leurs; mais, comme on ne disposait que d'un seul instrument, à chaque coup on ne pouvait mesurer qu'une vitesse. On comparait entre elles les moyennes des vitesses prises aux différentes distances.

§ 2. — Projectiles ogivaux de 16^{cm} (Gâvre, 1859).

Diamètre de l'âme : 0^m,1648. Longueur de l'âme : 2^m,75. Origine des rayures à 0^m,185 du fond de l'âme.

Projectiles.

$$a = 0^m,1623, \quad l = 0^m,371, \quad j = 0^m,196, \quad J = 0^m,320,$$
$$g = 0^m,223, \quad p = 30^{kg},$$
$$\frac{l}{a} = 2,286, \quad \frac{j}{a} = 1,208, \quad \frac{J}{a} = 1,972, \quad \frac{g}{a} = 1,374,$$
$$\gamma = 41°51', \quad \iota = 3°8'.$$

La *fig.* 10 fait connaître les formes et les dimensions de la

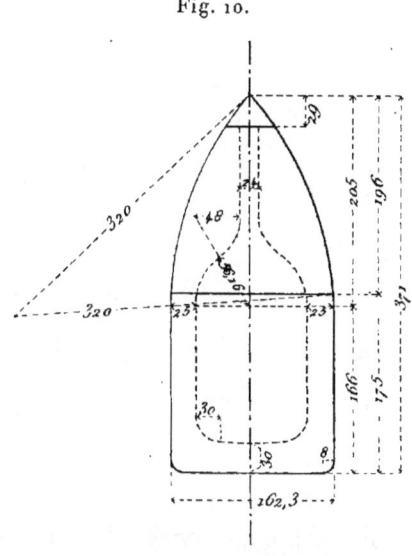

Fig. 10.

chambre. La lumière traversait l'ogive qui, à cet effet, était tronçonnée ; mais le canal était fermé par un bouchon en fer et à vis dont la tête complétait la forme ogivale.

Poudre du Ripault, 1856. Diamètre du mandrin des gargousses, 0^m,150.

40   SECONDE PARTIE. — CHAPITRE II.

Un valet en algue était interposé entre la gargousse et le boulet; longueur, $0^m,110$, pour 450^{gr}.

La même charge était employée pendant trois séances. La première vitesse v' était prise à 33^m du canon, la seconde v'' à 500^m environ. Les moyennes étaient prises sur dix coups.

Pour que la résistance de l'air puisse être regardée comme proportionnelle au cube de la vitesse, il faut que le rapport $\frac{v'-v''}{v'v''x} = c$ se montre sensiblement constant.

Résultats moyens des expériences.

(Chaque vitesse est déduite de 30 coups.)

CHARGE du canon.	PREMIÈRE vitesse v' à 33^m du canon.	DERNIÈRE vitesse v''.	INTERVALLE des points d'observation x.	VALEUR de $\frac{v'-v''}{v'v''x}$ ou c.
kg	m	m	m	
1,5	225,1	215,6	464	0,000000422
2,0	263,7	252,5	467	0,000000360
2,5	291,9	275,9	467	0,000000425
3,0	309,6	291,8	467	0,000000422
3,5	326,9	306,4	467	0,000000438

Sauf l'anomalie que présente la charge de $2^{kg},0$, la valeur de $\frac{v'-v''}{v'v''x}$ se montre sensiblement constante. La formule $r = cv^3$ est donc suffisamment justifiée. En prenant une moyenne, on a

$$c = 0,000000413.$$

Pendant la durée des expériences, le poids moyen du mètre cube d'air a été de $1^{kg},231$. Remarquant, en outre, que $a = 0^m,1623$ et $p = 30^{kg}$, on tire de l'équation

$$c = \frac{\Delta a^2}{p} \varphi(v),$$
$$\varphi(v) = 0,0003821.$$

Si le diamètre des boulets était exprimé en décimètres, il faudrait prendre

$$\varphi(v) = 0,00000382\mathrm{i}.$$

§ 3. — Projectiles ogivaux lancés par le pierrier (Gâvre, 1859).

Dans une seconde série d'expériences, on a opéré sur deux pierriers en bronze : l'un avait le calibre réglementaire de $0^m,0532$, l'autre un diamètre un peu plus grand. Le premier a, par suite, donné des vitesses supérieures ; longueur de l'âme, $0^m,884$. Rayures, au nombre de trois et paraboliques ; distance de l'origine au fond de l'âme, $0^m,150$; inclinaison finale, $6°23'$.

Projectiles.

$$a = 0^m,0522, \quad l = 0^m,130, \quad j = 0^m,067, \quad J = 0^m,090,$$
$$g = 0^m,0768, \quad p = 1^{kg},110,$$
$$\frac{l}{a} = 2,491, \quad \frac{j}{a} = 1,283, \quad \frac{J}{a} = 1,897, \quad \frac{g}{a} = 1,471,$$
$$\gamma = 38°2', \quad \iota = 0°.$$

La forme et les dimensions de la chambre sont données

Fig. 11.

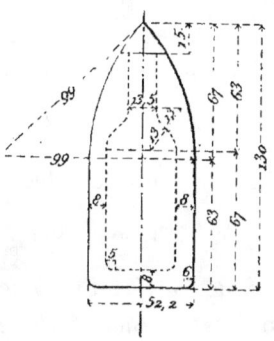

dans la *fig.* 11. La lumière traversait l'ogive qui, par suite, était tronçonnée ; mais un bouchon en fer était vissé dans le canal, et la tête de ce bouchon avait exactement la forme de la partie enlevée, de sorte que l'ogive se trouvait complète.

Résultats moyens des expériences.
(Chaque vitesse est déduite de 10 coups.)

CHARGE du pierrier.	PREMIÈRE vitesse v' à 20^m du pierrier.	DEUXIÈME vitesse v''.	INTERVALLE des points d'observation x.	VALEUR de $\dfrac{v'-v''}{v'v''x}$ ou c.
$^{kg}_{0,120}$	^{m} 267,2	^{m} 243,9	^{m} 282,2	0,000000936
	263,1	240,2	277,0	0,00000I3I3
0,130	274,2	241,5	382,7	0,00000I292
0,140	287,8	258,6	382,0	0,00000I027
	280,0	258,9	277,0	0,00000I010
0,160	307,2	282,5	277,0	0.00000I029
	292,5	270,2	270,2	0,00000I019

La différence que présentent les valeurs de c peuvent être attribuées à la direction variable des vents qui, quelquefois, favorisaient le mouvement des projectiles, et d'autres fois le contrariaient. En prenant une moyenne, on a

$$c = 0000001094.$$

Le poids moyen du mètre cube d'air, pendant la durée des expériences, a été de $1^{kg},290$. Par suite, en opérant de la même manière que dans le paragraphe précédent, on trouve

$$\varphi(v) = 0,0003537,$$

ou, si le diamètre a est exprimé en décimètres

$$\varphi(v) = 0,00003537.$$

Cette valeur est un peu inférieure à celle du § 2; mais, si l'on compare les boulets du pierrier à ceux de 16^{cm}, on voit que les formes des premiers étaient plus allongées que celles des seconds; ainsi l'angle γ est beaucoup plus faible pour les projectiles du pierrier.

§ 4. — Projectiles ogivaux de 14ᶜᵐ (Gâvre, 1868).

Projectiles (fig. 12).

$$a = 0^m,1366, \quad l = 0^m,3227, \quad j = 0^m,1687, \quad J = 0^m,1270,$$
$$p = 18^{kg},65,$$
$$\frac{l}{a} = 2,362, \quad \frac{j}{a} = 1,235, \quad \frac{J}{a} = 1,967,$$
$$\gamma = 40°4', \quad \iota = 1°5'.$$

Fig. 12.

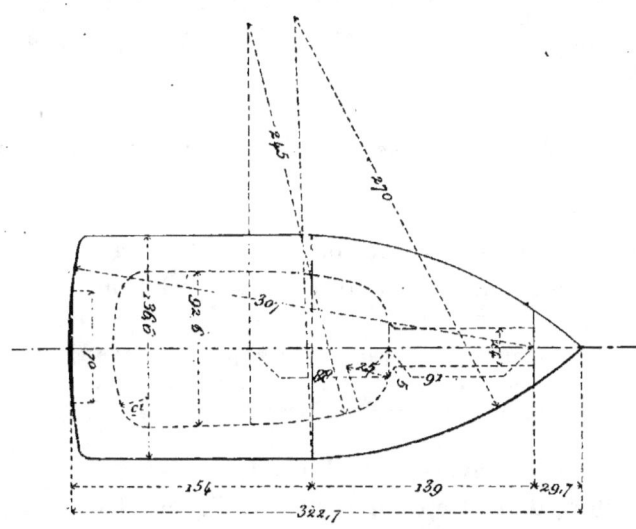

Diamètre de l'âme : $0^m,1386$. Longueur de l'âme : $1^m,869$.
Le canon se chargeait par la culasse.

Deux appareils Navez faisaient, à chaque coup, connaître la vitesse à 35^m et à 500^m de la bouche à feu. Chacun de ces deux appareils était tour à tour employé pour l'une et l'autre distance.

Cinquante-cinq coups tirés dans les séances des 4, 5 et 6 juin ont fourni les résultats suivants :

Vitesse moyenne à 35^m .... $318^m,13$
Vitesse moyenne à 500^m .... $299,02$

Par suite,
$$c = 0,000000432.$$

Le poids moyen du mètre cube d'air était à peu près égal à $1^{kg},208$. On trouve
$$\varphi(v) = 0,0003574,$$
ou, si le diamètre est exprimé en décimètres,
$$\varphi(v) = 0,00003574.$$

Cette valeur de $\varphi(v)$ diffère peu de celle à laquelle ont conduit les expériences exécutées sur le pierrier. Les deux espèces de projectiles ont, en effet, des formes à peu près semblables.

§ 5. — Boulets terminés à l'avant par un demi-ellipsoïde (Gâvre, 1861).

En 1861 on a essayé des boulets dont la partie antérieure avait la forme d'un demi-ellipsoïde de révolution.

	m
Diamètre de la partie cylindrique....	0,1366
Longueur........................	0,165
Demi-grand axe de l'ellipsoïde.......	0,135

La lumière traversait l'ellipsoïde qui, à cet effet, était tronçonné ; diamètre de la section : $0^m,050$. Un bouchon en fer et à vis fermait la lumière ; la tête de ce bouchon avait une forme conique tangente à la surface ellipsoïdale ; hauteur du cône : $0^m,027$.

Longueur totale du projectile : $0^m,317$.

Longueur de la partie ellipsoïdo-conique : $0^m,152$.

Les rapports de ces deux longueurs au diamètre étaient respectivement égaux à 2,321 et 1,121.

La chambre, cylindrique à l'arrière, ellipsoïdale à l'avant, est représentée dans la *fig.* 13.

Le poids moyen des boulets était $19^{kg},75$. Deux canons différents ont été employés.

BOUCHES A FEU.	DIAMÈTRE de l'âme.	LONGUEUR de l'âme.
Canon n° 1........................	m 0,1387	m 2,436
Canon n° 2........................	0,1387	2,288

Distance de l'origine des rayures au fond de l'âme : $0^m,292$.
Poudre du Ripault 1859; diamètre du mandrin des gar-

Fig. 13.

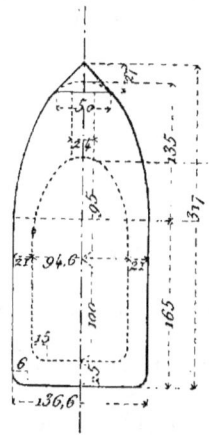

gousses : $0^m,126$; un valet en algue de $0^m,10$ de longueur était placé entre la gargousse et le boulet.

Résultats moyens des expériences.

Les vitesses données par le canon n° 1 sont déduites de 48 coups. Les autres de 15.

BOUCHES A FEU.	CHARGE.	PREMIÈRE vitesse v' à 33^m du canon.	SECONDE vitesse v''.	INTERVALLE des points d'observation x.	POIDS moyen du mètre cube d'air Δ.	OBSERVATIONS.
Canon n° 1...	kg 2,5	m 337,3	m 332,6	m 267	kg 1,230	2, 12 et 17 oct.
Canon n°2(¹).	2,1	306,1	293,5	267	1,260	21 décembre.

Regardant la résistance de l'air comme proportionnelle au cube de la vitesse et suivant la même méthode de calcul que précédemment, on obtient, en se servant des résultats fournis par le canon n° 1,

$$\varphi(v) = 0,0004364,$$

et, en employant ceux qui ont été donnés par le canon n° 2,

$$\varphi(v) = 0,0004406.$$

Les deux coefficients diffèrent peu l'un de l'autre. On peut donc prendre

$$\varphi(v) = 0,000438,$$

ou, si l'on exprime le diamètre a en décimètres,

$$\varphi(v) = 0,00000438.$$

La comparaison de ce résultat avec ceux que l'on a obtenus précédemment montre que la substitution de la forme ellipsoïdale à la forme ogivale augmenterait la résistance de l'air.

(¹) La poudre employée le 21 décembre était affaiblie par un séjour trop prolongé dans le magasin de Gâvre; ce n'est donc point par les résultats de cette épreuve qu'il faudrait juger des effets produits dans le canon n° 2 par la charge de 2^{kg},1.

§ 6. — Boulets cylindriques (Gâvre, 1860 et 1861).

Les boulets cylindriques employés en 1860 avaient un diamètre égal à $0^m,1623$ et pesaient 45^{kg}. L'avant était formé par une calotte sphérique très aplatie; la flèche était de $0^m,020$. Rapport de la flèche au diamètre, $0,123$.

Ces projectiles, creux à l'arrière, avaient une longueur égale à $0^m,374$. Rapport de la longueur au diamètre, $2,304$.

La lumière, percée dans le culot, était fermée par un bouchon à vis.

Le 6 septembre, en employant la charge de $7^{kg},5$, on a mesuré les vitesses à 33^m et à 300^m de la bouche à feu; vitesse à la première distance : $319^m,3$; à la seconde 303^m, moyennes prises sur quinze coups; de là

$$c = 0,0000006025.$$

Le poids du mètre cube d'air était égal à $1^{kg},211$; par suite,
$$\varphi(v) = 0,00085.$$

Les boulets cylindriques sur lesquels on a opéré en 1861 avaient le même diamètre, le même poids et la même forme antérieure que ceux de 1860; mais ils étaient massifs, et leur longueur se trouvait égale à $0^m,298$.

Rapport de la longueur au diamètre : $1,787$.

La bouche à feu était un canon de $0^m,16$ décrit Chapitre III, § 2. Inclinaison finale des rayures, $6°30'$. La charge de poudre pesait $12^{kg},0$.

Le 9 juillet, les vitesses des projectiles ont été mesurées à 38^m et à 300^m de la bouche à feu. Les moyennes, prises sur 11 coups, ont été trouvées respectivement égales à $406^m,6$ et 380^m; par suite,

$$c = 0,000000657.$$

Le poids du mètre cube d'air était de $1^{kg},214$ et l'on trouve

$$\varphi(v) = 0,0009246.$$

Cette valeur est plus forte que celle que l'on a déduite des expériences de 1860; mais la dernière valeur de $\varphi(v)$ correspond à la vitesse de $393^m,3$, laquelle s'écarte beaucoup des vitesses obtenues dans les expériences que l'on a rapportées jusqu'ici.

§ 7. — Résumé et conclusions.

Les expériences précédentes montrent que la quantité $\varphi(v)$ peut être considérée comme sensiblement constante, du moins tant que la vitesse reste comprise entre 200^m et 330^m et que l'axe du mobile s'écarte peu de la tangente à la trajectoire que décrit le centre de gravité du corps. On verra dans la troisième Section qu'il n'en est plus de même quand la vitesse dépasse 330^m ou est inférieure à 200^m. Mais, avant 1870, la vitesse initiale des canons rayés ne dépassait guère 320^m, et il n'y avait aucun inconvénient à considérer la fonction φ comme constante, surtout lorsqu'on n'avait d'autre but que de déduire la vitesse initiale de celle qui avait été mesurée directement à une faible distance de la bouche du canon ([1]).

Des expériences exécutées à l'étranger à la même époque avaient conduit au même résultat.

La valeur de $\varphi(v)$ dépend de la forme du corps.

Il est bien clair que les diverses valeurs que l'on a obtenues pour cette fonction ne peuvent être appliquées qu'à des projectiles semblables à ceux qui ont été employés dans les expériences. Elles sont réunies dans le Tableau suivant:

([1]) Beaucoup d'auteurs considèrent encore aujourd'hui la résistance de l'air comme proportionnelle au cube de la vitesse.

RÉSISTANCE DE L'AIR AU MOUVEMENT DES PROJECTILES.

PROJECTILES.	VALEUR de γ.	VALEUR DE $\varphi(v)$.	
		Le diamètre a étant exprimé en mètres.	Le diamètre a étant exprimé en diamètres.
Projectiles ogivaux.			
$\frac{l}{a}=2,286$; $\frac{j}{a}=1,208$; $\frac{J}{a}=1,972$.	41°.51'	0,0003821	0,000003821
$\frac{l}{a}=2,362$; $\frac{j}{a}=1,235$; $\frac{J}{a}=1,967$.	38. 2	0,0003574	0,000003574
$\frac{l}{a}=2,491$; $\frac{j}{a}=1,283$; $\frac{J}{a}=1,897$.	40. 4	0,0003537	0,000003537
Boulets à forme antérieure ellipsoïdale semblables à ceux du § 5................	"	0,000438	0,00000438
Boulets cylindriques terminés à l'avant par une calotte sphérique très aplatie. Rapport de la flèche au diamètre, 0,123. Rapport de la longueur au diamètre, 2,304..	"	0,00085	0,0000085

Les différences que présentent les valeurs de $\varphi(v)$ relatives aux projectiles ogivaux doivent être attribuées principalement à la forme des ogives, et il est à remarquer que l'on obtient des nombres peu différents en divisant chaque valeur de $\varphi(v)$ par le sinus de l'angle ogival γ correspondant.

Angle γ.	Valeur du rapport $\frac{\varphi(v)}{\sin \gamma}$.
41°.51'	0,000 5741
40. 4	0,000 5552
38. 2	0,000 5727

A la vérité, la deuxième valeur du rapport est un peu différente des autres, mais elle est déduite des expériences exécutées sur les projectiles de $0^m,14$, qui ont été peu nombreuses. D'ailleurs, dans des recherches aussi délicates, il faut s'attendre à quelques discordances, et rien n'empêche de considérer le rapport $\dfrac{\varphi(v)}{\sin \gamma}$ comme sensiblement constant. En prenant la moyenne des trois valeurs données plus haut, on a

$$\varphi(v) = 0{,}0005673 \sin \gamma$$

et, par suite,

$$c = 0{,}0005673 \dfrac{\Delta a^2 \sin \gamma}{p},$$

le diamètre a étant exprimé en mètres.

CHAPITRE III.

VITESSES INITIALES DES PROJECTILES.

§ 1. — Expression générale des vitesses.

Soient

ϖ le poids de la charge de poudre, en kilogrammes;
p le poids du projectile   »   ;
A le diamètre du cylindre de l'âme, en décimètres;
$A_{,}$ le diamètre du cercle équivalent à la section transversale de l'âme et des rayures, en décimètres;
a le diamètre du boulet   »   ;
$a_{,}$ le diamètre du cercle équivalent à la section transversale du boulet et des tenons, en décimètres;
C la capacité totale de l'âme et des rayures exprimée en décimètres cubes;
V la vitesse du boulet au sortir du canon et exprimée en mètres;
$V_{,}$ la vitesse qu'acquerrait le mobile, si aucun vide ne permettait aux gaz de s'échapper entre sa surface et les parois de la bouche à feu et si les rayures étaient rectilignes.

Il est bien clair que, pour calculer $V_{,}$, on peut assimiler la bouche à feu à un canon lisse dont le calibre serait égal à $A_{,}$ et, par conséquent, faire usage des formules qui ont été données dans le Chapitre I de la première Partie.

D'après cela,

$$V_{,} = \sqrt{\frac{\varpi}{p}} \, 10^{y-z}.$$

Admettant l'emploi d'une poudre semblable à celle du Ripault 1842,

$$y = 3,0933578 - 1,32232\left(\frac{\varpi}{C}\right)^2,$$

lorsque $\frac{\varpi}{C}$ ne surpasse pas 0,0444;

$$y = 3,1039372 - 6,69425\left(\frac{\varpi}{C}\right)^2,$$

quand $\frac{\varpi}{C}$ varie entre 0,0444 et 0,0666; enfin

$$y = \frac{9,09392}{2,89149 + \frac{\varpi}{C}},$$

si $\frac{\varpi}{C}$ est intermédiaire entre 0,0666 et 0,1.

Quant à la valeur de z, elle est donnée par l'équation

$$z = 3,37 \frac{A_{\prime}^3}{C} \frac{\varpi}{p},$$

tant que $\frac{A^3}{C} \frac{\varpi}{p}$ ne surpasse pas 0,037 (Ire Partie, Chap. 1, § 21.).

Ces formules supposent que le diamètre du mandrin est égal aux 0,916 du diamètre de la partie de l'âme qui enveloppe la charge. D'après cela, pour qu'on soit autorisé à en faire usage, il faut que $a = 0,916\text{A}$, si l'origine des rayures est placée en avant de la charge, et que $a = 0,916\text{A},$ si elle se trouve placée au fond même de l'âme.

Il n'est pas inutile de rappeler encore que, dans les expériences qui ont servi de base à l'établissement des formules, le boulet se trouvait toujours en contact immédiat avec la gargousse.

La différence qui existe entre $V,$ et V est due, en partie, à l'inclinaison des rayures et en partie au vide qu'on est obligé de laisser subsister entre la surface du projectile et les parois de l'âme. Il semble assez naturel de séparer les effets de ces deux causes, en se servant, pour calculer la perte de

VITESSES INITIALES DES PROJECTILES.   53

vitesse due au vide, des formules qui ont été données dans la première Partie, Chap. I, § 21 ; mais il se présente une difficulté. Au commencement du mouvement, le rapport de la section transversale du vide à la section transversale de l'âme et des rayures est égal à $\frac{A_{/}^{2} - a_{/}^{2}}{A_{/}^{2}}$ ou $1 - \frac{a_{/}^{2}}{A_{/}^{'2}}$; plus tard, l'usure et la déformation des tenons font varier la grandeur du vide. Quoi qu'il en soit, cette marche ne conduit pas immédiatement à un résultat simple, et l'on réussit mieux en cherchant le rapport θ qui existe entre la valeur de V donnée par l'expérience et celle de $V_{/}$.

Dans les expériences dont il va être question, un valet était toujours interposé entre la gargousse et le projectile. Cette circonstance exerçait une certaine influence sur la vitesse initiale, et, par conséquent, sur le rapport θ.

Les vitesses, mesurées à l'aide de l'appareil électrobalistique, étaient toujours prises à 30^{m} ou 40^{m} de la bouche à feu. On en déduisait les valeurs des vitesses initiales en se servant des formules établies dans le Chapitre II.

§ 2. — Canons de 16^{cm}. — Expériences de 1858.

Canon de 36 foré au calibre de $0^{m},16$. Diamètre de l'âme : $A = 1^{dm},644$. Longueur de l'âme : $L = 27^{dm},5$. Distance de l'origine des rayures au fond de l'âme : $2^{dm},5$. Diamètre du cercle équivalent à la section transversale de l'âme et des rayures, $A_{/} = 1^{dm},685$. Capacité totale de l'âme et des rayures : $C = 61^{dm},17$.

Projectiles ogivaux.

$$a = 1^{dm},623, \quad l = 3^{dm},78, \quad j = 1^{dm},96, \quad J = 3^{dm},20,$$
$$g = 2^{dm},26, \quad p = 30^{kg},0,$$
$$\frac{l}{a} = 2,329, \quad \frac{j}{a} = 1,208, \quad \frac{J}{a} = 1,972, \quad \frac{g}{a} = 1,392.$$
$$\gamma = 41°51', \quad \iota = 3°8'.$$

Ces boulets différaient en quelques points de ceux qui ont

été décrits dans le Chapitre II, § 2; dans la partie cylindrique, ils avaient un peu plus de longueur; en outre, la lumière traversait le culot, et la chambre était terminée à l'avant par une demi-sphère.

Rapport de la section transversale du boulet et des tenons à celle de l'âme et des rayures $\left(\dfrac{a_{\prime}}{A_{\prime}}\right)^2 = 0{,}964$.

Poudre de Vonges (1856), produisant à très peu près les mêmes effets que celle du Ripault, ainsi qu'on s'en est assuré par des épreuves comparatives.

Diamètre du mandrin des gargousses, $1^{dm},5$.

Un valet en étoupe de $2^{dm},00$ de longueur et du poids de $0^{kg},65$ était interposé entre la gargousse et le boulet.

Résultats moyens des expériences.

Charge en kilogrammes...	1,0	1,5	2,0	2,5	3,0	3,5	4,0
Vitesse V, déduite des formules........(mètres).	221,7	268,4	306,4	338,7	364,3	384,3	400,2
Vitesse V donnée par l'expérience........(mètres).	182,4	225,8	259,0	286,5	309,8	325,5	341,2
Valeur du rapport $\theta = \dfrac{V}{V_{\prime}}$	0,823	0,841	0,846	0,846	0,852	0,847	0,853
Nombre de coups.........	10	10	10	15	20	24	18
Jour de l'expérience......	7 juillet.				6 juillet.		

On voit que, si le rapport θ n'est pas rigoureusement constant, au moins peut-il être regardé comme tel entre des limites fort écartées l'une de l'autre. Il est permis d'attribuer les variations que présente le Tableau précédent aux anomalies inévitables des expériences.

§ 3. — Canons de 16^{cm}. — Expériences de 1859.

Le but véritable des expériences de 1859 était la détermination de la résistance de l'air; elles ont été décrites dans le

Chapitre II, § 2. On en a déduit le Tableau suivant. Le poids du boulet était encore de 30^{kg}.

Charge en kilogrammes...............	1,5.	2,0.	2,5.	3,0.	3,5.
Vitesse initiale V donnée par l'expérience................. (mètres).	225,8	264,7	293,1	310,9	328,3
Valeur du rapport $\theta = \dfrac{V}{V_{\prime}}$............	0,841	0,864	0,865	0,853	0,854

Les variations du rapport paraissent encore irrégulières. En prenant des moyennes entre les résultats donnés par les mêmes charges dans les deux séries d'expériences, on obtient ce qui suit :

Charge en kilogrammes...............	1,5.	2,0.	2,5.	3,0.	3,5.
Valeur de $\theta = \dfrac{V}{V_{\prime}}$...................	0,841	0,855	0,855	0,852	0,850

§ 4. — Canons de 16^{cm}. — Expériences de 1860.

Diamètre de l'âme : $A = 1^{dm},648$. Longueur de l'âme : $L = 26^{dm},68$. Distance de l'ogive des rayures au fond de l'âme : $4^{dm},5$. Diamètre du cercle équivalent à la section transversale de l'âme et des rayures : $A_{\prime} = 1^{dm},654$; capacité totale de l'âme et des rayures : $C = 59^{dm},29$.

Boulets cylindriques creux à l'arrière décrits dans le Chapitre II, § 6. Diamètre : $a = 1^{dm},623$; poids : $p = 45^{kg}$.

Rapport de la section transversale du boulet et des tenons à celle de l'âme et des rayures : $\left(\dfrac{a_{\prime}}{A_{\prime}}\right)^2 = 0,96$.

Poudre du Ripault, 1859 ; diamètre du mandrin des gargousses : $1^{dm},5$.

Un valet en algue de $1^{dm},1$ de longueur, interposé entre la gargousse et le boulet.

Résultats moyens des expériences.

Charge en kilogrammes	6,0.	7,5.	8,0.
Vitesse V, déduite des formules. (mètr.)	367,9	380,4	382,8
Vitesse donnée par l'expérience. (mètr.).	310,9	323,4	326,1
Valeur du rapport $\theta = \dfrac{V}{V_{,}}$	0,845	0,850	0,856
Nombre de coups	21	27	12
Jour de l'expérience	1 et 5 sept.	5 et 6 sept.	5 septemb.

Dans la journée du 6 septembre, on avait mesuré la résistance de l'air (Chap. II, § 6).

Ce Tableau, s'il était isolé, porterait à croire que le rapport θ croît avec la charge; mais les valeurs qu'il renferme sont comprises entre celles qui se trouvent dans le § 2 et le § 3.

§ 5. — Canons de 16^{cm}. — Expériences de 1861.

Canon de 16^{cm}, dit *à grande puissance,* se chargeant par la culasse.

L'âme se composait de deux cylindres raccordés par une partie tronconique.

Cylindre de l'arrière: diamètre, $1^{dm},66$. Longueur, $12^{dm},25$.

Partie tronconique, longueur: $0^{dm},6$.

Cylindre de l'avant: diamètre, $1^{dm},646$. Longueur, $33^{dm},25$.

Trois rayures paraboliques s'étendant dans toute la longueur de l'âme; inclinaison finale, 6°30'.

Diamètre du cercle équivalent à la section transversale de l'âme et des rayures dans le cylindre de l'arrière: $A_{,} = 1,6912$; dans le cylindre de l'avant: $A_{,} = 1,6815$.

Capacité de l'âme et des rayures: $C = 102^{dm},69$.

Projectiles massifs et cylindriques terminés à l'avant par une calotte sphérique très aplatie; les uns pesaient 45^{kg}, les autres, 60^{kg}; diamètre, $1^{dm},623$; flèche de la calotte, $0^{dm},23$.

En outre des trois tenons, chaque projectile portait sur l'arrière, de même que sur l'avant, trois petites plaques en cuivre disposées de manière à rester toujours dans les intervalles des rayures. Leur saillie était réglée de manière que le projectile pût traverser facilement une lunette d'un diamètre égal à $1^{dm},647$. L'arrière de l'âme étant au calibre de $1^{dm},66$, elles n'apportaient aucun obstacle au chargement; elles étaient destinées à empêcher les battements du boulet.

Rapport de la section transversale du boulet et des tenons à la section transversale de l'âme et des rayures dans le cylindre de l'arrière : $\left(\dfrac{a_{\prime}}{A_{\prime}}\right)^2 = 0,9583$; dans le cylindre de l'avant : $\left(\dfrac{a_{\prime}}{A_{\prime}}\right)^2 = 0,9667$.

Poudre du Ripault 1859. Le diamètre du mandrin des gargousses était de 155^{mm} et se trouvait, par conséquent, à très peu près égal aux $0,916$ du diamètre du cercle équivalent à la section transversale de l'arrière de l'âme. La charge était de 12^{kg}.

Un valet en algue de $1^{dm},10$ de longueur et du poids de $0^{kg},35$ était placé entre la gargousse et le boulet.

Les résultats auxquels conduit le calcul des vitesses $V_{\prime}$ présentent une légère différence, suivant qu'on adopte pour $A_{\prime}$ la valeur qui correspond au cylindre de l'arrière ou à celui de l'avant; mais, ne s'élevant guère qu'à $0^m,6$, elle est sans importance, et l'on peut adopter les résultats moyens.

Le 9 juillet, les vitesses du boulet de 45^{kg} ont été mesurées à 38^m et à 300^m du canon, et de leur comparaison on a déduit, pour ces projectiles, le coefficient de la résistance de l'air (Chap. II, § 6).

Les vitesses du boulet de 60^{kg} n'ont été prises qu'à la distance de 38^m; leur moyenne s'est trouvée égale à $360^m,4$. Pour en déduire la vitesse initiale, on s'est servi également des résultats obtenus dans le Chapitre II.

Résultats moyens des expériences.

Charge en kilogrammes..................	1,20.	12,0.
Poids du boulets (kilogrammes)............	45,0	60,0
Vitesse V déduite de formules...... (mètres)	493,8	438,2
Vitesse V donnée par l'expérience.... (mètres).	410,8	361,4
Valeur du rapport $\theta = \dfrac{V}{V_{\prime}}$..............	0,832	0,825
Nombre de coups........	11	5

Ces résultats semblent indiquer que le rapport $\dfrac{V}{V_{\prime}}$ décroît lorsque la gargousse atteint une grande longueur. Toutefois, la question ne pourrait être décidée que par des expériences plus nombreuses.

§ 6. — Obusier rayé de 22^{cm}. — Octobre 1861.

Obusier de 22^{cm}, n° 1, modèle 1840, fretté et rayé. Diamètre de l'âme : $A = 2^{dm},233$.

A l'ancienne chambre cylindrique, on en avait substitué une nouvelle de forme tronconique et d'une longueur égale à $1^{dm},62$; la grande base ou l'entrée avait le même diamètre que l'âme $2^{dm},233$; celui de la petite base était égal à $1^{dm},647$; deux arrondissements, dont l'un avait $0^{dm},47$ de rayon et l'autre $2^{dm},233$, raccordaient la surface tronconique, le premier avec le fond, le second avec le cylindre de l'âme.

Distance de l'origine des rayures au fond de l'âme, $1^{dm},6$.

Diamètre du cercle équivalent à la section de l'âme et des rayures : $A_{\prime} = 2^{dm},288$.

Capacité totale de l'âme et des rayures : $C = 93^{dm},250$.

Projectiles ogivaux.

$a = 2^{dm},209$; $l = 5^{dm},15$; $j = 2^{dm},65$; $J = 3^{dm},73$;
$g = 3^{dm},07$; $p = 81^{kg},5$,

VITESSES INITIALES DES PROJECTILES. 59

$$\frac{l}{a} = 2,331, \quad \frac{j}{a} = 1,2, \quad \frac{J}{a} = 1,689, \quad \frac{g}{a} = 1,39,$$

$$\gamma = 44°49', \quad \iota = 0°.$$

La forme de la chambre est représentée dans la *fig.* 14.

Fig. 14.

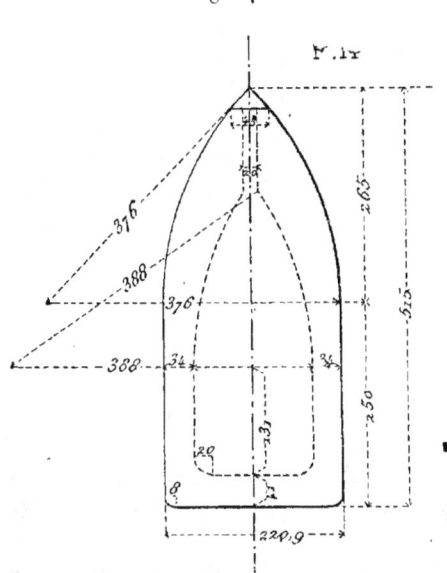

La lumière traversait l'ogive; la tête du bouchon qui la fermait complétait la forme ogivale.

Rapport de la section transversale du projectile et des tenons à celle de l'âme et des rayures $\left(\frac{a_{\prime}}{A_{\prime}}\right)^2 = 0,949$.

Poudre du Ripault 1859. Afin que la gargousse pût pénétrer facilement jusqu'au fond de la chambre, le diamètre du mandrin avait été pris égal à $1^{dm},59$.

Un valet en algue du poids de $1^{kg},28$ était placé entre la gargousse et le projectile.

Pour le calcul des vitesses initiales, on s'est servi de l'expression de la résistance de l'air déduite des expériences exécutées sur les projectiles ogivaux de 16^{cm} (Chap. II, § 2).

Résultats moyens des expériences.

Charge en kilogrammes..	1,0.	2,0.	3,0.	4,0.	4,5.	5,0.	6,0.
Vitesse $V_{\prime}$ déduite des formules........ (mètres).	135,7	189,3	228,7	260,1	272,5	282,8	300,4
Vitesse V donnée par l'expérience........ (mètres).	116,4	167,4	199,5	222,2	232,1	242,4	257,7
Valeur du rapport $\theta = \dfrac{V}{V_{\prime}}$.	0,858	0,884	0,872	0,854	0,851	0,857	0,858
Nombre de coups........	10	10	8	10	10	10	10
Jour du tir.............			15 octobre.		30 oct.	15 oct.	8 oct.

Les variations du rapport $\theta = \dfrac{V}{V_{\prime}}$ ne suivent aucune loi, et, en prenant une moyenne, on a

$$\theta = 0,862.$$

Une autre série d'expériences a été faite au mois de janvier 1862; les poudres avaient subi l'influence de l'humidité de l'air, et le rapport $\dfrac{V}{V_{\prime}}$ s'est trouvé réduit à 0,836.

§ 7. — Expériences exécutées en 1864 sur deux canons, l'un de 24^{cm}, l'autre de 26^{cm}.

Les boulets cylindriques et massifs étaient terminés à l'avant par une calotte sphérique dont la flèche se trouvait égale à 20^{mm}.

VITESSES INITIALES DES PROJECTILES.

	CANON DE 24.	CANON DE 26.
Diamètre de l'âme............ (décimètres)..	2,4	2,61
Longueur de l'âme............ » .	45,3	48,36
Distance de l'origine des rayures au fond de l'âme..................... (décimètres)..	7,1	8,7
Inclinaison finale des rayures... » ..	6	4,45
Projectiles. { Diamètre......... (décimètres).	2,27	2,58
{ Poids........... (kilogrammes).	144	180
Diamètre du mandrin des gargousses.(décimètres).	2,19	2,39
Valets en algue. { Longueur..... (décimètres).	1,5	1,7
{ Poids....... (kilogrammes).	1,98	2,12

Poudre du Ripault 1861.

Les vitesses ont été mesurées à 65^m de la bouche à feu. Pour en déduire les valeurs des vitesses initiales, on s'est servi des résultats obtenus dans le Chapitre II, § 6. A la vérité, les projectiles de 24^{cm} et de 26^{cm} n'étaient pas exactement semblables à ceux de 16^{cm}; mais les différences ne peuvent influer sur les corrections que de quantités tout à fait négligeables.

	CANON DE 24.	CANON DE 26.	
Charge en kilogrammes	20.	20.	25.
Vitesse V, déduite des formules.. (mètr.).	384,1	364,6	384,0
Vitesse V donnée par l'expérience. (mèt.).	325,4	313,6	330,6
Valeur du rapport $\theta = \dfrac{V}{V'}$............	0,8471	0,8606	0,8609
Nombre de coups.................	19	10	10

La valeur du rapport θ n'a pas été diminuée par la grandeur du calibre, ainsi qu'on aurait pu le penser d'après les résultats des expériences exécutées sur les canons lisses de 19^{cm} et de 32^{cm}. Cette valeur est un peu plus forte pour le canon de 26^{cm} que pour celui de 24^{cm}; dans le premier les rayures avaient une moindre inclinaison.

D'autres expériences, dans lesquelles on a fait varier les diamètres du mandrin des gargousses ont été exécutées en 1865 sur les canons de 26^{cm}. La plus grande vitesse a été obtenue avec le mandrin de 239^{mm}, c'est-à-dire avec celui dont le diamètre se trouvait égal aux 0,916 du calibre de l'âme. C'est le résultat auquel on était parvenu en opérant sur des canons lisses.

§ 8. — Expériences exécutées sur des perriers en 1859.

Les formules rapportées dans le § 1 cessent d'être applicables quand la bouche à feu est d'un très faible calibre (1re Partie, Chap. I, § 32); elles donnent alors pour $V_{,}$ des valeurs trop grandes; par suite, si l'on continue à en faire usage, le rapport θ doit nécessairement s'amoindrir. C'est ce qui résulte, en effet, des expériences exécutées en 1859 sur des perriers et rapportées dans le Chap. II, § 3.

Diamètre du cercle équivalent à la section transversale de l'âme et des rayures : $A_{,} = 0^{dm},554$.

Capacité totale de l'âme et des rayures : $C = 2^{dm},078$.

Rapport de la section transversale du boulet et des tenons à celle de l'âme et des rayures $\left(\dfrac{a_{,}}{A_{,}}\right)^2 = 0,937$.

Poids du boulet, $p = 1^{kg},11$.

Charge en kilogrammes........	0,120.	0,130.	0,140.	0,160.
Vitesse $V_{,}$ déduites des formules. (mètres).	370,5	388,0	388,2	401,2
Premier perrier . { Vitesse initiale V donnée par l'expérience.(mèt.).	268,7	275,8	289,5	309,2
{ Valeur du rapport $\theta = \dfrac{V}{V_{,}}$.	0,725	0,726	0,746	0,771
Second perrier . { Vitesse initiale V donnée par l'expérience.(mètr.).	264,7	//	281,7	304,6
{ Valeur du rapport $\theta = \dfrac{V}{V_{,}}$.	0,715	//	0,726	0,759

Chaque vitesse est déduite de dix coups. Le deuxième perrier avait un calibre un peu supérieur à celui du premier.

Dans un troisième perrier, la charge de $0^{kg},120$ a donné $V = 275^m$, moyenne prise sur vingt coups; la valeur correspondante du rapport θ est $0,742$.

Toutes ces valeurs de θ sont fort inférieures à celles que l'on a trouvées précédemment; il est vrai que le rapport $\left(\dfrac{a_{\prime}}{A_{\prime}}\right)^2$ est moindre que dans les autres bouches à feu, mais cette circonstance ne suffirait pas pour expliquer la grandeur des différences.

§ 9. — Conclusions.

Les expériences exécutées tant sur les canons de 16^{cm} que sur l'obusier de 22^{cm} montrent que la charge peut varier entre des limites fort éloignées l'une de l'autre, sans que le rapport $\dfrac{V}{V_{\prime}}$ change sensiblement de valeur. Entre ces limites, la vitesse initiale V peut donc être calculée au moyen d'une équation de la forme

$$V = \theta V_{\prime},$$

mais il faut déterminer le coefficient θ.

Dans les canons de 16^{cm} sur lesquels on a opéré, l'inclinaison finale des rayures était de $6°$, le rapport de la section transversale du boulet et des tenons à celle de l'âme et des rayures était à peu près égal à $0,916$. Les gargousses avaient le diamètre correspondant au maximum d'effet, et un valet se trouvait interposé entre la charge et le projectile. Ce valet était le plus souvent en algue, et alors il avait une longueur égale au $\frac{2}{3}$ du calibre. Le résultat moyen des épreuves a été

$$\theta = 0,85,$$

et il est clair que cette valeur pourra être adoptée pour toutes les bouches à feu qui se trouveront dans les mêmes conditions.

Cette manière d'obtenir la vitesse initiale est assurément fort simple et se prête facilement aux applications. Toutefois, il y a quelques restrictions à apporter à l'usage qu'on pourrait en faire. On sait, par exemple, que quand le calibre devient petit, les formules rapportées dans le § 1 donnent pour V, une valeur trop forte; c'est ce qui arrive pour le perrier.

La même circonstance doit évidemment se présenter lorsque la bouche à feu est d'un calibre fort supérieur à celui du canon de 16^{cm}, à moins que le rapport du poids de la charge au poids du projectile n'ait qu'une faible valeur, et il est vrai que, dans les canons rayés employés antérieurement à 1870, cette condition était ordinairement remplie; et c'est sans doute par suite de cette circonstance que les expériences exécutées sur deux canons, l'un de 24^{cm}, l'autre de 26^{cm}, et rapportées dans le § 7, ont conduit à des valeurs de θ très peu différentes de la précédente.

CHAPITRE IV.

PORTÉES MOYENNES DES PROJECTILES OGIVAUX.

§ 1. — Formule des portées.

On a adopté, pour les projectiles sphériques, la relation

$$\frac{\sin 2\alpha}{gX} = \frac{1}{V^2} + KX,$$

entre l'angle de départ, la vitesse initiale et la portée.

Il est naturel d'employer la même équation pour les projectiles ogivaux. Le problème est alors ramené à la détermination du coefficient K.

Toutefois, la détermination de ce coefficient offre de grandes difficultés qui proviennent principalement des variations qu'éprouve l'état de l'atmosphère; la force et la direction des vents exercent en effet sur l'étendue des portées une influence considérable. Il faut donc s'attendre à rencontrer fréquemment des anomalies; on ne peut les atténuer que par la multiplicité des tirs.

§ 2. — Canons de 16^{cm}. — Expériences de 1858.

En 1858, on a opéré sur quatre canons de 16^{cm} dont les effets balistiques se sont trouvés sensiblement les mêmes. Projectiles ogivaux décrits dans le Chap. III, § 2 :

$$a = 0^m,1623, \quad l = 0^m,378, \quad j = 0^m,196, \quad J = 0^m,32,$$
$$g = 0^m,226, \quad p = 30^{kg},0,$$
$$\frac{l}{a} = 2,329, \quad \frac{j}{a} = 1,208, \quad \frac{J}{a} = 1,972, \quad \frac{g}{a} = 1,392,$$
$$\gamma = 41°51', \quad \iota = 3°8'.$$

Les vitesses étaient mesurées à une petite distance de la bouche à feu. On en a déduit les vitesses initiales à l'aide des formules du Chapitre II.

Chaque tir se composait de quinze coups. On déterminait la portée et la dérivation moyenne, aussi bien que les déviations moyennes, tant latérales que longitudinales. Il ne sera ici question que des portées.

Lorsque l'inclinaison ne surpassait pas 10°, on mesurait l'angle de départ, auquel il fallait joindre l'angle additionnel dû à la hauteur du point de départ au-dessus du point de chute.

La différence moyenne entre l'angle de départ et l'inclinaison de la pièce, c'est-à-dire *l'angle de relèvement*, s'est élevée à 12′. On a supposé qu'elle restait à peu près la même quand l'inclinaison devenait plus grande; une légère erreur à cet égard n'aurait qu'une faible importance. En conséquence, on a regardé alors l'angle de départ comme égal à l'inclinaison de la pièce augmentée de 12′. Quant à l'angle additionnel, il devenait négligeable.

Le Tableau suivant donne les moyennes prises sur tous les tirs exécutés sous la même inclinaison et avec la même charge :

CHARGE du canon.	VITESSE initiale du boulet V.	ANGLE α.	PORTÉE X.	VALEUR de $10^{10} K$.	NOMBRE de coups.
		° ′ ″	m		
		5.24. 0	1557	10,39	60
		10.19.45	2725	9,70	60
kg 3,00	m 309	15.12. 0	3672	9,55	30
		25.12. 0	4965	10,63	30
		35.12. 0	5726	10,88	30
		5.21.36	1685	10,49	75
		10.13.58	2925	10,46	75
3,5	325	15.12. 0	3948	9,11	45
		25.12. 0	5379	9,55	45
		35.12. 0	6139	10,01	45

PORTÉES MOYENNES DES PROJECTILES OGIVAUX.   67

Les variations que présentent les valeurs du coefficient K paraissent tout à fait indépendantes de l'inclinaison de la bouche à feu, en sorte qu'on peut les attribuer aux irrégularités inévitables des expériences.

En prenant des moyennes, on a les résultats suivants :

Vitesse initiale.   Valeur de 10^{10} K.
309^{m}   10,130
325   9,924

A la moindre vitesse correspond la plus grande valeur de K.

§ 3. — Canons de 16^{cm}. — Expériences de 1860.

Projectiles ogivaux.

$a = 0^{m},1623, \quad l = 0^{m},371, \quad j = 0^{m},196, \quad J = 0^{m},32,$
$\quad g = 0^{m},22, \quad p = 30^{kg},4,$

$\dfrac{l}{a} = 2,286, \quad \dfrac{j}{a} = 1,208, \quad \dfrac{J}{a} = 1,972, \quad \dfrac{g}{a} = 1,356,$

$\gamma = 41°51', \quad \iota = 3°8'.$

Ces projectiles sont représentés Chapitre II, § 2; mais leur poids était un peu plus fort qu'en 1859.

Quatre canons ont été employés et les vitesses initiales déterminées comme précédemment. Chaque tir se composait de vingt coups et quelquefois de trente. L'angle moyen de relèvement a encore été trouvé égal à 12'. Les moyennes entre les résultats du tir où la vitesse initiale était la même sont réunis dans le Tableau ci-après :

VITESSE initiale du projectile V.	ANGLE α.	PORTÉE X.	VALEUR de 10^{10} K.	NOMBRE de coups.
334^{m}	5.24'.18"	1806	8,98	70
	10.17.43	3108	8,27	90
	25.12. 0	5688	8,52	80
	35.12. 0	6579	8,56	60

Les quatre valeurs de $10^{10}K$ n'offrent que de très légères variations; leur moyenne est 8,508; ce nombre, moindre que les précédents, correspond à une plus grande vitesse.

Ces résultats, joints à ceux du § 2, montrent que, du moins pour les boulets ogivaux de 16^{cm}, lorsque la vitesse initiale reste constante, le coefficient K conserve sensiblement la même valeur, tant que l'inclinaison ne surpasse pas 35°. Pour mieux s'en assurer, on peut encore prendre une moyenne entre les trois valeurs obtenues sous la même inclinaison avec les trois vitesses 309^m, 325^m, 334^m. On trouve ainsi les nombres suivants :

ANGLE MOYEN.	5°23'18".	10°17'8".	25°12'.	35°12'.
Valeur moyenne de $10^{10}K$.....	9,95	9,59	9,60	9,88

§ 4. — Canons de 16^{cm}. — Expériences de 1863.

A la fin de 1862 et au commencement de 1863, de nouvelles expériences ont été faites sur quatre canons de 16^{cm} de divers modèles; les profils des rayures offraient quelques légères différences, mais l'inclinaison finale était toujours de 6°.

La poudre provenait du Ripault et portait la date de 1860.
La charge était constamment de $3^{kg},5$.

Dans les trois premiers canons, un valet en algue de 110^{mm} de longueur était interposé entre la gargousse et le projectile; dans le quatrième, ce valet était remplacé par un bouchon de foin dont la longueur était de 160^{mm}.

Les vitesses des projectiles ont été mesurées à la distance de 33^m, au moyen de l'appareil électrobalistique, les moyennes prises sur soixante coups. De là, on a déduit les valeurs des vitesses initiales.

Chaque tir se composait de vingt coups. Quand l'inclinaison ne dépassait pas 10°, on déterminait par les procédés ordinaires l'angle de départ et l'angle additionnel.

1° Premier canon.

Projectiles.

$$a = 0^m,1623, \quad l = 0^m,371, \quad \jmath = 0^m,196, \quad J = 0^m,32,$$
$$g = 0^m,223, \quad p = 31^{kg},9,$$
$$\frac{l}{a} = 2,286, \quad \frac{\jmath}{a} = 1,208, \quad \frac{J}{a} = 1,972, \quad \frac{g}{a} = 1,374.$$
$$\gamma = 41°51', \quad \iota = 3°8'.$$

La forme extérieure de ces projectiles (*fig.* 15) ne différait en rien de celle qui est représentée Chapitre II, § 2, mais

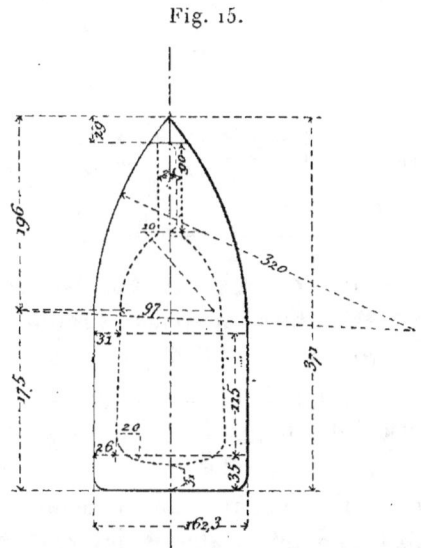

Fig. 15.

des modifications avaient été apportées à la chambre, en vue de renforcer les parties les plus exposées aux ruptures : de là les augmentations de poids.

Vitesse initiale des projectiles : $V = 321^m$.

L'angle moyen de relèvement a été trouvé égal à $17'$.

70 SECONDE PARTIE. — CHAPITRE IV.

Résultats moyens des expériences.

JOUR DU TIR.	INCLINAISON du canon.	ANGLE TOTAL a.	PORTÉE moyenne X.	VALEUR de $10^{10}K$.	
8 décembre 1862	1°	1.42.25	603,4	5,87	
11 »	2	2.43.33	904	11,16	
9 »	3	3.40. 7	1184,9	10,82	
12 »	4	4.31. 6	1469	8,13	
22 »	5	5.25.49	1699	9,42	9,533
23 »	6	6.30.42	1939	11,05	
23 »	7	7.29.31	2178	11,00	
12 »	8	8.23.42	2505	8,18	9,213
9 »	9	9.26.27	2743	8,46	
29 novembre 1862	10	10.33. 5	2981	8,74	
20 »	15	15.17. 0	3925	8,92	9,053
21 »	20	20.17. 0	4642	9,96	9,50
12 février 1863	20	20.17. 0	4726	9,15	
22 novembre 1862	25	25.17. 0	5444	8,74	9,16
6 février 1863	25	25.17. 0	5329	9,58	
26 novembre 1862	30	30.17. 0	6067	8,12	8,36 / 8,96
4 février 1863	30	30.17. 0	5978	8,61	
4 décembre 1862	35	35.17. 0	6268	8,98	9,36
17 janvier 1863	35	35.17. 0	6130	9,75	

Les erreurs dont peuvent être affectées les observations faites sous de très faibles inclinaisons rendent les trois premières déterminations de $10^{10}K$ fort incertaines.

Les différences que présentent les douze dernières valeurs paraissent tout à fait indépendantes des angles et uniquement dues aux variations auxquelles les portées sont sujettes. Les résultats des deux tirs exécutés sous chacune des quatre dernières inclinaisons en offrent des exemples.

En prenant une moyenne entre ces douze valeurs, on a

$$10^{10}K = 9,19.$$

Les deux tirs du 12 décembre, l'un sous l'inclinaison de 4°, l'autre sous celle de 8°, ont donné des valeurs de $10^{10}K$ presque égales. Il en a été de même pour les deux tirs du

23 décembre ; mais il ne faudrait pas toujours compter sur une pareille concordance.

2° Deuxième canon.

Ce canon se chargeait par la culasse.

Mêmes projectiles que le premier canon ; seulement leur chargement intérieur avait été un peu réduit et leur poids n'était que de $31^{kg},49$.

Vitesse initiale des boulets : 320^m.

L'angle moyen de relèvement a encore été trouvé égal à $17'$.

JOUR DE TIR.	INCLINAISON du canon.	ANGLE TOTAL α.	PORTÉE moyenne X.	VALEUR DE 10^{10} K.	
4 mars 1863	1	1.51. 6″	611,7	16,31	
26 février 1863	2	2.45.56	913,6	10,84	
24 »	3	3.42. 1	1223	7,95	
23 »	4	4.36.18	1451	10,20	
23 »	5	5.27.11	1730	7,97	8,523
23 »	6	6.30.31	2037	7,40	
27 »	7	7.25.34	2257	8,06	
27 »	8	8.24.31	2500	8,13	7,937
9 mars 1863	9	9.23.24	2764	7,62	
21 février 1863	10	10.20. 6	2897	9,56	
26 »	15	15.17. 0	3968	8,31	9,15
16 »	20	20.17. 0	4613	9,98	
27 »	25	25.17. 0	5342	9,31	
9 mars 1863	30	30.17. 0	5951	8,66	8,903
4 »	35	35.17. 0	6295	8,74	

Les deux tirs du 27 février ont donné pour 10^{10} K des valeurs presque égales ; il n'en a pas été de même pour les trois tirs du 23.

Prenant une moyenne entre les douze dernières valeurs, on a
$$10^{10} K = 8,63.$$

3° Troisième canon.

Projectiles.

$$a = 0^{m},1623, \quad l = 0^{m},378, \quad j = 0^{m},196, \quad J = 0^{m},32,$$
$$g = 0^{m},226, \quad p = 30^{kg},4,$$
$$\frac{l}{a} = 2,329, \quad \frac{j}{a} = 1,208, \quad \frac{J}{a} = 1,972, \quad \frac{g}{a} = 1,392,$$
$$\gamma = 41°51', \quad \iota = 3°8'.$$

Ces projectiles ne différaient en rien de ceux du § 3.

Vitesse initiale des boulets : 328^{m}. L'angle moyen de relèvement a été de $15'$.

Résultats des expériences.

JOUR DU TIR.	INCLINAISON du canon.	ANGLE TOTAL a.	PORTÉE moyenne X.	VALEUR de 10^{10} K.	
	°	° ′ ″	m		
30 décembre 1862	1	1.45.40	645	6,39	
8 janvier 1863	2	2.41.58	931	10,79	
9 »	3	3.32.25	1159	13,32	
7 »	4	4.33.48	1512	9,24	
7 »	5	5.24.50	1782	8,14	8,59
26 décembre 1862	6	6.24.19	2051	8,40	
26 »	7	7.23.52	2314	8,44	
8 janvier 1863	8	8.25.42	2597	8,02	9,17
9 »	9	9.21. 5	2669	11,05	
28 »	10	10.19.24	2942	9,92	
30 décembre 1862	15	15.15. 0	4216	7,05	8,51
31 »	20	20.15. 0	5000	7,89	8,56
12 février 1863	20	20.15. 0	4816	9,24	
31 décembre 1862	25	25.15. 0	5626	8,33	8,88
6 février 1863	25	25.15. 0	5449	9,43	
12 janvier 1863	30	30.15. 0	5850	10,04	9,47	9,61
4 février 1863	30	30.15. 0	6044	8,91		
12 janvier 1863	35	35.15. 0	6153	10,27	10,49
17 »	35	35.15. 0	6078	10,71	

Il y a égalité presque complète entre les valeurs de 10^{10} K obtenues dans les deux tirs du 26 décembre; mais cet accord ne se rencontre plus dans les deux tirs du 31 et surtout du 7 du même mois. Dans des moyennes prises sur vingt coups, de pareilles variations sont fréquentes.

On peut encore remarquer de fortes différences entre les portées données par les deux tirs exécutés sous chacune des quatre dernières inclinaisons.

La moyenne des douze dernières valeurs est

$$10^{10} K = 8,97.$$

Les résultats qui correspondent aux inclinaisons de 1°, 2° et 3°, et auxquels on n'a pas eu égard jusqu'à présent, sont fort irréguliers; ainsi, dans le premier et le troisième canon, le coefficient K se montre croissant avec l'angle; dans le second, c'est le contraire qui arrive; mais toutes ces irrégularités disparaîtraient si les épreuves devenaient plus nombreuses. En prenant, en effet, des moyennes entre les valeurs données par les trois canons sous chacune des dix premières inclinaisons, on a le Tableau suivant:

Angle moyen	1°46′48″	2°43′48″	3°38′38″	4°33′44″	5°25′53″
Portée moyenne (mètr.)	623	916	1189	1477	1737
Valeur moyenne de $10^{10} K$	9,52	10,93	10,69	9,19	8,51

Angle moyen	6°28′30″	7°26′19″	8°24′28″	9°23′39″	10°24′12″
Portée moyenne (mètr.)	2042	2249	2534	2725	2940
Valeur moyenne de $10^{10} K$	8,95	9,17	8,11	9,04	9,27

On voit que les trois premières valeurs se rapprochent beaucoup des autres; à la vérité, elles leur sont un peu supérieures, mais toutes les irrégularités, bien qu'atténuées, n'ont pas encore disparu; et si cette supériorité était réelle, il serait assurément bien inutile d'en tenir compte.

Les variations des sept autres valeurs paraissent tout à fait indépendantes des angles, et leur simple inspection suffit pour montrer que, au moins tant que l'inclinaison ne surpasse pas 10°, la constance du coefficient peut être admise.

4° Quatrième canon.

Mêmes projectiles que dans le second canon. Vitesse initiale : $319^m,6$.

Les épreuves sous les angles inférieurs à 10° sont restées incomplètes ; elles ont seulement montré que l'angle moyen de relèvement était de $12'$.

Résultats moyens des épreuves.

JOUR DU TIR.	INCLINAISON du canon.	ANGLE total α.	PORTÉE moyenne X.	Valeur de 10^{10} K.
21 février............	10°	10.10.47	2867	9,00
1ᵉʳ juin...............	15	15.12. 0	4021	7,57
16 février............	20	20.12. 0	4658	9,43
30 mai...............	25	25.12. 0	5506	8,13
30 mai...............	30	30.12. 0	5944	8,60
3 juin...............	35	35.12. 0	6300	8,66

Les différences que présentent les nombres de la dernière colonne indiquent encore que la quantité K peut être traitée comme une constante ; et, en prenant une moyenne, on a

$$10^{10} K = 8,56.$$

Pour lever tous les doutes que l'on pourrait encore avoir touchant la constance attribuée à ce coefficient, il convient de prendre des moyennes entre les résultats donnés par les quatre canons sous les mêmes inclinaisons.

INCLINAISON.	10°.	15°.	20°.	25°.	30°.	35°.
Valeur moyenne de 10^{10} K...	9,21	7,96	9,49	8,87	8,77	9,31

De là, il serait difficile de déduire une augmentation sensible de $10^{10} K$ quand l'angle varie de 10° à 35°.

§ 5. — Conséquences des expériences exécutées sur les canons de 16^{cm}.

De l'ensemble des faits qui viennent d'être rapportés, il résulte que, lorsqu'il s'agit des projectiles ogivaux de 16^{cm}, le coefficient K conserve une valeur sensiblement constante, du moins tant que l'inclinaison ne surpasse pas 35°; en sorte que les variations que l'on rencontre quand on cherche à déterminer cette valeur au moyen des données de l'observation ne font que reproduire sous une autre forme les anomalies du tir.

Comme on l'a fait pour les canons lisses, on peut admettre que le produit $K \dfrac{p}{a^2}$ est constant pour les projectiles semblables et il suffit d'examiner comment varie ce produit avec la vitesse initiale. L'expérience montre que cette quantité est d'autant plus petite que la vitesse est plus grande. D'après cela, il est naturel de chercher si, pour les projectiles semblables, on ne pourrait pas admettre la formule

$$K = \frac{h}{V} \frac{a^2}{p},$$

h désignant une constante. Pour l'évaluation du rapport $\dfrac{a^2}{p}$, on exprimera toujours a en mètres et p en kilogrammes.

La forme de l'ogive était la même dans tous les projectiles de 16^{cm} qui ont été successivement employés, et la longueur de la partie cylindrique n'a éprouvé qu'une légère variation. Par conséquent, si l'expression précédente est suffisamment exacte, les diverses expériences doivent donner pour h des valeurs, sinon égales, du moins peu différentes les unes des autres.

Le Tableau suivant renferme les résultats de ces calculs.

Trois des canons employés en 1863, savoir, le premier, le second et le quatrième ayant donné des vitesses initiales presque égales, on a pris une moyenne entre les trois valeurs de h qui leur correspondaient.

VITESSE initiale.	VALEUR de h.	OBSERVATIONS.
309^m	0,000356	Expériences de 1858, § 2,
320	0,000338	Expériences de 1863, 1er, 2e et 4e canons, § 4.
325	0,000367	Expériences de 1858, § 2.
334	0,000326	Expériences de 1860, § 3.

Les différences que présentent les quatre valeurs ne sont pas de nature à faire rejeter la formule. En prenant une moyenne, on a
$$h = 0,000347,$$
de sorte qu'on peut appliquer ce nombre à tous les projectiles semblables aux boulets ogivaux de 16^{cm} employés dans les expériences; mais la similitude ne doit pas être restreinte aux formes extérieures. La position du centre de gravité du mobile et les valeurs des moments d'inertie relatifs aux axes de l'ellipsoïde central dépendent encore de la disposition de la chambre et exercent une grande influence sur la manière dont le mouvement s'opère.

§ 6. — Projectiles ogivaux de 14^{cm}. — Expériences de 1864.

Projectiles.

$$a = 0,1366, \quad l = 0,3227, \quad j = 0,1687, \quad J = 0,270,$$
$$p = 18^{kg},65,$$
$$\frac{l}{a} = 2,362, \quad \frac{j}{a} = 1,235, \quad \frac{J}{a} = 1,967,$$
$$\gamma = 40°4', \quad \iota = 1°5'$$

(Chap. II, § 4).

Charge du canon : 2^{kg},00.

Vitesse initiale moyenne, 321^m, donnée par un tir de vingt coups.

Lorsque l'inclinaison ne surpassait pas 10°, on mesurait l'angle de départ. Angle moyen de relèvement : 15'.

JOUR DU TIR.	ANGLE total α.	PORTÉE moyenne X.	VALEUR de 10^{10} K.	NOMBRE de coups.
27 juin.	4.29. 4	1456	8,31	50
1ᵉʳ juillet.	6.35. 1	1984	10,075	50
2 juillet.	8.26. 8	2427	10,23	50
28 juin.	10.15.28	2955	8,07	50
29 juin.	20.15. 0	4678	9,51	50
30 juin.	30.15. 0	5615	10,86	50

Les variations que présentent les valeurs de K paraissent dépendre bien plus des circonstances accidentelles que de l'inclinaison de la pièce. On est, par suite, autorisé à traiter ce coefficient comme une constante, tant que l'inclinaison ne surpasse pas 30°.

En prenant une moyenne, on a

$$10^{10} K = 9,516.$$

Cette valeur est probablement un peu trop petite, attendu que, pendant toute la durée des expériences, les vents, faibles, il est vrai, venaient constamment de l'arrière.

§ 7. — Canons de 19ᶜᵐ. — Expériences de 1858.

Diamètre de l'âme : $1^{dm},94$. Longueur : $30^{dm},94$.

Projectiles ogivaux.

$$a = 0^m,1915, \quad l = 0^m,391, \quad j = 0^m,20, \quad J = 0^m,323,$$
$$p = 45^{kg},$$
$$\frac{l}{a} = 2,04, \quad \frac{j}{a} = 1,044, \quad \frac{J}{a} = 1,087,$$
$$\gamma = 48°41', \quad \iota = 2°22'.$$

L'ogive ne se prolongeait pas jusqu'à la pointe; cette dernière était remplacée par un arrondissement de $0^m,019$ de rayon. La chambre, cylindrique à l'arrière, hémisphérique à l'avant, est représentée dans la *fig.* 16.

Fig. 16.

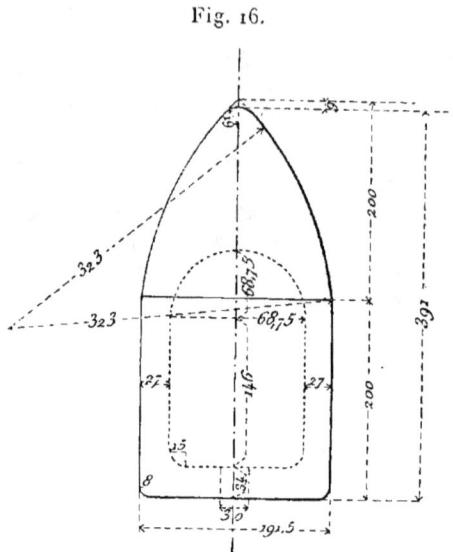

Les vitesses ont été mesurées à 43^m du canon, les moyennes prises sur vingt coups. Pour en déduire les valeurs des vitesses initiales, on s'est servi de la formule du Chapitre II, § 2; il est vrai que les projectiles n'étaient pas semblables à ceux de 16^{cm}, mais il ne s'agissait que d'une très faible correction; d'après le calcul, elle ne s'élevait qu'à $1^m,2$.

Les tirs étaient généralement de quinze coups, quelquefois de vingt. L'angle moyen de relèvement a été trouvé égal à $15'$.

PORTÉES MOYENNES DES PROJECTILES OGIVAUX.

CHARGE du canon.	VITESSE INITIALE du boulet V.	ANGLE α.	PORTÉE X.	VALEUR de $10^{10}K$.	NOMBRE de coups.
$4,1^{kg}$	$303,8^{m}$	5.33′54″	1543^m	12,43	20
		10.19.7	2596	11,59	16
		15.15.0	3497	11,32	15
		25.15.0	4923	10,45	15
		35.15.0	5688	10,65	15
5,2	320,9	5.31.20	1716	9,76	30
		10.16.40	2768	11,63	15
		15.15.0	3874	9,41	45
		25.15.0	5200	10,41	15
		35.15.0	5992	10,51	15

Les variations du coefficient K ne paraissent pas déterminées par celles de l'inclinaison.

Résultats moyens.

VITESSE INITIALE.	VALEUR DE $10^{10}K$.	VALEUR de $h = KV\dfrac{v}{a^2}$.
$303,8^m$	11,288	0,0004208
320,9	10,344	0,0004073

On ne devait pas s'attendre à rencontrer une parfaite égalité entre les deux valeurs de h, et la légère différence qu'elles présentent ne s'oppose pas à ce qu'on puisse regarder cette quantité comme constante. En prenant une moyenne, on a

$$h = 0,000414.$$

Cette valeur surpasse celle que l'on a trouvée dans le § 5; mais les projectiles de 19^{cm} étaient loin d'être semblables à ceux de 16^{cm}; ils avaient une forme moins allongée.

§ 8. — Obusier de 22^cm. — Expériences de 1861-1862.

Pour tout ce qui concerne la bouche à feu et les projectiles, on peut consulter le Chapitre III, § 6.

Les expériences commencées au mois de septembre 1861, mais souvent interrompues, n'ont été terminées qu'au mois de janvier 1862. L'inclinaison était tantôt de 30°, tantôt de 40°. Chaque tir se composait de deux coups, quelquefois de quinze. On a réuni tous les tirs exécutés sous la même inclinaison et avec la même charge.

La valeur moyenne de l'angle de relèvement était de 30'; c'est la conséquence à laquelle ont conduit plusieurs expériences faites sous l'inclinaison de 10°. Il est à remarquer, à ce sujet, que la bouche à feu, eu égard à la grandeur de son calibre, doit être considérée comme fort légère.

Les détails relatifs à la mesure des vitesses se trouvent dans le Chapitre III, § 6.

Les vitesses rapportées dans le Tableau ci-après sont les moyennes de celles qui ont été observées dans le cours des expériences.

CHARGE de l'obusier.	VITESSE initiale du boulet.	INCLINAISON DE 30°.		INCLINAISON DE 45°.		NOMBRE DE COUPS	
		Portée X.	Valeur de $10^{10}K$.	Portée X.	Valeur de $10^{10}K$.	à 30°.	à 40°.
kg	m	m		m			
3	194,7	3015	10,588	3383	9,992	45	35
4	218,4	3621	10,099	4147	7,989	30	40
5	240,4	4275	8,275	4699	8,743	55	55
6	255,9	4752	7,346	5092	8,841	30	30

Pour calculer $10^{10}K$, on a toujours ajouté 30' à l'inclinaison.

Moyenne des valeurs de $10^{10}K$ correspondant à l'inclinaison de 30°, 9,077; à celle de 40°, 8,891.

De cette comparaison il ne faudrait pas conclure que la valeur de K décroît quand l'inclinaison passe de 30° à 40°;

il est probable que c'est le contraire qui arrive ; mais la variation est si légère qu'elle ne se manifeste pas dans la pratique, de sorte que les différences indiquées par les expériences sont tantôt dans un sens et tantôt dans un autre. Prenant, en conséquence, pour chaque charge la moyenne des deux valeurs correspondant l'une à l'inclinaison de 30°, l'autre à celle de 40°, on a le Tableau ci-après :

CHARGE DE L'OBUSIER.	VITESSE INITIALE du boulet.	VALEUR DE 10^{10} K.	VALEUR DU PRODUIT $KV\dfrac{p}{a^2}$.
3 kg	194,7 m	10,280	0,000334
4	218,4	9,044	0,000329
5	240,4	8,509	0,000341
6	255,9	8,093	0,000346

Comme précédemment, la valeur de K décroît à mesure que la vitesse augmente. Les variations que présente la quantité $h = KV\dfrac{p}{a^2}$ sont faibles. En prenant une moyenne entre les quatre nombres, on a

$$K = \frac{0,000338}{V}\frac{a^2}{p}.$$

Ces expériences ont été reprises en 1863, mais sur une échelle un peu moindre. On a encore retrouvé la même différence de 30' entre l'angle de départ et l'inclinaison de la pièce, et l'on a obtenu pour K une valeur un peu supérieure à la précédente, savoir $K = \dfrac{0,000348}{V}\dfrac{a^2}{p}$. La moyenne est

$$K = \frac{0,000343}{V}\frac{a^2}{p};$$

elle diffère à peine de celle que l'on a trouvée pour les boulets de 16^{cm}.

§ 9. — Expériences exécutées sur des perriers
(juin et août 1859).

Projectiles. — (*Voir* le Chap. II, § 3).

On a opéré successivement sur deux perriers neufs; avec le premier, on a déterminé la vitesse initiale de la portée sous l'inclinaison de 10°; avec l'autre, on a recherché les portées sous des inclinaisons supérieures.

Angle moyen de relèvement 43′20″.

CHARGE du perrier.	VITESSE INITIALE du boulet V.	ANGLE TOTAL α.	PORTÉE X.	VALEUR de 10^{10} K.	NOMBRE de coups.
kg 0,120	m 275	10.55.32″	1984	29,74	40
		15.43.20	2436	35,35	20
		25.43.20	3075	41,30	39
		30.43.20	3318	41,47	40
		35.43.20	3372	45,76	40

Ici, la valeur de 10^{10} K croît assez rapidement dès que l'inclinaison s'élève au-dessus de 10°.

§ 10. — Résumé et conclusions.

Des faits qui précèdent, il résulte que l'équation

$$\frac{\sin 2\alpha}{gX} = \frac{1}{V^2} + KX$$

peut être employée pour le calcul des portées. Le coefficient K conserve une valeur sensiblement constante tant que l'inclinaison ne surpasse pas une certaine limite qui, pour les projectiles ogivaux de 16^{cm}, n'est pas inférieure à 35° et que la vitesse initiale reste comprise entre 200^m et 330^m. Il paraît que, toutes choses égales d'ailleurs, cette limite s'abaisse lorsque le calibre devient moindre, et c'est ainsi que, quand il s'agit du perrier, elle paraît être peu différente de 10°.

Dans les diverses expériences dont on a rendu compte, la valeur de K a paru être en raison inverse de la vitesse initiale. On est donc autorisé à poser

$$K = \frac{h}{V} \frac{a^2}{p},$$

du moins tant que V reste compris entre 200^m et 330^m.

Il est assez naturel de rechercher si la valeur de K ne serait pas, comme l'accélération due à la résistance de l'air, proportionnelle au sinus de l'angle ogival γ. C'est ainsi qu'on est conduit à comparer les valeurs du produit

$$KV \frac{p}{a^2 \sin \gamma};$$

celles qu'on déduit des expériences précédentes sont renfermées dans le Tableau suivant :

VITESSE INITIALE V.	CANON.	VALEUR DU PRODUIT $KV \dfrac{p}{a^2 \sin \gamma}$.	OBSERVATIONS.
194,7 ^{m}	Obusier de 22^{cm}.	0,0004743	§ 8.
218,4	»	0,0004680	»
240,4	»	0,0004847	»
255,9	»	0,0004907	»
275,0	Perrier (¹).	0,0005407	§ 9.
303,8	Canon de 19^{cm}.	0,0005603	§ 7.
309,0	Canon de 16^{cm}.	0,0005343	§ 2.
319,6	»	0,0004902	§ 4.
320,0	»	0,0004948	§ 4.
320,9	Canon de 19^{cm}.	0,0005423	§ 7.
321,0	Canon de 14^{cm}.	0,0004743	§ 6.
321,0	Canon de 16^{cm}.	0,0005367	§ 4.
325,0	»	0,0005506	§ 2.
328,0	»	0,0005089	§ 4.
334,0	»	0,0004904	§ 3.

(¹) La valeur du coefficient K que l'on a adoptée pour le perrier est celle que l'expérience a indiquée comme correspondant à l'angle de 10° 55′ 32″.

Les variations du produit $KV\dfrac{p}{a^2}\cosec\gamma$ ne suivent aucune loi et paraissent uniquement dues aux irrégularités des expériences. Rien se s'oppose donc à ce qu'on le considère comme constant, du moins tant que les vitesses et les angles restent compris entre les limites que l'on a indiquées au commencement du paragraphe.

En prenant une moyenne, on a

$$KV\frac{p}{a^2}\cos\gamma = 0,0005094, \quad \text{ou} \quad K = \frac{0,0005094}{V}\frac{a^2}{p}\sin\gamma.$$

Il est toujours admis que la valeur de K est proportionnelle au poids Δ du mètre cube d'air. En remarquant que, dans les expériences précédentes, la valeur moyenne de Δ était sensiblement égale à $1^{kg},208$, on peut donc poser

$$K = \frac{0,0004218}{V}\Delta\frac{a^2}{p}\sin\gamma.$$

Il a été établi dans le Chapitre II que la résistance de l'air pouvait être regardée comme proportionnelle au cube de la vitesse tant que cette dernière restait comprise entre 200^m et 330^m. L'accélération correspondante étant alors représentée par cv^3, on a trouvé

$$c = 0,0005673\,\Delta\frac{a^2}{p}\sin\gamma$$

(Chap. II, § 7); par suite,

$$\tfrac{3}{4}c = 0,000423\,\Delta\frac{a^2}{p}\sin\gamma$$

On a donc, à très peu près,

$$K = \frac{3}{4}\frac{c}{V}.$$

CHAPITRE V.

DÉRIVATION DES PROJECTILES.

§ 1. — Considérations générales.

La dérivation moyenne est la quantité dont, au point de chute, les projectiles s'écartent du plan de tir; elle se manifeste toujours du côté vers lequel tourne la partie supérieure du corps, à gauche, par conséquent, pour les canons rayés à gauche. Les causes qui la produisent ont été indiquées dans la Ire Section, § 9; la difficulté est d'en trouver l'expression.

Lorsque la nature du projectile est connue, la dérivation, de même que la portée, est entièrement déterminée par l'angle de départ α et la vitesse initiale V; ainsi, en la désignant par D, on peut écrire
$$D = f(\alpha, V).$$

Les considérations théoriques ne fournissent aucun moyen de découvrir la nature de cette fonction : il faut donc, de toute nécessité, recourir à l'expérience.

Mais les dérivations subissent l'influence des agitations de l'atmosphère et sont, par suite, extrêmement variables. Celles des boulets de la marine augmentent quand le vent vient de la droite; elles décroissent quand il souffle de la gauche : le contraire arrive quand les rayures des canons tournent de gauche à droite.

Ce n'est qu'en multipliant beaucoup les tirs qu'on peut écarter ces influences journalières et arriver à des résultats réguliers.

§ 2. — Dérivation des obus ogivaux de 16^{cm}. — Expériences de 1858.

Les expériences exécutées en 1858 sur des canons de 16^{cm}, et dont il est question dans le Chapitre IV, § 2, montrent que la dérivation est sensiblement proportionnelle au carré du sinus de l'angle de départ.

Voici, en effet, les résultats donnés par la charge de 3^{kg},5 :

DONNÉES.	VITESSE initiale V.	ANGLE de départ α.	DÉRIVATION D.	VALEUR du rapport $\frac{D}{\sin^2\alpha}$.	OBSERVATIONS.
Diamètre des boulets $a = 0,1623$ Poids, 30^{kg}.	325^m	5.21.36 10.13.58 15.12. 0 25.12. 0 35.12. 0	7,59^m 25,38 50, 3 147, 7 275, 0	870,0 804,1 737,7 814,7 827,6	5 tirs de 15 coups. » 3 tirs de 15 coups. » »

Les variations du rapport $\frac{D}{\sin^2\alpha}$ paraissent tout à fait indépendantes de l'inclinaison de la pièce. En prenant une moyenne, on a

$$\frac{D}{\sin^2\alpha} = 809,6.$$

Il est facile de vérifier cette expression.

Dérivation calculée au moyen de la formule..	7,06^m	25,55^m	55,65^m	148,8^m	269^m
Excès sur la dérivation observée..............	− 0,53	+ 0,17	+ 5,35	0,9	− 6

Les dérivations données par la charge de 3^{kg} se trouvent dans le Tableau suivant :

DÉRIVATION DES PROJECTILES.

VITESSE INITIALE V.	ANGLE de départ α.	DÉRIVATION D.	VALEUR du rapport $\dfrac{D}{\sin^2 \alpha}$.	OBSERVATIONS.
309^m	5°.24'. 0″	5,05^m	570,2	3 tirs de 15 coups.
	10.19.45	21, 0	653,2	»
	15.12. 0	48,3	702,6	2 tirs de 15 coups.
	25.12. 0	133,6	737,0	»
	25.12. 0	236,1	710,6	»

Les épreuves sont moins nombreuses que pour la charge de 3^{kg},500, et la constance du rapport ne se manifeste pas d'une manière aussi régulière. Les valeurs relatives aux petites inclinaisons sont faibles ; mais il est à remarquer qu'il suffit alors d'apporter un très léger changement à la dérivation pour que le rapport éprouve une variation notable. En prenant une moyenne, on a

$$\frac{D}{\sin^2 \alpha} = 674,7.$$

Dérivation calculée au moyen de la formule..	5,97^m	21,69^m	46,38^m	122,3^m	224,2^m
Excès sur la dérivation observée............	+ 0,93	+ 0,69	− 1,92	− 10,7	− 11,9

§ 3. — Suite. — Expériences de 1860 (Chap. IV, § 3).

Diamètre des boulets : 0^m,1623. Poids : 30^{kg},4.

VITESSE INITIALE V.	ANGLE DE DÉPART α.	DÉRIVATION D.	VALEUR du rapport $\dfrac{D}{\sin^2\alpha}$.	NOMBRE de coups.
334^m	5°24′.18″ 10.17.43 25.12. 0 35.12. 0	7,25^m 29,0 182,0 324,5	824,6 908,0 1004,0 975,0	70 90 80 60

En prenant une moyenne, on a

$$\frac{D}{\sin^2\alpha} = 927,9.$$

Cette valeur est probablement un peu forte; pendant la durée des épreuves, les vents venaient presque constamment de la droite.

§ 4. — Suite. — Expériences de 1863.

Ces expériences ont été décrites dans le Chapitre IV, § 4.
Le Tableau suivant a été formé en prenant les moyennes des résultats donnés par les trois premiers canons sous les mêmes inclinaisons.

ANGLE DE DÉPART α.	DÉVIATION D.	VALEUR du rapport $\dfrac{D}{\sin^2\alpha}$.	OBSERVATIONS.
2°.43'.46"	1,68 m	932,8	
3 34.51	3,15	807,5	
4.33.44	4,03	637,0	720,4
5.26.17	4,98	554,5	
6.28.31	8,5	668,4	
7.26.19	13,1	781,5	
8.24.39	14,0	653,6	
9.23.45	25,2	945,5	718,6
10.24.12	24,4	748,0	
15.16.20	32,2	464,1	
20.16.20	72,1	600,6	
25.16.20	123,5	677,6	
30.16.20	211,5	832,3	723,3
35.16.20	258,0	782,7	

Les irrégularités sont nombreuses, mais les variations du rapport paraissent indépendantes de l'inclinaison du canon.

En prenant une moyenne, on a

$$\frac{D}{\sin^2\alpha} = 720.$$

La vitesse moyenne des boulets était égale à 323 m, et leur poids moyen se trouvait égal à 31 kg, 26.

§ 5. — **Conséquences des expériences précédentes.**

Des faits qui précèdent, on est autorisé à conclure que, tant que la charge ne varie pas, le rapport $\dfrac{D}{\sin^2\alpha}$ peut être considéré comme conservant sensiblement la même valeur, mais il croît avec la vitesse et même plus rapidement qu'elle. Dès lors, il est naturel de chercher s'il ne serait pas proportionnel à son carré, auquel cas la quantité $\dfrac{D}{V^2 \sin^2\alpha}$ devrait être à peu près constante.

VALEUR DE V.	VALEUR DE $\frac{D}{\sin^2\alpha}$.	VALEUR DE $\frac{D}{V^2\sin^2\alpha}$.
309 m	674,7 (§ 2)	0,00707
323	720,0 (§ 4)	0,00690
325	809,6 (§ 2)	0,00766
234	927,9 (§ 3)	0,00832

D'après l'observation faite à la fin du § 3, la quatrième valeur doit être trop forte; les variations qu'offrent les trois premières ne s'opposent pas à ce que le rapport $\frac{D}{V^2\sin^2\alpha}$ puisse être regardé comme constant; en prenant leur moyenne, on a

$$\frac{D}{V^2\sin^2\alpha} = 0,00721.$$

§ 6. — **Dérivation des obus ogivaux de 22ᶜᵐ.** — **Expériences de 1861 et de 1862** (Chap. III, § 6; Chap. IV, § 8).

Diamètre des obus : $0^m,2209$. Poids : $81^{kg},5$.

Résultats moyens des expériences.

CHARGE de l'obusier.	VITESSE initiale du boulet.	VALEUR DE $\frac{D}{\sin^2\alpha}$, L'ANGLE α étant de		VALEUR moyenne de $\frac{D}{\sin^2\alpha}$.	VALEUR moyenne de $\frac{D}{V^2\sin^2\alpha}$.
		30°30'.	40°30'.		
kg 1,0	m 115,4	102,6	94,7	98,6	0,00744
2,0	163,8	258,4	243,8	251,1	0,00936
3,0	194,7	280,2	262,2	274,2	0,00723
4,0	218,4	299,4	318,7	309,0	0,00648
5,0	240,4	321,5	415,8	368,6	0,00593
6,0	255,9	520,3	525,3	522,9	0,00780

Le rapport $\frac{D}{\sin^2\alpha}$ se montre plus grand tantôt sous l'angle de $30°30'$, tantôt sous celui de $40°30'$; mais, dans les deux cas, il a à peu près la même valeur moyenne.

L'examen de la dernière colonne du tableau fait voir que les variations du rapport $\dfrac{D}{V^2 \sin^2 \alpha}$ ne suivent aucune loi; et, en prenant une moyenne, on a

$$\dfrac{D}{V^2 \sin^2 \alpha} = 0,00737.$$

Cette valeur est très peu différente de celle qu'on a trouvée pour les obus de 16^{cm} (§ 5). Les deux sortes de projectiles sont à peu près semblables.

§ 7. — Dérivation des obus ogivaux de 14^{cm}. — Expériences de 1864 (Chap. IV, § 6).

Diamètre des obus : $a = 0^m,1366$. Poids : $p = 18^{kg},65$. Vitesse initiale : $V = 321^m$.

ANGLE α.	DÉRIVATION D.	VALEUR DE $\dfrac{D}{V^2 \sin^2 \alpha}$.
$10°.15'.28''$	$18,8^m$	$0,00576$
$20.15. 0$	$82,0$	$0,00644$
$30.15. 0$	$150,0$	$0,00574$

Valeur moyenne :

$$\dfrac{D}{V^2 \sin^2 \alpha} = 0,00603.$$

§ 8. — Dérivation des projectiles ogivaux lancés par le perrier. Expériences de 1859 (Chap. IV, § 9).

Diamètre des obus : $a = 0,0532$. Poids : $p = 1^{kg},11$. Charge du perrier : $0^{kg},120$. Vitesse initiale du projectile : $V = 275^m$.

ANGLE α.	DÉRIVATION D.	VALEUR DE $\dfrac{D}{\sin^2\alpha}$.	OBSERVATIONS.
15.43.20″	38ᵐ	517,3	2 tirs de 20 coups..
25.43.20	80	424,7	»
30.43.20	129	494,2	»
35.43.20	162	475,2	»

Les variations du rapport $\dfrac{D}{\sin^2\alpha}$ se montrent indépendantes de l'inclinaison de la pièce; en prenant une moyenne, on a $\dfrac{D}{\sin^2\alpha} = 478$ et, par suite,

$$\dfrac{D}{V^2 \sin^2\alpha} = 0,00632.$$

Ce nombre est peu différent de celui qui résulte des expériences exécutées avec les canons de 14^{cm} (§ 7).

§ 9. — Conclusions.

Des expériences soumises à tant de causes de variation ne peuvent guère conduire à des résultats dont on soit complètement satisfait. Il faut seulement tâcher d'obtenir quelque expression simple qui, tout en se conciliant avec l'ensemble général des faits, se prête facilement au calcul.

L'équation
$$D = h V^2 \sin^2\alpha$$

satisfait à ces conditions; elle revient à dire que la dérivation est proportionnelle au carré de la composante verticale et de la vitesse initiale, ou encore au carré de la durée du trajet dans le vide.

Il ne faut pas oublier que, dans les expériences précédentes, la vitesse initiale est toujours restée comprise entre 200^m et

330^m. Ce n'est donc qu'entre ces limites que la formule

$$D = h V^2 \sin^2 \alpha$$

se trouve vérifiée.

Le coefficient h varie nécessairement avec l'inclinaison des rayures; il dépend, d'ailleurs, essentiellement de la constitution du mobile.

$$
\begin{aligned}
\text{Obus ogivaux de 22}^{cm}&\ldots\ldots & h &= 0,00737 \\
\text{» \quad de 16}^{cm}&\ldots\ldots & h &= 0,00721 \\
\text{» \quad de 14}^{cm}&\ldots\ldots & h &= 0,00603 \\
\text{» \quad du perrier}&\ldots\ldots & h &= 0,00632
\end{aligned}
$$

Le Tableau suivant fait voir qu'on obtient des nombres peu différents en multipliant chaque valeur de h par le produit $\dfrac{p}{a^3} \operatorname{coséc}\gamma \cot \Theta$:

CANONS	γ.	Θ.	VALEUR DE $h \dfrac{p}{a^3} \operatorname{coséc}\gamma \cot\Theta$.
Canon de 16^{cm}..	41°.51′	6°. 0	740,2
Obusier de 22^{cm}.	44.49	6. 0	752,2
Canon de 14^{cm}..	40.4	6. 0	651,8
Perrier.........	38.2	6.23	716,0

A la vérité, la valeur du produit $h \dfrac{p}{a^3} \operatorname{coséc}\gamma \cot \Theta$, qui correspond aux projectiles de 14^{cm}, s'écarte notablement des autres; mais les épreuves avaient été peu nombreuses. En 1873, on a exécuté, avec les mêmes projectiles, d'autres expériences pour lesquelles on a fait subir aux dérivations les corrections relatives aux agitations de l'atmosphère, et l'on a trouvé, pour valeur moyenne du rapport $\dfrac{D}{V^2 \sin^2 \alpha}$, le nombre 0,0066. En adoptant cette valeur, on obtiendrait

$$h \frac{p}{a^3} \operatorname{coséc}\gamma \cot\Theta = 713,4,$$

nombre bien peu différent de ceux qui correspondent aux autres bouches à feu.

Adoptant donc, pour le produit $h\dfrac{p}{a^3}\operatorname{coséc}\gamma \cot\Theta$, la valeur 736, qui est la moyenne de celles qu'ont fournies le canon de 16^{cm}, l'obusier de 22^{cm} et le perrier, on est conduit à la formule

$$D = 736\frac{a^3}{p}\operatorname{tang}\Theta \sin\gamma\, V^2 \sin^2\alpha,$$

dans laquelle le diamètre a est exprimé en mètres.

Ainsi la dérivation serait, tout au moins, dans les limites où l'on a opéré, proportionnelle au cube du calibre, à la tangente de l'inclinaison finale Θ des rayures et au sinus de l'angle ogival γ; elle varierait, en outre, en raison inverse du poids du projectile.

Quand il s'agit de projectiles semblables, le rapport $\dfrac{a^3}{p}$ reste constant ainsi que l'angle γ; par suite, d'après la formule précédente :

Des projectiles semblables, animés de vitesses initiales égales, éprouvent, sous les mêmes angles, les mêmes dérivations.

CHAPITRE VI.

DÉVIATIONS LATÉRALES DES PROJECTILES.

§ 1. — Déviation latérale moyenne.

On entend par *déviation latérale* d'un projectile la quantité dont, au point de chute, il s'écarte de la projection horizontale de la trajectoire moyenne, soit à droite, soit à gauche.

La somme de toutes ces déviations divisée par leur nombre est ce qu'on appelle la *déviation latérale moyenne*.

Si le mouvement s'opérait dans le vide, toutes les trajectoires particulières seraient planes, et les déviations latérales ne pourraient être attribuées qu'aux écarts initiaux.

Soient alors ε l'écart angulaire latéral moyen ; q la déviation latérale moyenne ; on aurait

$$q = X \frac{\tang \varepsilon}{\cos \alpha},$$

en conservant aux lettres α et X leurs significations antérieures (Ire Partie, § 2).

Si, quand le mouvement a lieu dans l'air, il n'existait pas d'autres causes de déviations, la même formule conviendrait encore à raison de la faible courbure des projections horizontales des trajectoires ; mais l'expérience montre que le facteur $\frac{q}{X}$ croît avec l'angle α plus rapidement que ne l'indique le facteur $\frac{1}{\cos \alpha}$; et, comme l'on ne peut guère admettre que l'angle ε augmente en même temps, on est conduit à reconnaître l'existence de forces déviatrices dont il est facile d'ailleurs de découvrir l'origine.

En effet, ce n'est jamais autour de son axe que tourne le projectile en sortant de la bouche à feu, mais autour d'une droite qui s'en écarte un peu : de là des mouvements anormaux qui changent, d'ailleurs, d'un coup à l'autre. Ces circonstances doivent faire varier la direction de la résistance de l'air.

De l'équation
$$\frac{\sin 2\alpha}{gX} = \frac{1}{V^2} + KX$$
on tire
$$\frac{X}{\cos\alpha} = \frac{2V^2 \sin\alpha}{g(1 + KV^2 X)}.$$

Portant cette valeur dans la formule $q = \frac{X}{\cos\alpha} \tang \varepsilon$, il vient
$$q = \frac{2V^2 \sin\alpha}{g(1 + KV^2 X)} \tang \varepsilon.$$

Il est assez naturel d'essayer si, pour tenir compte de l'accroissement apporté à la déviation par les forces perturbatrices, il ne suffirait pas de négliger dans le dénominateur du second membre le terme $KV^2 X$. On aurait alors la formule très simple
$$q = \frac{2V^2 \sin\alpha}{g} \tang \varepsilon.$$

La déviation latérale moyenne se trouverait alors avoir la même grandeur que si le mouvement s'opérait dans le vide; mais elle correspondrait à une moindre portée.

Il est clair que l'angle ε dépend non seulement de la constitution de la pièce et des projectiles, mais encore de la manière dont le tir est exécuté.

On vérifie la formule en cherchant, à l'aide des données que fournit l'expérience, si le rapport $\frac{q}{\sin\alpha}$ conserve une valeur sensiblement constante, quand la charge du canon reste la même. Lorsque les tirs sont exécutés avec des charges différentes, il faut recourir au rapport $\frac{q}{V^2 \sin^2\alpha}$.

Les difficultés que l'on rencontre dans ce genre de recherches proviennent surtout des nombreuses irrégularités que présentent les expériences; quelles que soient les formules que l'on adopte, il faut s'attendre à ce que parfois elles s'écartent beaucoup des résultats du tir.

§ 2. — Déviations latérales moyennes des obus ogivaux de 16^{cm}. — Expériences de 1858 décrites dans le Chapitre IV, § 3.

Le rapport des carrés des vitesses 309^m et 325^m, imprimées par les deux charges qui ont été employées, étant à peu près égal à 0,9 et les déterminations des déviations ne pouvant être considérées comme exactes à moins de $\frac{1}{10}$ près, on a pris des moyennes entre les résultats de tous les tirs exécutés sous la même inclinaison.

Angle α..................	2°23′	5°23′	10°17′	15°12′	25°12′	35°12′
Déviation latérale moyenne q, (mètres)................	0,89	1,98	3,13	4,75	8,23	11,87
Valeur du rapport $\frac{q}{\sin\alpha}$....	20,00	21,10	17,53	18,13	19,23	20,59

Les variations du rapport ne suivent aucune loi et peuvent être attribuées aux anomalies des expériences. En prenant une moyenne, on a

$$\frac{q}{\sin\alpha} = 19,44.$$

La proportionnalité de la déviation latérale au sinus de l'angle de départ se trouve ainsi vérifiée.

La valeur 19,44 du rapport correspond à une vitesse initiale comprise entre 309^m et 325^m et à peu près égale à 317^m. L'équation $q = \dfrac{2V^2}{g}\sin\alpha \tang\varepsilon$ devient donc

$$19,44 = \frac{2}{g}(317)^2 \tang\varepsilon;$$

de là résultent

$$\tang\varepsilon = 0,0009489 \text{ et } \varepsilon = 3'16''$$

II. 7

§ 3. — Suite. — Expériences de 1863 décrites Chapitre IV, § 4.

Le Tableau suivant a été formé en prenant les moyennes des déviations données sous les mêmes inclinaisons, par les trois premiers canons employés dans les expériences :

ANGLE α.	DÉVIATION LATÉRALE moyenne q.	VALEUR du rapport $\dfrac{q}{\sin \alpha}$.	OBSERVATIONS.
1.46.40″	0,83	26,75	
2.43.46	1,11	23,21	
3.34.51	1,38	22,10	22,90
4.33.44	1,53	19,24	
5.26.17	2,20	23,22	
6.28.31	2,33	20,66	
7.26.19	2,99	23,09	
8.24.39	3,99	27,28	24,10
9.23.45	4,10	25,11	
10.24.12	4,49	24,36	
15.16.20	5,81	22,06	
20.16.20	8,76	25,28	
25.16.20	13,40	31,79	27,04
30.16.20	13,83	27,39	
35.16.20	17,30	29,96	

Les irrégularités sont nombreuses : le tir a offert moins de justesse qu'en 1858; et soit que l'action des forces déviatrices ait été plus grande, soit que sous les grandes inclinaisons surtout on ait apporté moins de précision au pointage, le rapport $\dfrac{q}{\sin \alpha}$ se montre croissant avec l'angle α.

Quelle que soit la cause à laquelle on attribue cet accroissement, il est bien clair que si l'on veut obtenir la valeur de l'écart angulaire ε, c'est surtout aux résultats fournis par les faibles inclinaisons qu'il faut recourir. Les cinq premières donnent pour valeur moyenne $\dfrac{q}{\sin \alpha} = 22{,}90$; et comme $V = 323^m$, à très peu près, on a $\varepsilon = 3'42''$.

§ 4. — Déviations latérales des obus de 19^{cm}. — Expériences de 1858 (Chap. IV, § 7).

On a pris les moyennes des résultats donnés par les deux charges de 4^{kg},5 et de 5^{kg},2 sous les mêmes inclinaisons.

Angle α	5°22′	10°18′	15°15′	25°15′	35°15′
Déviation latérale moyenne q (mèt.)	2,79	3,67	5,09	7,55	15,82
Valeur du rapport $\frac{q}{\sin \alpha}$	27,94	20,53	19,53	17,70	27,41

Les variations du rapport sont fortes, et c'est ce qui arrive presque toujours quand les expériences sont peu nombreuses. En prenant une moyenne, on a

$$\frac{q}{\sin \alpha} = 22,79.$$

Cette valeur correspond à une vitesse à peu près égale à 312^m; par suite, $\varepsilon = 3'57''$.

§ 5. — Déviations latérales des obus de 22^{cm}. — Expériences de 1861-1862 (Chap. IV, § 8).

Quatre charges différentes ont été employées; il y a donc à examiner si le rapport $\frac{q}{V^2 \sin \alpha}$ se montre sensiblement constant.

CHARGE de l'obusier	VITESSE INITIALE du projectile V.	ANGLE α.	DÉVIATION latérale moyenne q.	VALEUR du rapport $\frac{q}{V^2 \sin \alpha}$.	
$^{kg}_{3,0}$	$^m_{194,7}$	30.30	5,44	0,000283	0,000335
		40.30	9,50	0,000386	
4,0	218,4	30.30	9,30	0,000384	0,000370
		40.30	11,07	0,000357	
5,0	240,4	30.30	13,39	0,000457	0,000445
		40.30	16,22	0,000433	
6,0	255,9	30.30	11,60	0,000349	0,000339
		40.30	13,98	0,000329	

Les variations du rapport paraissent indépendantes de la charge et de l'inclinaison; en prenant une moyenne, on a

$$\frac{q}{V^2 \sin \alpha} = 0{,}000372.$$

On a, en outre, exécuté sous l'inclinaison de 10° un tir de vingt coups avec chacune des charges de 3^{kg}, 4^{kg} et 5^{kg}, et les déviations latérales ont été mesurées. Les résultats de ces trois tirs ont donné pour le rapport $\frac{q}{V^2 \sin \alpha}$ une valeur moyenne égale à 0,000392, peu différente, par conséquent, de la précédente. En adoptant celle-ci, on trouve $\varepsilon = 6'16''$.

Cette valeur surpasse de beaucoup celles qu'ont données les canons de 16^{cm}. La bouche à feu est, sans doute, trop légère relativement à son projectile, et c'est ce qu'indique d'ailleurs la grandeur de la différence entre l'angle de départ et l'inclinaison.

§ 6. — Déviations latérales des projectiles lancés par le perrier. Expériences de 1859 (Chap. IV, § 9).

Angle α....................................	10°53'20''	15°43'20''	25°43'20''
Déviation latérale moyenne q (mètres).	4,36	5,1	7,8
Valeur du rapport $\frac{q}{\sin \alpha}$	23,62	18,82	17,99
Angle α....................................	30°43'20''	35°43'20''	
Déviation latérale moyenne q (mètres)..	12,6	10,3	
Valeur du rapport $\frac{q}{\sin \alpha}$	24,62	17,64	

Les variations du rapport ne suivent aucune loi. Prenant une moyenne, on trouve

$$\frac{q}{\sin \alpha} = 20{,}43,$$

et, la vitesse initiale étant de 275^m, il en résulte $\varepsilon = 4'34''$.

§ 7. — Résumé et conclusions.

Sous une inclinaison donnée, la déviation latérale moyenne des projectiles ogivaux paraît sensiblement la même que si le mouvement s'opérait dans le vide; elle correspond seulement à une moindre portée; elle est ainsi donnée par la formule

$$q = \frac{2}{g} V^2 \sin \alpha \, \tang \varepsilon.$$

Sans doute, il n'en est pas toujours ainsi : des circonstances particulières augmentent parfois la grandeur des forces perturbatrices; et alors la déviation croît, avec l'angle α, plus rapidement que ne l'indique la formule; c'est ce qui arrive, par exemple, quand l'atmosphère est agitée.

Dans les expériences exécutées à Gavre sur les canons de 16^{cm}, l'écart latéral moyen a toujours été inférieur à $4'$; mais il est clair que, dans la pratique ordinaire du tir, il ne faudrait pas compter sur une pareille précision.

CHAPITRE VII.

DÉVIATIONS LONGITUDINALES DES PROJECTILES.

§ 1. — Considérations générales.

La différence qui existe entre la portée particulière d'un projectile et la portée moyenne du tir est ce qu'on appelle la *déviation longitudinale*. En divisant la somme de ces différences, considérées toutes comme positives, par le nombre des coups, on a la *déviation longitudinale moyenne*.

Si le mouvement avait lieu dans le vide, les déviations longitudinales seraient uniquement dues au concours de deux causes indépendantes l'une de l'autre, savoir : les écarts angulaires initiaux et les variations des vitesses.

Désignant par Q la déviation longitudinale moyenne, par Q' et Q'' celles que produiraient isolément les écarts angulaires et les variations des vitesses, on aurait, dans ce cas,

$$Q^2 = Q'^2 + Q''^2 \quad (^1).$$

En différentiant successivement par rapport à α et à V l'équation des portées réduites alors à

$$X = \frac{V^2 \sin 2\alpha}{g},$$

(¹) Cette relation revient à supposer que les carrés des écarts moyens sont proportionnels aux carrés moyens des écarts, ce qui a lieu, par exemple, lorsque la loi de probabilité des écarts est représentée par la formule

$$y = \frac{a}{\sqrt{\pi}} e^{-a^2 \Delta^2}$$

(Tome I, Note II).

on a
$$d_\alpha X = \frac{2V^2 \cos 2\alpha}{g} d\alpha,$$
$$d_v X = \frac{2V \sin 2\alpha}{g} dV.$$

Soient ε_1 l'écart angulaire vertical moyen, δ l'écart moyen des vitesses, les valeurs de ε_1 et δ étant toujours très faibles, on peut, dans les formules précédentes, remplacer $d_\alpha X$, $d\alpha$, $d_v X$, dV respectivement par Q', $\tang\varepsilon_1$, Q'' et δ. On a ainsi

$$Q' = \frac{2V^2 \cos 2\alpha}{g} \tang\varepsilon_1,$$
$$Q'' = \frac{2V \sin 2\alpha}{g} \delta.$$

Les tirs exécutés sur des panneaux placés à une faible distance de la bouche à feu montrent que les écarts angulaires se produisent indifféremment dans tous les sens. On peut donc remplacer ε_1 par l'écart angulaire latéral moyen désigné précédemment par ε et poser

$$Q' = \frac{2V^2 \cos 2\alpha}{g} \tang\varepsilon;$$

par suite,

(1) $$Q^2 = \left(\frac{2V^2 \cos 2\alpha}{g}\right)^2 \tang^2\varepsilon + \left(\frac{2V \sin 2\alpha}{g}\right)^2 \delta^2.$$

Lorsque les projectiles traversent l'atmosphère, la résistance de l'air entraîne une nouvelle cause de déviation dont il est nécessaire de tenir compte. Mais, quelle que soit la formule que l'on adopte pour représenter la déviation longitudinale Q, elle doit nécessairement se réduire à l'équation (1) quand on suppose que la résistance de l'air devient nulle. Toute équation qui ne satisfait pas à cette condition doit, par cela même, être regardée comme erronée.

Il ne faut donc pas songer à obtenir une formule offrant

plus de simplicité que l'équation (1); mais on peut, du moins, chercher à conserver la même forme.

En remplaçant l'écart moyen des vitesses δ par une quantité arbitraire ξ, on a

$$(2) \quad Q^2 = \left(\frac{2V^2 \cos 2\alpha}{g}\right)^2 \tan^2\varepsilon + \left(\frac{2V \sin 2\alpha}{g}\right)^2 \xi^2.$$

En introduisant dans cette équation les déviations longitudinales obtenues dans les tirs exécutés sous diverses inclinaisons, on obtiendra une suite de valeurs de ξ correspondant aux différentes valeurs de α et que l'on pourra comparer entre elles.

On verra, par ce qui va suivre, que ces valeurs, tout en présentant beaucoup d'irrégularités, ne suivent cependant aucune loi. On sera ainsi conduit à considérer la quantité ξ comme indépendante de l'angle α.

§ 2. — Déviations longitudinales des obus ogivaux de 16^cm. — Expériences de 1858 décrites dans le Chapitre IV, § 3 et le Chapitre VI, § 2.

Pour atténuer les anomalies, on a pris des moyennes entre les déviations données par les deux charges de $3^{kg},5$ et 3^{kg}.

$$\varepsilon = 3' 16'' \quad (\text{Chap. VI, § 2}).$$

Angle α.	5°23'	10°17'	15°12'	25°12'	35°12'
Déviation longitudinale moyenne observée Q. (mètres.).	29,4	43,3	57,5	96,1	102,8
Val. de $\frac{2V^2 \cos 2\alpha}{g} \tan\varepsilon$.	19,0	18,2	16,7	12,8	6,6
Valeur de $\frac{2V \sin 2\alpha}{g} \xi$...	22,43	39,29	45,06	95,24	102,6
Valeur de $\frac{2V}{g} \xi$........	120,1	111,08	108,7	123,6	108,9

Les variations de la quantité $\frac{2V}{g}\xi$ ne suivent aucune loi;

en prenant une moyenne, on a

$$\frac{2V}{g}\xi = 114,5;$$

V étant égal à 317^m, il en résulte

$$\xi = 1^m,72.$$

Faisant dans la formule (2) $\varepsilon = 3'16''$ et $\xi = 1^m,72$, on obtient :

Angle α................	5°23'	10°17'	15°12'	25°12'	35°12'
Valeur de Q calculée. (mètres.).	28,1	40,6	58,6	87,1	104,6
Excès sur l'expérience. (mètres.).	— 1,3	— 2,7	+ 1,1	— 9,0	— 1,8

De ces cinq différences, une seule présente une valeur numérique un peu forte.

§ 3. — **Suite.** — **Expériences de 1863** (Chap. IV, § 4, Chap. VI, § 3).

Pour atténuer autant que possible les anomalies, on a pris, comme dans le Chap. VI, § 3, des moyennes entre les résultats donnés par les trois premiers canons. Néanmoins, ces moyennes ont encore présenté d'assez fortes irrégularités.

Les tirs exécutés sous de faibles inclinaisons ont conduit à prendre

$$\varepsilon = 3'42'' \quad (\text{Chap. VI, § 3}).$$

Angle α	8°24′39″	9°23′45″	10°24′32″	15°16′20″
Déviation longitudinale moyenne observée Q (mètres.)	38,8	36,8	30,8	47,0
Valeur de $\dfrac{2\,V^2\cos 2\alpha}{g}\tang\varepsilon$	22,0	22,0	21,6	19,8
Valeur de $\dfrac{2\,V\sin 2\alpha}{g}\xi$	31,77	29,5	21,95	42,63
Valeur de $\dfrac{2\,V}{g}\xi$	109,8	91,58	61,69	83,87

Angle α	20°16′20″	25°16′20″	30°16′20″	35°16′20″
Déviation longitudinale moyenne observée Q (mètres.)	55,5	73,5	80,6	95,8
Valeur de $\dfrac{2\,V^2\cos 2\alpha}{g}\tang\varepsilon$	17,4	14,4	11,2	7,4
Valeur de $\dfrac{2\,V\sin 2\alpha}{g}\xi$	52,70	72,08	79,81	95,51
Valeur de $\dfrac{2\,V}{g}\xi$	81,07	93,25	91,67	101,3

Parmi les huit valeurs de $\dfrac{2\,V}{g}\xi$, il s'en trouve une, la troisième, qui s'écarte beaucoup des autres; en n'y ayant pas égard, on obtient pour moyenne 92; et, par suite, V étant égal à 323^m;

$$\xi = 1^m,4.$$

Faisant dans la formule (2) $\varepsilon = 3'42''$ et $\xi = 1^m,4$, on obtient :

Angle α	8°24′39″	9°23′45″	10°24′32″	15°16′20″
Valeur de Q calculée… (mètr.)	34,5	36,8	39,2	50,8
Excès sur l'expérience.	− 3,5	0	+ 8,4	− 3,8

Angle α	20°16′20″	25°16′10″	30°16′20″	35°16′20″
Valeur de Q calculée… (mètr.)	58,1	72,6	81,6	87,0
Excès sur l'expérience.	+ 2,6	− 0,9	+ 1,0	− 8,8

Aucune de ces différences ne surpasse celles qu'il faut nécessairement admettre pour régulariser les données de l'observation.

Pour les faibles inclinaisons où l'influence des écarts angulaires est prédominante, les expériences sont plus incertaines. Voici le Tableau comparatif des résultats calculés et des résultats observés :

Angle α		2°43′44″	3°54′51″	4°33′44″
Déviation longitudinale moyenne	calculée. (mètres)	24,4	25,9	26,9
	observée. »	30,4	30,0	28,8
Différence	»	— 6,0	— 4,1	— 1,9

Angle α		5°26′17″	6°28′30″	7°26′19″
Déviation longitudinale moyenne	calculée. (mètres)	28,4	30,4	31,9
	observée. »	28,2	32,8	37,9
Différence	»	+ 0,2	— 2,4	— 6,0

§ 4. — Déviations longitudinales des obus de 19^{cm}. — Expériences de 1858 (Chap. IV, § 7, Chap. VI, § 4).

On a pris des moyennes entre les résultats donnés par les charges de $4^{kg},5$ et $5^{kg},2$ sous les mêmes inclinaisons.

$$\varepsilon = 3'57''\quad (\text{Chap. VI, § 4}).$$

Angle α	10°18′	15°15′	25°15′	35°15′
Déviation longitudinale moyenne observée Q (mètres).	52,3	55,9	81,8	109,8
Valeur de $\dfrac{2V^2 \cos 2\alpha}{g}\tang\varepsilon$	21,4	19,6	14,4	7,6
Valeur de $\dfrac{2V \sin 2\alpha}{g}\xi$	47,7	52,35	80,53	109,5
Valeur de $\dfrac{2V}{g}\xi$	135,6	103,1	104,4	116,2

La moyenne des quatre valeurs de $\dfrac{2V}{g}\xi$ est égale à 115;

d'où il résulte, la vitesse V étant de 312^m,

$$\xi = 1^m,81.$$

Comparant les résultats de la formule aux données de l'observation :

Angle α........................	10°18'	15°15'	25°15'	35°15'
Valeur de Q calculée (mètres.) ...	45,8	61,6	92,6	108,8
Excès sur l'expérience (mètres.)..	— 6,5	+ 5,7	+10,8	— 1,0

Les épreuves ayant été peu multipliées, la grandeur de ces différences n'offre rien d'inadmissible.

§ 5. — Déviations longitudinales des obus de 22^{cm}. — Expériences de 1861-1862 (Chap. IV, § 8 et Chap. VI, § 5).

Les charges ont varié, ce qui oblige à considérer les valeurs de $\frac{2}{g}\xi$ au lieu de celles de $\frac{2V}{g}\xi$

$$\varepsilon = 6'16'' \quad \text{(Chap. VI, § 5)}.$$

CHARGE de l'obusier.	VITESSE initiale des projectiles.	ANGLE α.	DÉVIATION longitudinale moyenne observée Q	VALEUR de la quantité $\frac{2}{g}\xi$.	OBSERVATIONS.
kg 3,0	m 194,7	° ' 30,30	m 50	0,291	0,395
		40,30	92	0,479	
4,0	218,4	30,30	94	0,490	0,411
		40,30	87	0,403	
5,0	240,4	30,30	96	0,453	0,465
		40,30	113	0,477	
6,0	255,9	30,30	86	0,380	0,380
		40,30	96	0,380	

Bien que la première valeur soit faible, relativement aux

autres, les variations de $\frac{2}{g}\xi$ paraissent irrégulières et peuvent être attribuées aux erreurs des observations. On est donc autorisé à prendre une moyenne entre les huit valeurs; on obtient 0,42 et l'on a ainsi

$$\xi = 2^m,06.$$

§ 6. — Conclusions.

Il résulte de ce qui précède que la formule (2), où la quantité ξ est considérée comme constante, représente d'une manière satisfaisante les déviations longitudinales moyennes. La quantité ξ dépend de la densité de l'air et converge vers l'écart moyen des vitesses δ à mesure que cette densité s'amoindrit.

§ 7. — Influence du mode de chargement sur les déviations longitudinales.

On s'est beaucoup occupé des déviations longitudinales et l'on a cherché le moyen de diminuer leur grandeur. Des expériences faites en 1864 sur deux canons de 14^{cm} montrent la grande influence qu'exerce à cet égard le mode de chargement.

Ces canons provenaient d'une ancienne fabrication et leurs âmes n'étaient pas très régulières. Inclinaison finale des rayures, 6°.

Projectiles ogivaux.

$$a = 0^m,1366, \quad l = 0^m,3227, \quad j = 0^m,1687, \quad J = 0^m,27,$$
$$p = 18^{kg},65,$$
$$\frac{l}{a} = 2,362; \quad \frac{j}{a} = 1,235, \quad \frac{J}{a} = 1,967.$$

La charge était toujours de 2^{kg}; la gargousse confectionnée sur un mandrin de $0^m,126$ de diamètre avait une longueur égale à $0^m,18$.

La distance comprise entre le fond de l'âme et l'arrière du projectile était toujours de $0^m,27$. Un petit bouton en zinc placé à cet effet sur la partie cylindrique de l'obus venait s'arrêter à l'origine d'une rayure.

Trois chargements différents ont été employés. Dans le premier, la gargousse était, comme à l'ordinaire, en contact avec le fond de l'âme; un valet en algue de $0^m,09$ de longueur remplissait l'intervalle qui la séparait du boulet; dans le second, cet espace restait vide. Dans le troisième, la gargousse était liée au projectile; un vide d'une longueur égale à $0^m,09$ se trouvait entre elle et le fond de l'âme.

L'orifice intérieur de la lumière, placé à $0^m,13$ du fond de l'âme, se trouvait toujours entre les deux extrémités de la charge.

Le premier et le second chargement ont d'abord été comparés. On les a employés pendant les mêmes jours exactement de la même manière et tour à tour dans l'un et l'autre canon.

Une semblable comparaison a été établie ensuite entre le second et le troisième chargement.

Les vitesses ont été mesurées à diverses reprises.

CHARGEMENT.	VALET.	VIDE en avant de la gargousse.	VIDE en arrière de la gargousse.
Vitesse initiale moyenne........	$305,4^m$	$306,0^m$	$313,8^m$
Écart moyen...................	9,50	4,49	2,72
Nombre de coups............	76	230	154

Les écarts moyens rapportés dans ce Tableau ne sont pas uniquement dus aux variations des vitesses, mais ils montrent du moins que ces dernières deviennent moindres par la suppression du valet, et qu'elles sont surtout fortement atténuées lorsque le vide se trouve en arrière de la gargousse.

On a exécuté une suite nombreuse de tirs sous l'inclinaison de 20°. Le Tableau ci-dessous en fait connaître les résultats moyens :

CHARGEMENT.	VALET.	VIDE en avant de la gargousse.	VIDE en arrière de la gargousse.
Déviation latérale moyenne........	9,98 m	8,66 m	8,2 m
Déviation longitudinale moyenne...	122,0	88,9	66,6
Nombre de coups.	175	320	145

La suppression du valet a diminué les déviations latérales ; elle a surtout entraîné une réduction considérable des déviations longitudinales. Le troisième chargement a sur les deux autres une incontestable supériorité.

§ 8. — Déviation verticale moyenne.

Les déviations verticales n'ont été, jusqu'à présent, l'objet d'aucune recherche ; mais il est bien clair que la déviation verticale moyenne doit être à très peu près égale au produit de la déviation longitudinale moyenne par la tangente de l'angle de chute moyen. On peut donc prendre pour son expression

$$Q \tang \omega.$$

Quand l'angle de départ α est très petit, $Q = \dfrac{2 V^2}{g} \tang \varepsilon$, sensiblement. De plus, on a, à très peu près,

$$\tang \omega = \tang \alpha = \sin \alpha.$$

La déviation verticale moyenne est donc alors égale à $\frac{2V^2}{g}\sin\alpha\,\tang\varepsilon$, c'est-à-dire qu'elle ne diffère pas de la déviation latérale moyenne.

L'une et l'autre sont, dans ce cas particulier, uniquement dues aux écarts angulaires et l'on a supposé qu'ils se produisaient indifféremment dans tous les sens.

CHAPITRE VIII.

SYSTÈME D'ARTILLERIE ADOPTÉ PAR LA MARINE EN 1864.

§ 1. — Dispositions générales.

En 1864, le chargement par la culasse a définitivement remplacé dans la marine le chargement par la bouche. De nouvelles bouches à feu devenaient nécessaires; les calibres de 14^{cm}, 16^{cm}, 19^{cm}, 24^{cm} et 27^{cm} ont été adoptés.

Le diamètre de la chambre qui reçoit la gargousse est un peu supérieur à celui de l'âme; le raccordement est tronconique.

Les rayures des canons de 14^{cm} et de 16^{cm} sont restées conformes à la description donnée dans le Chap. Ier. Par suite, aucun changement n'a été apporté aux tenons des projectiles.

Dans les canons de 19^{cm}, 24^{cm} et 27^{cm}, les rayures sont au nombre de cinq; leur développement est encore une parabole du second degré et l'inclinaison finale est de 6°. Le fond de la section transversale des rayures est un arc de cercle dont le centre se trouve sur l'axe du canon; les flancs sont rectilignes et inclinés d'environ 17° sur la normale, de sorte que la largeur est moindre au fond qu'à l'entrée. Les angles sont légèrement arrondis.

A l'arrière, et sur une certaine longueur, les rayures sont approfondies d'environ 1^{mm}, afin de faciliter l'introduction des tenons.

Chaque projectile porte deux rangées de tenons, l'une autour du centre de gravité, l'autre dans le voisinage de l'arrière. Le diamètre du cercle circonscrit aux tenons est très légèrement supérieur à celui du fond des rayures.

Les tenons de l'arrière sont disposés de manière à ne jamais rencontrer les parois latérales des rayures. Ceux de l'avant sont circulaires.

Tous ces tenons sont en bronze monétaire, excepté ceux de l'avant des boulets de 19^{cm} qui sont en zinc. Dans le cours des expériences, on a seulement employé pour les boulets de 16^{cm} des tenons en zinc ou en cuivre conformés de telle sorte que le vide des rayures se trouvait à peu près rempli.

Le Tableau ci-dessous renferme les dimensions principales des bouches à feu :

CANON DE............	14^{cm}.	16^{cm}.	19^{cm}.	24^{cm}.	27^{cm}.
Diamètre de l'âme A, décim.	1,386	1,647	1,94	2,40	2,744
Diamètre de la chambre, décim.	1,494	1,777	2,05	2,528	2,876
Longueur de la chambre, décim.	1,98	4,22	5,70	6,54	7,60
Longueur totale de l'âme, L............ décim.	18,56	31,35	34,92	41,84	42,08
Distance de la lumière au fond de l'âme.. décim.	0,61	0,90	0,92	1,235	1,58
Largeur des rayures, décim.	0,44	0,50	0,415	0,58	0,60
Nombre des rayures....	3	3	5	5	5
Diamètre du cercle équivalant à la section transversale de l'âme et des rayures A_1.... décim.	1,419	1,682	1,962	2,437	2,770
Capacité totale de l'âme et des rayures C, décim. cubes.	29,71	70,85	107,17	197,26	258,5
Valeur du rapport $\frac{C}{A^3}$...	11,159	15,86	14,677	14,27	12,512
Diamètre des projectiles, a............ décim.	1,366	1,623	1,915	2,37	2,71
Rapport du diamètre des projectiles au calibre de l'âme.............	0,9855	0,9854	0,9871	0,9875	0,9876

§ 2. — Influence du diamètre du mandrin des gargousses sur les vitesses initiales.

Au commencement de 1867, l'influence que le diamètre du mandrin de la gargousse exerce sur la grandeur de la vitesse initiale a été l'objet de nouvelles recherches dans lesquelles on a opéré sur des canons rayés du système 1864.

Les boulets étaient cylindriques et terminés à l'avant par une calotte sphérique de 20^{mm} de flèche. Les tenons étaient en cuivre et ceux qui composaient la rangée de l'avant remplissaient les rayures.

Un valet en algue d'une longueur égale au calibre de l'âme était interposé entre la gargousse et le boulet.

On mesurait les vitesses à la distance de 55^m, en se servant de l'appareil Navez-Leurs et l'on en déduisait les valeurs des vitesses initiales.

Les divers mandrins essayés avec la même bouche à feu étaient tous employés comparativement le même jour. Les moyennes étaient prises sur dix coups.

Le Tableau suivant fait connaître les résultats moyens des expériences; v représente la vitesse initiale, σ le rapport du diamètre du mandrin des gargousses au diamètre de la chambre, ϖ le poids de la charge et p celui du projectile :

Canon de 16^{cm}.

$p = 45^{kg},04.$ $\varpi = 7^{kg},5.$ $\frac{\varpi}{p} = 0,1665.$	Diamètre du mandrin... millim. Valeur de σ..... Valeur de v. mètr.	46 0,822 341,3	150 0,844 343,5	163 0,917 347,3	166 0,934 345,0

Canon de 19^{cm}.

$p = 75^{kg},04.$ $\varpi = 12^{kg},5.$ $\frac{\varpi}{p} = 0,1666.$	Diamètre du mandrin... millim. Valeur de σ..... Valeur de v. mètr.	168 0,820 338,9	176 0,859 343,6	188 0,917 352,4	195 0,950 347,3

Canon de 24^{cm}.

	Diamètre du mandrin... millim.	213	220	231	242
$p=144^{kg},9$	Valeur de σ....	0,845	0,873	0,917	0,960
$\varpi=20^{kg}, \dfrac{\varpi}{p}=0,138.$	Valeur de v. mètr.	318,25	320,9	325,0	324,35
$\varpi=24^{kg}, \dfrac{\varpi}{p}=0,1656.$	»	328,5	334,3	344,8	337,25

Dans chaque bouche à feu on voit la vitesse croître d'abord avec le diamètre du mandrin, puis décroître quand le rapport σ surpasse 0,917. La valeur de σ qui donne le maximum de vitesse doit donc peu s'écarter de ce nombre. D'après les expériences exécutées sur les canons lisses, elle serait sensiblement égale à 0,916. On voit que cette conclusion peut être étendue aux canons rayés.

Soit V la plus grande vitesse. Les considérations dont on a fait usage à propos des canons lisses autorisent à regarder la différence $V - v$ comme sensiblement proportionnelle aux rapports $\dfrac{\varpi}{p}$ et $\dfrac{A^3}{C}$. Cela posé, la formule

$$V - v = 294000 \, \frac{A^3}{C} \, \frac{\varpi}{p} \, \frac{(0,916 - \sigma)^2}{1 + 220(0,916 - \sigma)^2}$$

s'accorde assez bien avec l'ensemble général des faits. Le Tableau du § Ier donne la valeur de $\dfrac{C}{A^3}$.

La vérification est facile. En ajoutant, en effet, à chaque vitesse la différence indiquée par la formule, on doit trouver la valeur de V. En ne s'occupant que des mandrins pour lesquels le rapport σ ne supasse pas 0,917, les seuls qu'on emploie d'ordinaire, on obtient ainsi, pour chaque série d'épreuves, trois valeurs de V dont il faut prendre la moyenne. On a ensuite la vitesse correspondant à chaque mandrin en retranchant de cette moyenne la différence donnée par la formule, et la vitesse ainsi calculée peut être comparée à celle qu'a fournie l'expérience.

CANON.	CHARGE.	DIAMÈTRE du mandrin.	VITESSE calculée.	EXCÈS sur la vitesse observée.
cm 16	kg 7,5	mm 146 150 163	m 340,7 342,1 349,9	m — 0,6 — 1,0 + 2,6
19	12,5	168 176 188	339,6 344,3 350,6	+ 0,6 + 0,7 — 1,8
24	20,0	213 220 231	318,1 321,2 324,9	— 0,15 + 0,3 — 0,1
	24,0	213 220 231	331,3 335,0 339,5	+ 2,8 + 0,7 — 5,3

Toutes les différences, à l'exception de la dernière, sont très faibles.

Il ne faut pas oublier que la formule suppose essentiellement l'emploi de valets en algue d'une longueur égale au calibre de l'âme.

§ 3. — Influence des valets en algue sur les vitesses initiales.

Plusieurs expériences ont été faites en 1867 en vue de connaître l'influence que les valets en algue exercent sur les vitesses initiales des projectiles.

On s'est servi d'un canon rayé de 16^{cm}. Les dispositions intérieures étaient conformes au modèle 1864. Il n'y avait d'exception que pour la longueur de la chambre, qui n'était que de 3^{dc},65.

Capacité de l'âme : 70 décimètres cubes.

Les tenons placés à l'avant des projectiles remplissaient les rayures.

Trois modes de chargement ont été comparés, le premier sans valet, le second avec valet de 113^{mm} de longueur et du poids de 320^{gr}; enfin, dans le troisième, le valet avait 160^{mm} de longueur et pesait 440^{gr}. Les trois chargements étaient employés dans chaque série de trois coups.

Les vitesses initiales étaient mesurées à la distance de 50^m au moyen de l'appareil Navez-Leurs et l'on en déduisait les valeurs des vitesses initiales. Les moyennes étaient prises sur vingt coups.

CHARGE du canon.	DIAMÈTRE du mandrin des gargousses	RAPPORT du diamètre du mandrin au diamètre de la chambre.	PROJECTILES.	LONGUEUR des valets.	VITESSE initiale moyenne.
7,5^{kg}	150^{mm}	0,844	Obus ogivaux, $p = 31^{kg},5$......	0^m 113 160	407,8^m 418,2 416,8
			Boulets cylindriques, $p = 45^{kg},10$.	0 113 160	339,7 347,7 346,7

On voit la vitesse croître par l'interposition du valet de 113^{mm}, puis décroître quand on prend celui de 160^{mm}. Il y a donc un valet qui donne le maximum de vitesse.

Soient

l la longueur de ce valet;
V la vitesse maximum;
v la vitesse correspondant au valet d'une longueur x,

en conservant aux autres lettres dont on fait usage les mêmes significations qu'au paragraphe précédent. La petitesse des différences permet d'employer la formule

$$V - v = H(l - x)^2.$$

En supposant $H = \dfrac{270}{p}$ et $l = 1^{dc},1$, on reproduit très approximativement les résultats de l'expérience quand on prend $V = 418^m,2$ pour les obus et $V = 347^m,9$ pour les boulets massifs. La longueur x est exprimée en décimètres. Voici, en effet, les résultats que fournit la formule :

PROJECTILES.	LONGUEUR DES VALETS.	VITESSE CALCULÉE.	EXCÈS sur la vitesse observée.
	mm	m	m
Obus............	0	407,8	0
	113	418,2	0
	160	416,3	1,5
Boulets massifs...	0	340,4	0,7
	113	347,7	0
	160	346,5	0,2

La longueur l paraît donc indépendante du poids du projectile ; il est naturel de la supposer proportionnelle au poids de la charge, et le principe de la similitude donne

$$\frac{l}{A} = n \frac{\varpi}{A^3} \quad \text{ou} \quad l = n \frac{\varpi}{A^2}.$$

Dans le cas actuel, $l = 1^{dc},1$; $A = 1^{dc},647$; $\varpi = 7^{kg},5$. On a donc

$$n = 0,398.$$

Une autre conséquence des expériences, c'est que la différence $V - v$ est en raison inverse du poids du projectile ; elle doit croître d'ailleurs en même temps que la charge, et, vu sa petitesse, on peut la supposer proportionnelle à cette dernière ; enfin elle doit s'amoindrir à mesure que le rapport $\dfrac{C}{A^3}$ devient plus grand. Ces considérations conduisent à l'expres-

sion
$$V - v = h \frac{\varpi}{p} \frac{A^3}{C} \left(\frac{l-x}{A}\right)^2,$$

ou, plus simplement,
$$V - v = h \frac{\varpi}{p} \frac{A}{C} (l-x)^2.$$

Dans le cas actuel, où $C = 70$ décimètres cubes, on trouve
$$h = 1530.$$

Une autre série d'expériences a été faite sur la même bouche à feu; mais le diamètre du mandrin des gargousses était différent.

Les moyennes étaient prises sur vingt coups.

CHARGES du canon.	DIAMÈTRE du mandrin des gargousses.	RAPPORT du diamètre du mandrin au calibre de la chambre.	PROJECTILES.	LONGUEUR des valets.	VITESSE initiale moyenne.
^{kg} 7,5	^{mm} 163	0,917	Boulets cylindriques, $p = 45^{kg},10$.	^{mm} 0 113 163	^{m} 340,7 352,1 345,9

Les couples de valeurs de x et de v substitués dans l'équation conduisent à $V = 352^m,6$; $l = 0^{dc},93$; $H = 13,18$.

La valeur de l s'écarte peu de celle qui a été donnée par les premières expériences. On en déduit $n = 0,336$; mais de $H = 13,18$ il résulte $h = 3527$, nombre plus que double de celui qui a été trouvé précédemment.

Ainsi le coefficient h croît avec le diamètre du mandrin de la gargousse; il paraît être sensiblement proportionnel à la puissance dixième du rapport σ du diamètre du mandrin au calibre de la chambre. En effet, le rapport des deux valeurs de h est 2,30; celui des dixièmes puissances des deux valeurs de σ est 2,29. De là, il résulte qu'on peut regarder comme suffisamment approximative l'expression

$$h = 8400\,\sigma^{10}.$$

Ce résultat ne paraît sans doute pas appuyé sur un assez grand nombre d'expériences; on en verra cependant une vérification dans le paragraphe suivant.

Prenant une moyenne entre les deux valeurs de n, mais en remarquant que la première est donnée par cent vingt coups et la seconde par 60, on trouve

$$n = 0,38,$$

et, par suite,

$$l = 0,38\,\frac{\varpi}{A^2}.$$

Cette formule fera connaître la longueur des valets donnant le maximum de vitesse, le poids ϖ étant évalué en kilogrammes et les longueurs en décimètres; et au moyen de l'équation

$$V - v = h\,\frac{A}{C}\,\frac{\varpi}{p}\,(l-x)^2,$$

on obtiendra la différence des vitesses correspondant aux valets des longueurs l et x.

Les valeurs de A et de C sont données pour chaque bouche à feu dans le Tableau du § Ier.

§ 4. — Calcul des vitesses initiales.

Pour suivre le procédé indiqué dans le Chap. III, il faut chercher le rapport θ de la vitesse initiale à la vitesse $V_{\prime}$, déterminé par les formules rapportées dans le § Ier du même Chapitre.

Les faits que l'on va citer tendent à prouver que la valeur de θ reste sensiblement constante quand le rapport du diamètre du mandrin à celui de la chambre est égal à 0,916 et que les valets ont une longueur égale au calibre de l'âme.

Les tenons des projectiles étaient en cuivre et ceux qui étaient placés sur l'avant remplissaient à peu près les rayures. Le rapport du diamètre du mandrin des gargousses au diamètre de la chambre était toujours inférieur à 0,916; mais la longueur des valets se trouvant constamment égale au calibre de l'âme, les formules du § 2 sont applicables et font immédiatement connaître les augmentations que doivent subir les vitesses lorsque ce rapport devient égal à 0,916. C'est ainsi qu'on obtient les vitesses correspondant à $\sigma = 0,916$.

1° *Canon de 27^{cm}.* — *Expériences de* 1868.

Diamètre du mandrin des gargousses, 250^{mm}, $\sigma = 0,866$.

PROJECTILES.	OBUS pesant 144^{kg}.	MASSIFS du poids de 216^{kg}.	
Charge du canon............ kilog.	24	30	36
Vitesse donnée par l'expérience.. mètr..	362,2	315,8	330,6
Vitesse correspondant à $\sigma = 0,916$. mètr.	368,6	321,1	335,9
Vitesse V, déduite des formules. mètr..	410,5	361,5	369,1
Valeur de θ............	0,8977	0,8862	0,9113

La troisième valeur de θ est probablement un peu trop forte. Quand la charge est de 36^{kg}, le rapport $\frac{\omega}{C}$ est égal à 0,1393; nombre qui s'écarte beaucoup de la limite jusqu'à laquelle a été vérifiée la formule dont on se sert pour calculer $V_{\prime}$; et il est probable que la valeur $V_{\prime} = 369^m,1$ qu'on déduit de cette formule est un peu faible.

On n'a donc à s'occuper que des deux premières valeurs de θ; leur moyenne est 0,892.

L'adoption de ce nombre n'apporte, pour les deux premières vitesses, que de très légères modifications aux données de l'expérience. La vitesse des obus se trouve à très peu près égale à 360^m, et celle des boulets massifs, la charge étant de 30^{kg}, atteint 317^m.

SYSTÈME D'ARTILLERIE ADOPTÉ PAR LA MARINE EN 1864.

2° *Canon de 24^{cm}*.

	PROJECTILES.		OBSERVATIONS.
	Obus du poids de 100^{kg}.	Boulets massifs du poids 145^{kg}.	
Charge du canon........ kilog.	16	24	(*a*) Expériences de 1866, 20 coups.
Diamètre du mandrin des gargousses.............. millim.	213	220	(*b*) Expériences de 1868, 35 coups.
Valeur du rapport σ...........	0,845	0,873	
Vitesse donnée par l'expérience. mètres.	362 (*a*)	341,4 (*b*)	
Vitesse correspondant à σ = 0,916. mètres.	369,9	344,9	
Vitesse V, déduite des formules.. mètres.	418,4	385,9	
Valeur de θ..................	0,884	0,8938	

En ayant égard aux nombres des coups au moyen desquels sont déterminées les deux valeurs de θ, on est conduit à prendre pour moyenne θ = 0,89, nombre peu différent de celui qu'on a trouvé pour le canon de 27^{cm}. Les vitesses indiquées par l'expérience ne sont d'ailleurs que très peu modifiées. La vitesse des obus devient 364^m,5 et celle des boulets massifs 340^m,0.

3° *Canon de* 19^{cm}.

	PROJECTILES.		OBSERVATIONS.
	Obus du poids de 52^{kg}.	Boulets massifs du poids de 75^{kg}.	
Charge du canon........ kilog.	8	12,5	(*a*) Expériences de 1866, 10 coups.
Diamètre du mandrin des gargousses.............. millim.	160	176	(*b*) Expériences de 1869, 20 coups.
Valeur du rapport σ.............	0,780	0,859	
Vitesse donnée par l'expérience. mètres.	356,0 (*a*)	340,6 (*b*)	
Vitesse correspondant à σ = 0,916. mètres.	368,2	346,9	
Vitesse V, donnée par les formules. mètres.	420,5	394,0	
Valeur de θ	0,877	0,8805	

Prenant en considération les nombres des coups tirés avec les deux espèces de projectiles, on trouve pour valeur moyenne θ = 0,88, ce qui n'entraîne que de très légères modifications aux vitesses indiquées par l'expérience. La vitesse des obus devient 357^m,8 et celle des boulets massifs 340^m,2.

La valeur de θ est un peu inférieure aux deux précédentes; mais il est à observer que le rapport du diamètre du projectile au calibre de l'âme est, dans le canon de 19^{cm}, un peu moindre que dans ceux de 24^{cm} et de 27^{cm}.

4° *Canon de* 16^{cm}.

Expériences exécutées au mois de juillet 1869. Nombre des coups : 40. Projectiles cylindriques du poids de 45^{kg}.

Charge du canon .... 7^{kg},5
Diamètre du mandrin des gargousses.. 150^{mm}
Valeur du rapport σ................. 0,844
Vitesse donnée par les expériences..... 345^m,0
Vitesse correspondante à σ = 0,916.... 352^m,5
Vitesse V, donnée par la formule...... 406^m,5
Valeur de θ........................ 0,8671

La valeur de θ, savoir 0,8671, est inférieure à celles que l'on a trouvées précédemment ; mais le canon de 16^{cm} diffère beaucoup de ceux de 19^{cm}, de 24^{cm} et de 27^{cm} ; et, en outre, le rapport du diamètre du projectile au calibre de l'âme y est moindre.

Il est maintenant facile d'exposer le procédé par lequel les vitesses initiales des projectiles peuvent être calculées *a priori*.

Il faut d'abord se procurer la valeur de $V_{,}$ en se servant des formules données dans le Chap. III. Les recherches auxquelles on vient de se livrer font connaître la valeur de θ pour chacune des bouches à feu du système de 1864. Le produit $θV_{,}$ donne immédiatement la vitesse dans le cas où le mandrin des gargousses est tel que le rapport σ de son diamètre au diamètre de la chambre se trouve égal à 0,916 et où, en même temps, les valets ont une longueur égale au calibre de l'âme.

Si l'on veut employer un autre mandrin, on calculera la perte de vitesse qui en résultera, à l'aide de la formule donnée dans le § 2, laquelle sera applicable, la longueur des valets étant égale au calibre.

Mais il peut se faire qu'on veuille employer d'autres valets : dans ce cas, il faudra recourir aux formules du § 3. On calculera d'abord la longueur l des valets donnant le maximum de vitesse, puis l'augmentation de vitesse qui résulterait de leur emploi et enfin la diminution qu'entraînera l'usage de ceux dont on prétend se servir.

EXEMPLE. — *Canon de* 24^{cm}.

Boulets massifs du poids de 145^{kg}. Charge du canon : 20^{kg}. Diamètre du mandrin des gargousses : 220^{mm}. Longueur des valets : 160^{mm}.

On demande la vitesse initiale.

On trouve dans ce cas $V_{,} = 375^m$; et la valeur de θ est 0,89 ; ainsi

$$θV_{,} = 333^{mm},75,$$

et ce serait la valeur de la vitesse si le rapport σ était égal à

0,916 et la longueur des valets au calibre de l'âme, c'est-à-dire à $2^{dm},4$.

Mais le diamètre du mandrin doit être égal à 220^{mm} et, par conséquent, σ à 0,873. Introduisant ce nombre dans la formule du § 2 et y faisant en même temps

$$\varpi = 20, \quad p = 145 \quad \text{et} \quad \frac{C}{A^3} = 14,27,$$

d'après le Tableau du § Ier, on trouve que la diminution de vitesse est de $3^m,74$. La vitesse est donc réduite à $330^m,11$.

La longueur du valet est encore de $2^{dm},4$.

L'équation

$$l = 0,38\,\frac{\varpi}{A^2}$$

du § 3 donne $l = 1^{dm},32$: c'est la longueur du valet qui donnerait le maximum d'effet.

Faisant, dans les formules du § 3,

$$x = 2,4, \quad l = 1,32, \quad \varpi = 20, \quad p = 145, \quad \sigma = 0,873,$$
$$A = 2,4 \quad C = 197,26,$$

on trouve que l'accroissement de vitesse que procurerait l'adoption de ce valet serait égal à $4^m,23$.

Mais le valet devant finalement avoir une longueur de $1^{dm},60$, il en résulte une diminution de vitesse que l'on calcule de la même manière en faisant $x = 1,6$ et conservant pour les autres lettres les mêmes valeurs numériques. Cette diminution est égale à $0^m,28$, ce qui réduit l'accroissement précédent à $3^m,95$. La vitesse cherchée est donc $333^m,96$.

Le 1er et le 3 mai 1869, on a exécuté sur un canon de 24^{cm} une suite d'expériences dans lesquelles, tout en variant les charges, on s'assujettissait à placer le culot du projectile à 880^{mm} de l'obturateur. L'intervalle compris entre la gargousse et le boulet était rempli par un valet en algue. Le poids du projectile était de 145^{kg} et le diamètre du mandrin des gargousses égal à 220^{mm}. On avait donc $\sigma = 0,873$.

SYSTÈME D'ARTILLERIE ADOPTÉ PAR LA MARINE EN 1864. 127

Les divers chargements étaient tous essayés comparativement dans chaque séance.

Voici les résultats obtenus, les moyennes prises sur dix coups:

Poids de la charge......... kilog.	10	13	16	20	24
Longueur de la charge... décim.	2,75	3,57	4,40	5,50	6,60
Longueur du valet....... »	6,05	5,23	4,40	3,30	2,20
Vitesse initiale du boulet. mètres.	229,9	261,8	287,6	317,8	339,3

Les dimensions des quatre premiers valets surpassaient de beaucoup celles que l'on adopte dans la pratique, et il y a quelque intérêt à rechercher jusqu'à quel point ces résultats s'accordent avec les formules que l'on vient d'établir.

En se servant de l'équation

$$l = 0,38 \frac{\varpi}{A^2},$$

du § 3, on trouve que les longueurs des valets qui, pour chaque charge, donneraient le maximum de vitesse, seraient

$0^{dm},66$, $0^{dm},86$, $1^{dm},06$, $1^{dm},32$, $1^{dm},58$.

Calculant, à l'aide des formules du § 3, les accroissements de vitesse que procurerait la substitution de ces valets à ceux qui ont été employés dans les expériences, on les trouve respectivement égaux à

$52^m,66$, $45^m,0$, $32^m,36$, $14^m,21$, $1^m,67$.

Mais le remplacement de ces nouveaux valets par d'autres d'une longueur égale au calibre, c'est-à-dire à $2^{dm},4$, entraînerait, d'après les mêmes formules, les diminutions respectives

$5^m,49$, $5^m,59$, $5^m,45$, $3^m,23$, $2^m,92$,

ce qui réduit les accroissements à

$47^m,17$, $39^m,61$, $26^m,91$, $10^m,99$, $-1^m,25$.

Telles sont les quantités qui doivent être ajoutées aux données de l'expérience pour obtenir les vitesses correspondant au cas où les valets ont une longueur égale au calibre, le rapport σ restant égal à 0,873.

Chacune de ces vitesses subit encore un nouvel accroissement lorsque, par un changement de mandrin, σ devient égal à 0,916. La formule du §3 donne pour les accroissements

$$1^m,87, \quad 2^m,43, \quad 3^m,99, \quad 3^m,74, \quad 4^m,48.$$

Il ne reste plus qu'à examiner si l'on obtient un quotient sensiblement constant en divisant par la valeur correspondante de $V_,$ chaque vitesse ainsi modifiée.

Charge..................... kilog.	10	13	16	20	24
Vitesse modifiée $V_,$....... mètres.	278,9	303,8	317,5	332,5	342,5
Valeur de $V_,$............ »	308,3	338,2	357,5	375,0	385,9
Valeur de $\frac{V}{V_,} = \theta$.............	0,9049	0,8984	0,8881	0,8867	0,8875

Ces divers nombres s'écartent peu de la valeur $\theta = 0,89$ obtenue précédemment. Les formules se trouvent ainsi vérifiées dans des circonstances où l'on ne pouvait guère compter sur un pareil accord.

Cependant on ne doit pas s'attendre à rencontrer constamment dans les expériences les résultats fournis par les formules. La fabrication des poudres n'est pas encore arrivée à un degré de perfection tel, qu'elle donne toujours des produits identiques, de sorte que les vitesses éprouvent souvent des variations notables. De là la nécessité où l'on se trouve, lorsque l'on veut comparer deux modes de chargement, de les essayer dans les mêmes séances en extrayant la poudre des mêmes barils.

La valeur de θ doit nécessairement s'abaisser quand les projectiles portent les tenons de 1860, à raison du vide que ces derniers laissent dans les rayures. On peut prendre alors

$$\theta = 0,85 \quad (\text{Chap. III, § 9}).$$

En adoptant ce nombre pour le canon de 16^{cm}, supposant, suivant l'usage, le diamètre du mandrin des gargousses égal à 150^{mm}, et la longueur des valets égale au calibre de l'âme, on trouve les résultats suivants :

POIDS DES PROJECTILES.	CHARGE.	VITESSE INITIALE.
kg 31,49 45,00	kg 5,0 7,5	m 360 338

ce qui s'accorde avec l'expérience.

Les formules précédentes permettent d'apprécier, à l'avance, les effets qui résulteraient des changements que l'on pourrait opérer dans les charges, les diamètres des gargousses ou les longueurs des valets; mais il y a encore d'autres moyens de faire varier les vitesses, et il reste à rendre compte des essais qui ont été faits à cet égard.

§ 5. — Influence de la nature de la gargousse sur la grandeur des vitesses initiales des projectiles.

Dans toutes les expériences précédentes, les gargousses étaient en papier parchemin; mais, en 1871, on a fait des expériences dans lesquelles des gargousses, les unes en papier parchemin, les autres en toile à voile, ont été essayées comparativement.

BOUCHES A FEU.	POIDS des boulets.	CHARGE de poudre.	DIAMÈTRE DU MANDRIN des gargousses.	LONGUEUR DES VALETS.	MATIÈRE des gargousses.	VITESSE initiale moyenne.	NOMBRE DE COUPS.
Canon de 16 cm.	45 kg	7,50 kg	150 mm	160 mm	Papier parchemin.	342,7 m	15
					Toile à voile......	355,7	15
					Toile à voile enduite de cire.....	360,0	15
Canon de 24 cm.	144	24,0	220	220	Papier parchemin.	340,9	10
					Toile à voile enduite de cire.....	345,0	10
Canon de 27 cm.	216	36,0	250	250	Papier parchemin.	336,0	10
					Toile à voile enduite de cire.....	339,8	10

On voit que l'inflammabilité des gargousses augmente la grandeur des vitesses initiales. L'accroissement est considérable dans le canon de 16 cm, mais il paraît s'affaiblir lorsque le calibre s'élève.

§ 6. — Influence de la position de la lumière sur la grandeur des vitesses initiales des projectiles.

Dans les expériences faites en 1870 sur un canon de 19 cm, on a fait varier la position du point d'inflammation.

La charge était de 12 kg,500. Diamètre du mandrin des gargousses : 176 mm. Longueur moyenne des charges : 530 mm. Longueur des valets en algue : 190 mm. Boulets cylindriques pesant 75 kg.

C'était en se servant de cordons Bickford [1] qu'on mettait le feu à un point déterminé.

---

[1] Le cordon Bickford n'est autre chose qu'un tube formé avec du chanvre et dont l'intérieur est rempli de pulvérin.

SYSTÈME D'ARTILLERIE ADOPTÉ PAR LA MARINE EN 1864.

Chaque vitesse moyenne était déduite de quatorze coups.

Position du point d'inflammation.	Vitesse moyenne.
À 50^{mm} de l'arrière de la charge...............	321,0
Au milieu de la charge, à 245^{mm} de l'arrière...	340,8
À 50^{mm} de l'avant et à 480^{mm} de l'arrière.......	318,2

Soient

x la distance d'un point d'inflammation à l'arrière de la charge;
v la vitesse correspondant à cette distance;
l la valeur de x qui donne le maximum de vitesse V;
λ la longueur de la charge.

On peut employer la formule approximative

$$v = V - H\left(1 - \frac{x}{l}\right)^2,$$

et, en y substituant les données de l'expérience, on obtient trois équations desquelles on tire

$$l = 257^{mm},9, \quad H = 30,5, \quad V = 340^m,83,$$

par suite,

$$\frac{l}{\lambda} = 0,487.$$

Le point d'inflammation qui donne le maximum de vitesse se trouve donc un peu en arrière du point milieu de la charge.

Dans les canons de 19^{cm}, le centre de l'orifice de la lumière est à 92^{mm} du fond de l'âme; l'accroissement de vitesse que l'on pourrait obtenir par son déplacement serait, pour le chargement précédent, égal à 3^m,0.

En généralisant la formule à l'aide des considérations dont on s'est déjà servi plusieurs fois, on obtient

$$V - v = 2900 \frac{\varpi}{p} \frac{A^3}{C}\left(1 - \frac{x}{0,487\lambda}\right)^2.$$

En faisant successivement $x = 0$ et $x = \lambda$, et prenant la différence des résultats, on trouve

$$315,5\frac{\varpi}{p}\frac{A^3}{C};$$

c'est évidemment la différence des vitesses correspondant aux deux cas où l'on met le feu par l'arrière ou l'avant de la gargousse.

Une expérience exécutée en 1846 sur un canon lisse et rapportée dans la 1re Partie, Chap. I, § 30, fournit un moyen de vérifier cette expression.

Canon de 30, N° 1.

$A = 1^{\text{dm}},647$. $C = 56^{\text{dm}},3$. Charge, $\varpi = 5^{\text{kg}}$. Poids des boulets, $p = 15^{\text{kg}},05$. Vitesse : le feu mis par l'arrière, $495^{\text{m}},7$; le feu mis par l'avant, $487^{\text{m}},1$. Différence $8^{\text{m}},6$.

L'expression précédente donne $8^{\text{m}},33$.

§ 7. — Chargement avec vide en arrière de la gargousse. Influence de la position de la lumière.

Les recherches entreprises sur les canons lisses autorisaient à penser qu'au moyen d'un vide ménagé entre la gargousse et le fond de l'âme on pourrait prolonger la durée des canons rayés sans altérer la vitesse initiale du projectile, et des recherches ont été entreprises sur ce sujet en 1865.

On a opéré sur huit canons de 16^{cm}, se chargeant par la bouche, fondus à Ruelle en 1864.

Épaisseur des frettes : 56^{mm}. Épaisseur de la fonte sans frettage : 156^{mm}. Serrage des frettes mesuré suivant le diamètre : 0^{mm},5. Diamètre de l'âme : 1^{dm},647. Longueur de l'âme : 27^{dm},5, le fond raccordé avec la surface cylindrique par un quart de rond d'un rayon égal au tiers du calibre. L'axe de la lumière à 80^{mm} du fond de l'âme.

Trois rayures paraboliques conformes à celles qui ont été décrites Chapitre Ier ; inclinaison finale, 6°.

Distance de l'origine des rayures au fond de l'âme : $2^{dm},50$.
Aire de la section transversale des rayures : $0^{dq},0039$. Capacité totale de l'âme : $60^{dc},62$.

Boulets cylindriques. Diamètre : $1^{dm},623$. Poids moyen : $45^{kg},2$. Tenons en zinc de 1860.

Charge de poudre : $7^{kg},500$. Diamètre du mandrin des gargousses : 150^{mm}. Longueur moyenne des charges : 437^{mm}.

Deux canons auxquels il n'avait été apporté aucun changement recevaient le chargement ordinaire, la gargousse en contact avec le fond de l'âme et séparée du boulet par un valet de 160^{mm} de longueur.

Pour les six autres, on ne faisait point usage de valet. Un vide était ménagé entre la charge et le fond de l'âme. La lumière réglementaire était bouchée et remplacée par une nouvelle lumière.

Dans trois de ces canons, on avait laissé au fond de l'âme la forme indiquée plus haut. Le vide avait 160^{mm} de longueur et un volume égal à $3^{dc},123$; l'origine des rayures se trouvait à 90^{mm} en avant de l'extrémité postérieure de la gargousse et autour de cette dernière il existait un vide de $1^{dc},671$.

Dans les trois derniers canons, le fond était formé par un demi-ellipsoïde tangent à la surface cylindrique et dont le demi-grand axe était égal à $141^{mm},3$; la longueur de l'âme se trouvait augmentée de $86^{mm},3$. Le vide en arrière de la charge avait 200^{mm} de longueur et un volume égal à $3^{dc},255$. L'origine des rayures se trouvait à 136^{mm} en avant de l'extrémité postérieure de la charge. Le vide autour de cette dernière était de $1^{dc},714$.

Pour obtenir le vide en arrière de la charge, on se servait de croisillons en bois mince qui avaient à l'arrière la forme du fond de l'âme. On employait encore, dans les canons à fond ordinaire, des cylindres en carton d'un diamètre un peu inférieur à celui de la gargousse, et dans les canons à fond ellipsoïdal des troncs de cône également en carton. L'épaisseur du carton était de 4^{mm}. Une traverse en fer adaptée à la hampe du refouloir arrêtait la course de ce dernier lorsqu'on poussait la gargousse.

Dans les premières séances, on a mesuré les vitesses en se servant de l'appareil Navez. Dans la même journée, un des canons pour lesquels on employait le chargement ordinaire était comparé à trois des six autres.

Les moyennes étaient prises sur dix coups.

NATURE du chargement.	DISTANCE du point d'inflammation à l'arrière de la charge.	CANON.	VITESSE initiale moyenne.	NOMBRE de coups qui a déterminé la rupture.
Ordinaire.......	80 mm	fond ordinaire...	334,7 m	56
		fond ellipsoïdal..	339,7	59
Vide à l'arrière..	30	fond ordinaire...	321,4	262
		fond ellipsoïdal..	323,0	246
Vide à l'arrière..	220	fond ordinaire...	339,3	78
		fond ellipsoïdal..	342,1	75
Vide à l'arrière..	380	fond ordinaire...	332,0	270
		fond ellipsoïdal..	329,3	199

C'est le chargement ordinaire qui se montre le plus destructeur; mais, tandis que, dans les expériences exécutées avec les canons lisses, il était, au point de vue de la grandeur des vitesses, inférieur au chargement avec vide à l'arrière, le feu étant mis par l'avant, ici, c'est le contraire qui arrive.

Cette différence d'effets s'explique par la grandeur du vide et aussi par la position avancée que dans les canons frettés on a donnée à la lumière.

Dans le chargement avec vide à l'arrière, le changement de la forme du fond de l'âme n'a exercé aucune influence appréciable sur la grandeur des vitesses initiales des projectiles, non plus que sur la durée des bouches à feu. On peut donc prendre des moyennes entre les vitesses données par les canons où la lumière se trouvait placée de la même manière ; de là le Tableau suivant :

Distance du point d'inflammation à l'arrière de la charge..... millim.	30	220	380
Vitesse initiale............ mètres,	322,2	240,7	330,4

Soient

x la distance du point d'inflammation à l'arrière de la charge ;
v la vitesse initiale correspondante ;
l la valeur de x qui donne le maximum de vitesse V ;
λ la longueur de la charge.

Prenant la formule approximative

$$V - v = H\left(1 - \frac{x}{l}\right)^2,$$

et y substituant à x et à v les trois couples de valeurs que fournit le Tableau, on obtient trois équations desquelles on tire

$$l = 230^{mm},35, \quad H = 24,52, \quad V = 340^m,75;$$

par suite,

$$\frac{l}{\lambda} = 0,527,$$

c'est-à-dire que le point d'inflammation qui procure le maximum de vitesse est un peu en avant du milieu de la charge. On sait d'ailleurs, par les expériences exécutées sur le canon de 19^{cm} et sur les canons lisses, que ce point se trouve, au contraire, un peu en arrière du milieu, lorsque la gargousse est en contact avec le fond de l'âme. On peut en conclure qu'il doit exister un vide tel que le point d'inflammation le plus favorable à la grandeur de la vitesse se trouve précisément au milieu de la gargousse.

L'existence d'un vide à l'arrière de la charge est incompatible avec le chargement par la culasse, car les gaz de la poudre projetés avec une grande force contre le fond de l'âme dégraderaient alors très rapidement l'obturateur.

§ 8. — Portées moyennes des projectiles de 1864.
Résultats de expériences.

Les expériences exécutées en vue de rechercher les portées moyennes des projectiles lancés par les canons du système de 1864 ont été peu nombreuses et beaucoup d'entre elles ont été faites dans une saison défavorable. De là les grandes discordances que présentent les résultats que l'on va rapporter. L'ensemble des faits n'a d'ailleurs pas indiqué la nécessité de faire varier avec l'angle de départ α le coefficient K de la formule des portées.

$$\frac{\sin 2\alpha}{gX} = \frac{1}{V^2} + KX.$$

1° *Obus ogivaux de* 19^{cm} (Gâvre 1866) (*fig.* 17).

$a = 0^m,1915, \quad l = 0^m,44, \quad j = 0^m,2, \quad J = 0^m,323,$

$\frac{l}{a} = 2,299, \quad \frac{j}{a} = 1,044, \quad \frac{J}{a} = 1,687,$

$\gamma = 45°59', \quad \iota = 1°39'.$

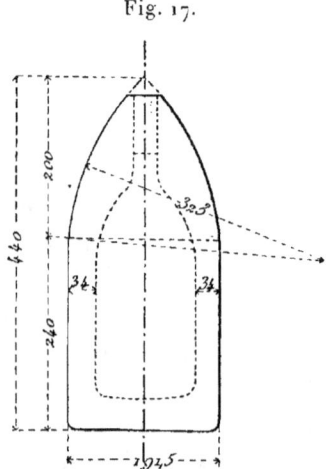

Fig. 17.

Une première série d'expériences a été exécutée pendant le

SYSTÈME D'ARTILLERIE ADOPTÉ PAR LA MARINE EN 1864.   137

mois de février 1866. Chaque tir se composait de vingt coups.

Vitesse initiale moyenne : $V = 339^m$, déduite de vingt coups.

Angle moyen de relèvement : $29'20''$.

Poids des obus chargés de sable et de sciure de bois : $52^{kg},5$.

ANGLE α.	PORTÉE X.	VALEUR de 10^{10} K.	OBSERVATIONS.
4°.34'.46''	1600,0 m	8,948	Vitesses et angles mesurés à chaque coup.
10.29	3160,5	8,960	
10.46.20	3216,5	9,110	Angles mesurés à chaque coup.
20.29.20	5220,6	7,845	
30.29.20	6010,5	9,622	
30.29.20	6291,5	8,685	
35.29.20	6670,0	8,604	

Valeur moyenne :
$$10^{10} K = 8,825.$$

Ces expériences ont été entreprises dans une saison défavorable; l'atmosphère était toujours fortement agitée et les portées se trouvaient sensiblement raccourcies. Cette valeur de 10^{10} K doit être considérée comme trop forte.

Une deuxième série d'expériences a été exécutée au mois d'août 1866. Chaque tir se composait de vingt coups. Vitesse initiale moyenne : $V = 349,2$, déduite de vingt coups.

Angle moyen de relèvement : $13'$. Poids des obus : $52^{kg},5$.

ANGLE α.	PORTÉE X.	VALEUR de 10^{10} K.	OBSERVATIONS.
4°.22'.30''	1688 m	6,807	Vitesses et angles mesurés à chaque coup.
10.20.9	3456	6,399	Angles mesurés à chaque coup.
20.13	5614	6,369	
35.13	7312	6,750	

Valeur moyenne :
$$10^{10} K = 6,505.$$

Ce nombre doit être trop faible; les vents, à la vérité assez modérés, venaient constamment de l'arrière.

2° *Obus ogivaux de* 24^{cm} (Gâvre 1866) (*fig.* 18).

$$a = 0^m,237, \quad l = 0^m,56, \quad j = 0^m,28, \quad J = 0^m,456,$$
$$\frac{l}{a} = 2,321, \quad \frac{j}{a} = 1,181, \quad \frac{J}{a} = 1,924,$$
$$\gamma = 42°25', \quad \iota = 3°28'.$$

Fig. 18.

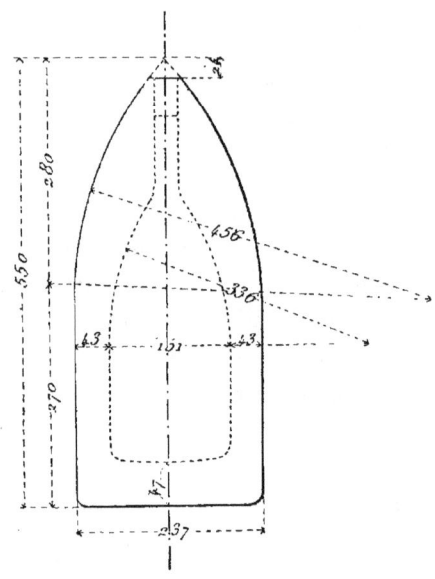

Les premières expériences ont été faites au mois d'août 1866. Trois tirs de vingt coups. Dans le premier on a mesuré les vitesses.

D'après l'ensemble des expériences auxquelles la bouche à feu a été soumise, le relèvement moyen n'était que de 3'.

Poids moyen des obus : $p = 100^{kg},93$. Vitesse initiale moyenne : $V = 361^m,9$.

SYSTÈME D'ARTILLERIE ADOPTÉ PAR LA MARINE EN 1864.

ANGLE α.	PORTÉE X.	VALEUR de 10^{10}K.	OBSERVATIONS.
4°.13′.31″	1735 m	5,769	Vitesses et angles mesurés à chaque coup.
10.3	3639	5,473	
33.3	7690	5,809	

Valeur moyenne :
$$10^{10}K = 5,684.$$

D'autres expériences ont été faites au mois de septembre ; la vitesse initiale moyenne, déduite d'un tir de vingt coups, n'était que de $353^m,3$. Poids moyen des projectiles : $100^{kg},9$. Relèvement moyen : 25′.

ANGLE α.	PORTÉE X.	VALEUR DE 10^{10}K.	NOMBRE DE COUPS.
10°.25′	3706 m	4,779	20
33.25	7672	5,479	20

Valeur moyenne :
$$10^{10}K = 5,129.$$

3° *Boulets massifs ogivaux de* 24^{cm} (Gâvre 1866 et 1867) (*fig.* 19).

$$a = 0^m,237, \quad l = 0^m,582, \quad j = 0^m,28, \quad J = 0^m,39,$$
$$\frac{l}{a} = 2,456, \quad \frac{j}{a} = 1,182, \quad \frac{J}{a} = 1,646,$$
$$\gamma = 45°53′, \quad \iota = 0°.$$
$$p = 145^{kg},5,$$

Angle moyen de relèvement : 25′.

VITESSE INITIALE V.	ANGLE α.	PORTÉE X.	VALEUR DE 10^{10} K.	NOMBRE DE COUPS.
320 m	15°.25′	4538 m	3,991	20
320	15.25	4367	5,127	20
338	15.25	4819	4,309	20

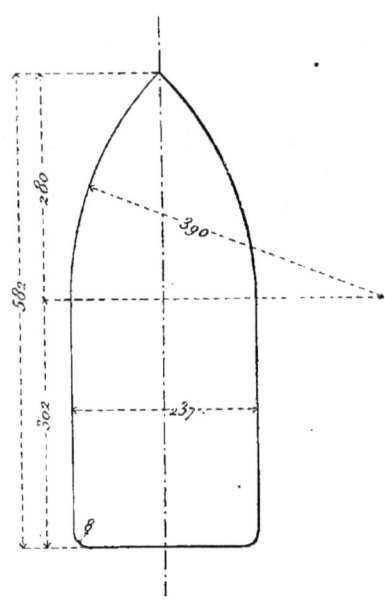

Fig. 19.

Prenant une moyenne entre les deux premières valeurs de 10^{10} K qui correspondent à la même vitesse, on a

Vitesse.	Valeur de 10^{10} K.
320 m	4,559
338	4,309

§ 9. — Conséquences des expériences précédentes.

D'après les expériences rapportées dans le Chapitre IV, la quantité

$$KV \frac{p}{a^2 \sin \gamma}$$

SYSTÈME D'ARTILLERIE ADOPTÉ PAR LA MARINE EN 1864.   141

se montre sensiblement constante tant que la vitesse initiale reste comprise entre 200^m et 330^m. Il est bon d'examiner si cette constance se manifeste encore dans le tir des projectiles du système de 1864, dont les vitesses initiales varient entre 320^m et 360^m. Or des résultats consignés dans le § 8, on déduit le Tableau suivant :

VITESSE INITIALE.	CANON.	VALEUR DU PRODUIT $KV\dfrac{p}{a^2 \sin\gamma}$.
320^m	24^c	0,0005264
338	24	0,0005255
339	19	0,0005956
349,2	19	0,0004522
353,3	24	0,0004826
362,0	24	0,0005480

Les différences que présentent les nombres inscrits dans la dernière colonne eussent été sans doute fort amoindries si les expériences avaient été plus multipliées et exécutées dans une saison plus favorable ; on peut d'ailleurs remarquer qu'en prenant des moyennes entre les valeurs fournies par les mêmes projectiles, on atténuerait beaucoup les irrégularités.

En prenant la moyenne des six valeurs du produit renfermées dans le Tableau, on a

$$KV\frac{p}{a^2 \sin\gamma} = 0,0005217 \quad \text{ou} \quad K = \frac{0,0005217}{V}\frac{a^2}{p}\sin\gamma.$$

Remarquant que K est proportionnel au poids Δ du mètre cube d'air et attribuant à Δ sa valeur moyenne 1^{kg},208, on obtient

$$K = \frac{0,0004286}{V}\Delta\frac{a^2}{p}\sin\gamma.$$

Cette valeur de la quantité

$$\frac{KV}{\Delta\dfrac{a^2}{p}\sin\gamma}$$

se rapproche beaucoup de celle qu'on a trouvée dans le Chapitre IV, savoir 0,0004218; toutefois, elle lui est très légèrement supérieure. La moyenne est 0,0004252; ainsi, quand la vitesse initiale du projectile reste comprise entre 200^m et 360^m, le coefficient K de la formule des portées est donné très approximativement par la formule

$$K = \frac{0,0004252}{V} \Delta \frac{a^2}{p} \sin \gamma.$$

§ 10. — Dérivations des projectiles de 1864.

Il a paru inutile d'entrer dans le détail des expériences exécutées en vue de rechercher les dérivations des projectiles du système de 1864. En appliquant à leurs résultats la formule donnée dans le Chapitre V, laquelle est de la forme

$$D = h \frac{a^3}{p} \tang\theta \sin\gamma V^2 \sin^2\alpha,$$

on a obtenu pour h les valeurs suivantes :

Projectiles.	Valeur de h.
Obus de 19^{cm}	785,9
Obus de 24^{cm}	679,3
Boulet de 24^{cm}	655,5

Ces trois valeurs présentent les irrégularités inhérentes à ce genre de recherches. En prenant une moyenne, on a

$$h = 707,$$

nombre qui se rapproche beaucoup de celui qu'on a trouvé dans le Chapitre V, savoir 736.

Ainsi la formule

$$D = h \frac{a^3}{p} \tang\theta \sin\gamma V^2 \sin^2\alpha$$

peut être employée avec sécurité tant que la vitesse ne surpasse pas 360^m.

TROISIÈME SECTION.

PROJECTILES A CEINTURES. — EMPLOI DES NOUVELLES POUDRES.

CHAPITRE I.

DISPOSITIONS GÉNÉRALES.

§ 1. — Bouches à feu.

A partir de 1870, de nouvelles bouches à feu, susceptibles d'une plus grande résistance, ont remplacé celles qui étaient auparavant employées par la marine; elles se chargent par la culasse. Le corps est en fonte de fer ou en acier. Le renfort est consolidé par un ou deux rangs de frettes; l'une de ces frettes porte les tourillons.

La partie postérieure de l'âme est formée par un tube en acier dont le diamètre primitif surpasse légèrement celui de son logement. Le tube est mis en place par l'arrière; il est introduit froid dans la pièce chauffée; sa partie postérieure, dont le diamètre est plus grand que celui de l'avant, est filetée extérieurement et vissée dans le corps du canon.

Quelquefois le tube comprend toute la longueur de l'âme; il s'étend alors depuis le logement de l'obturateur jusqu'à la tranche de la bouche; le corps du canon ne se prolonge pas jusqu'à cette dernière, en sorte que le tube seul constitue la partie antérieure de la volée. Il n'est maintenu que par le serrage.

La culasse est formée par un cylindre en acier fileté appelé *vis de culasse*. La surface de cette vis est divisée en six secteurs. Sur trois de ces derniers, les filets sont enlevés, de telle sorte que les secteurs sont alternativement lisses et filetés. Le logement de la vis est disposé de la même manière. La fermeture s'opère en introduisant les parties filetées de la vis dans les parties lisses de l'écrou et faisant ensuite faire à cette vis un sixième de tour.

La partie antérieure de la vis de culasse, étant exposée à des dégradations, est recouverte par une rondelle cylindrique en acier fixée à une tige également cylindrique dont l'axe se confond avec celui de la vis qu'elle traverse dans toute sa longueur. Le diamètre de la rondelle est égal à celui des secteurs non filetés. Des dispositions particulières relient l'une à l'autre, d'une manière invariable, la vis et la rondelle. Dans la face antérieure de cette dernière se trouve encastrée une couronne en cuivre rouge qui vient s'appliquer contre l'obturateur lorsque la culasse est fermée.

Cet obturateur n'est autre chose qu'un anneau en cuivre rouge. Il est placé dans un logement pratiqué dans le canon et dont la forme est légèrement tronconique, la grande base se trouvant à l'arrière. Le contour de cet anneau présente une partie plane qui s'appuie sur la couronne en cuivre portée par la rondelle et une partie tronconique qui, s'appliquant contre les parois du logement, empêche la fuite des gaz.

On place d'abord l'obturateur, on ferme ensuite la culasse : le mouvement de rotation que l'on donne à la vis pousse en avant la rondelle, qui presse fortement contre l'obturateur et le force dans son logement.

En avant du logement de l'obturateur se trouve la chambre à poudre dans laquelle est logée la gargousse. Elle est cylindrique et son diamètre est légèrement inférieur au diamètre intérieur de l'obturateur, de sorte que ce dernier ne se trouve pas en saillie.

Un raccordement tronconique, ayant sa grande base à l'arrière, réunit la chambre à poudre à la chambre du projectile. Celle-ci a encore une forme légèrement tronconique, la grande base étant à l'arrière.

Au delà, se trouve la partie rayée de l'âme. Les rayures sont nombreuses et peu profondes. Leur profil a la forme d'une anse de panier; l'arc du milieu a son centre sur l'axe de l'âme. Leur développement est une parabole du second degré dont l'axe est perpendiculaire aux génératrices. Le sommet de la parabole est un peu en arrière de l'origine des rayures. L'inclinaison finale est le plus souvent égale à 4°.

Les rayures se prolongent vers l'arrière jusqu'à l'origine de la chambre du projectile; le diamètre de la grande base de cette chambre est égal à celui du fond des rayures. Il en résulte que la saillie des cloisons, nulle à l'origine, va en augmentant jusqu'à l'extrémité de la chambre du projectile.

Le nombre des rayures est toujours pair.

La lumière a été d'abord percée dans le renfort; elle traverse maintenant la tige de la rondelle de culasse, de sorte que son axe coïncide avec celui du canon.

L'étoupille n'est autre chose qu'une cartouche métallique à percussion centrale dont la douille forme obturateur et empêche la fuite des gaz.

Ce changement de disposition a eu pour conséquence une légère augmentation dans la valeur des vitesses initiales des projectiles; il est d'ailleurs favorable à la conservation des bouches à feu.

§ 2. — Projectiles.

Les tenons directeurs ont été remplacés par une couronne ou ceinture, généralement en cuivre rouge, placée à une faible distance du culot du projectile et maintenue dans un encastrement circulaire dont le profil a la forme d'une queue d'aronde. Le plus souvent, la ceinture a une forme cylindrique à l'arrière et tronconique à l'avant; quelquefois elle est entièrement cylindrique.

Le plus grand diamètre de la ceinture est légèrement supérieur à celui du fond des rayures. Le projectile introduit par l'arrière s'arrête lorsque la ceinture atteint l'origine des rayures. La distance du culot du projectile au fond de l'âme est ainsi la même à chaque coup.

Dans les premiers instants du mouvement, les cloisons entaillent peu à peu la ceinture et la divisent en parties alternativement saillantes et rentrantes. Les parties saillantes s'engagent dans les rayures faisant l'office de tenons.

Le vent se trouve supprimé. Le léger excès du diamètre de la ceinture sur celui du fond des rayures assure le centrage.

Vers la naissance de l'ogive se trouve un bourrelet venu de fonte et ajusté sur le tour, de manière que son diamètre soit légèrement inférieur à celui de l'âme entre les cloisons. Cette disposition a pour effet de diminuer l'amplitude des battements.

Les premiers projectiles employés à Gâvre, après 1870, n'avaient pas de bourrelet; mais une ceinture en zinc était placée vers la naissance de l'ogive, et son diamètre était légèrement inférieur à celui de l'âme entre les cloisons.

§ 3. — Poudre.

A partir de 1870, on a renoncé à l'ancienne poudre fabriquée par le procédé des pilons, qui avait été reconnue trop brisante. Les nouvelles poudres sont fabriquées par le procédé des meules. Les grains ont des dimensions considérables et une forte densité, circonstance qui ralentit la vitesse de combustion. Celles que l'on a employées à Gâvre provenaient le plus souvent de la poudrerie de Wetteren, en Belgique; toutefois, dans ces dernières années, on a fréquemment fait usage de poudres provenant des manufactures françaises.

Ces dernières renferment 75 parties de salpêtre, 10 de soufre et 15 de charbon; les poudres qui proviennent de l'usine de Wetteren contiennent 75,5 parties de salpêtre, 12 de soufre et 12,5 de charbon.

Le produit de la trituration sous les meules est soumis à une trituration énergique au moyen de la presse hydraulique. On obtient ainsi une galette d'épaisseur constante que l'on divise en fragments plus ou moins réguliers. Les grains sont ensuite soumis à l'action du lissage qui a pour objet d'émousser les angles ; leur forme se rapproche alors plus ou moins de celle d'un parallélépipède rectangle, dont la moindre dimension est en général l'épaisseur de la galette.

La densité du grain est ordinairement comprise entre 1,75 et 1,85 ; leur densité gravimétrique est un peu supérieure à l'unité.

La grosseur des grains croît, en général, avec le calibre de la bouche à feu. Souvent, toutefois, une même poudre est employée pour plusieurs calibres différents et voisins les uns des autres.

On désignera toujours les poudres en indiquant leur provenance, l'épaisseur de la galette et la plus grande dimension des grains.

§ 4. — Gargousses.

La distance du culot du projectile au fond de l'âme reste constante, et le mandrin des gargousses est déterminé, dans la marine, de manière que leur longueur soit à peu près égale à celle de la chambre. On ne fait point usage de valets.

Les gargousses employées dans les expériences de Gâvre étaient le plus souvent en papier parchemin ; quelquefois, cependant, on a fait usage des gargousses en serge.

Lorsque la lumière traverse la vis de culasse et que la charge est faible, les gaz produits par l'étoupille pourraient passer au-dessus de la gargousse sans l'enflammer. A raison de cela, on a souvent alors substitué au mandrin cylindrique un mandrin tronconique. La grande base de la gargousse était en contact avec la culasse.

Les vitesses initiales ont toujours été mesurées à Gâvre à l'aide du chronographe Le Boulengé. Cet instrument est d'ailleurs trop connu pour qu'il soit nécessaire d'en donner ici la description.

CHAPITRE II.

INFLUENCE DU VENT SUR LE MOUVEMENT DES PROJECTILES OGIVAUX. — CORRECTIONS A FAIRE SUBIR AUX RÉSULTATS DES EXPÉRIENCES.

§ 1. — Considérations générales.

Lorsque, pour ramener le calme dans l'atmosphère, on imprime à toutes les parties du système une vitesse égale et opposée à celle du vent, la vitesse initiale du projectile est modifiée et sa direction ne se trouve plus en coïncidence avec l'axe du canon. Ce dernier fait est fort indifférent si le boulet est sphérique; il n'en est pas tout à fait de même quand il s'agit d'un projectile ogival, attendu qu'au moment de la sortie l'axe du projectile fait un petit angle avec la direction du mouvement. Dans l'état actuel des choses, à moins d'avoir recours à des hypothèses fort contestables, il serait impossible d'avoir égard à cette circonstance. On se bornera donc à la mentionner sans songer à en tenir compte; aucun changement ne sera apporté aux formules qui ont été, par suite, données dans le cas des boulets sphériques.

Il est bien rare que les expériences d'artillerie soient faites dans un air calme; de là résultent nécessairement quelques erreurs dans les résultats qu'elles fournissent. Dans les épreuves exécutées à Gâvre depuis 1870, on a cherché, sinon à faire disparaître, du moins à atténuer ces erreurs au moyen de corrections qui font l'objet des paragraphes suivants.

Cependant on n'a pas tenu compte de l'obliquité du vent sur l'horizon, vu qu'on n'a jamais cherché à la mesurer. On s'est donc borné à étudier les effets de la composante horizontale de la vitesse du vent parallèle au plan de tir et de la

INFLUENCE DU VENT SUR LE MOUVEMENT DES PROJECTILES, ETC. 149

composante perpendiculaire qui peuvent être considérées séparément (Ire Partie, Chap. X, § 1).

§ 2. — Influence d'un vent horizontal parallèle au plan de tir. Correction relative au coefficient K.

Soient W_1 la vitesse du vent parallèle au plan de tir; X et T la portée et la durée du trajet obtenues dans l'expérience. On ramène l'air à l'immobilité en imprimant à tout le système une vitesse égale et opposée à W_1.

Si le vent vient de l'arrière, le mouvement général étant dirigé de l'avant vers l'arrière, la composante horizontale de la vitesse du projectile devient $V\cos\alpha - W_1$; la composante verticale $V\sin\alpha$ reste la même. Si donc on désigne par V_1 la nouvelle valeur de la vitesse initiale,

$$V_1^2 = V^2\sin^2\alpha + (V\cos\alpha - W_1)^2$$

ou

$$V_1^2 = V^2 - 2VW_1\cos\alpha - W_1^2.$$

La vitesse du vent étant toujours très faible relativement à celle du projectile, on peut remplacer W_1^2 par $W_1^2\cos^2\alpha$, et l'on a, en prenant les racines carrées,

$$V_1 = V - W_1\cos\alpha.$$

Si α_1 désigne le nouvel angle de départ, $\tang\alpha_1$ est le rapport de la composante verticale de la vitesse à la composante horizontale et l'on a

$$\tang\alpha_1 = \frac{V\sin\alpha}{V\cos\alpha - W_1};$$

d'où

$$\tang\alpha_1 = \frac{\tang\alpha}{1 - \dfrac{W_1}{V\cos\alpha}}.$$

En vertu du mouvement général imprimé au système, le canon, pendant que le boulet décrit sa trajectoire, recule en parcourant vers l'arrière un espace égal à $W_1 T$; de sorte que, si X_1 désigne la portée qui correspond à l'angle α_1 et à la vitesse V_1, l'espace qui, au moment de la chute, sépare le boulet du canon est égal à $X_1 + W_1 T$. Cet espace est la portée X donnée par l'expérience; donc

$$X_1 = X - W_1 T.$$

Il faut donc, pour avoir la valeur du coefficient K relative à un air calme, remplacer, dans la formule des portées

$$\frac{\sin 2\alpha}{gX} = \frac{1}{V^2} + KX,$$

α, V et X respectivement par α_1, V_1, X_1, dont on vient de calculer les valeurs.

Si le vent venait de l'avant, on aurait

$$V_1 = V + W_1 \cos \alpha_1,$$

$$\tang \alpha_1 = \frac{\tang \alpha}{1 + \dfrac{W_1}{V \cos \alpha}},$$

$$X_1 = X + W_1 T.$$

L'importance des corrections que l'on fait subir à l'angle α et à la vitesse V décroît à mesure que la vitesse initiale devient plus grande; et, lorsque cette dernière est très considérable, ces corrections sont à peu près négligeables, du moins tant que l'inclinaison du canon reste inférieure à 45°, car, dans ce cas, elles produisent des résultats de sens opposés. Si, par exemple, le vent vient de l'arrière, V_1 est inférieur à V et α_1 supérieur à α; le contraire a lieu quand le vent vient de l'avant. On peut donc alors obtenir le coefficient K avec une approximation suffisante en remplaçant simplement dans la formule des portées X par $X \mp W_1 T$, suivant que le vent vient de l'arrière ou de l'avant.

La valeur de K ainsi déterminée est celle qui convient à l'angle α_1 et à la vitesse V_1; mais ces deux quantités diffèrent assez peu de α et de V pour que l'on puisse, sans erreur appréciable, regarder cette valeur de K comme correspondant à l'angle de départ α et à la vitesse V.

Par suite du mouvement général imprimé au système, l'axe du projectile fait, au moment du départ, un angle égal à $\alpha_1 - \alpha$ avec la direction de la vitesse initiale V_1. Cette circonstance a sans doute pour effet d'augmenter la résistance de l'air; par suite, la valeur de X_1 déterminée plus haut est un peu trop faible et la valeur du coefficient K est très légèrement plus forte que celle qui correspond à α_1 et à V_1.

§ 3. — Suite. — Correction relative à la résistance de l'air.

Dans les expériences qui ont pour but la détermination de la résistance de l'air, on mesure, à chaque coup, les vitesses v' et v'' en deux points séparés par un intervalle x. La direction du tir étant à peu près horizontale, il existe, quand l'air est calme, entre les trois quantités v', v'' et x, la relation

$$v'' = \frac{v'}{e^{bx}},$$

b désignant le rapport de l'accélération correspondant à la résistance de l'air au carré de la vitesse (1re Partie, Chap. II, § 2). On en déduit, dans le système népérien,

$$l(v'') = l(v') - bx,$$

et, en employant les logarithmes des Tables usuelles,

$$L v'' = L v' - 0{,}4343\, bx;$$

d'où

$$0{,}4343\, b = \frac{L v' - L v''}{x}.$$

Qu'on suppose maintenant qu'au moment de l'expérience il règne un vent horizontal parallèle au plan de tir. Soit W_1 sa vitesse. On ramène l'air à l'immobilité en imprimant à tout le système une vitesse égale et opposée à W_1, en sorte que, si le vent vient de l'arrière, le mouvement général est dirigé de l'avant vers l'arrière. Les vitesses v' et v'' deviennent, par suite, $v' - W_1$ et $v'' - W_1$.

Pendant la durée T du trajet, le point où est observée la seconde vitesse parcourt un espace égal à $W_1 T$, ce qui réduit la longueur du trajet à $x - W_1 T$. Ainsi, lorsque le vent vient de l'arrière, la formule qui donne la valeur de b dans l'air devenu calme est

$$0,4343\, b = \frac{L(v' - W_1) - L(v'' - W_1)}{x - W_1 T};$$

et, si le vent vient de l'avant,

$$0,4343\, b = \frac{L(v' + W_1) - L(v'' + W_1)}{x + W_1 T}.$$

La durée T du trajet est donnée très approximativement par la relation

$$T = \frac{x}{\dfrac{v' + v''}{2}}.$$

4. — Influence d'un vent perpendiculaire au plan de tir. Correction relative à la dérivation.

Soit W_2 la composante du vent, perpendiculaire au plan de tir. Ramenant l'air à l'immobilité en imprimant à tout le système, lorsque le projectile sort du canon, une vitesse égale et contraire à W_2, la composante horizontale de la vitesse initiale est alors la résultante de deux vitesses : l'une $V \cos \alpha$ dirigée dans le plan de tir, l'autre W_2 perpendiculaire à ce plan. Elle est ainsi égale à $\sqrt{V^2 \cos^2 \alpha + W_2^2}$; mais le terme W_2^2 est généralement négligeable devant $V^2 \cos^2 \alpha$. Il en résulte que la vitesse initiale et l'angle de départ n'éprouvent pas de modifications sensibles.

Le plan suivant lequel le projectile est dirigé en sortant

du canon fait avec le plan de tir un petit angle dont la tangente est égale à $\dfrac{W_2}{V\cos\alpha}$. Par conséquent, après avoir atteint le sol, le projectile, abstraction faite de la dérivation, se trouve, par suite de l'action du vent, éloigné de sa position primitive dans le plan de tir d'une quantité égale à $\dfrac{W_2 X}{V\cos\alpha}$.

Mais, en vertu du mouvement général imprimé au système, le plan de tir parcourt, pendant la durée T du trajet, un espace égal à $W_2 T$ dans le même sens. Donc, au moment de la chute, la quantité dont l'action du vent a éloigné le projectile du plan de tir est égale à

$$W_2\left(T - \dfrac{X}{V\cos\alpha}\right).$$

Telle est la correction qu'il faut faire subir à la dérivation observée. Elle doit en être retranchée ou y être ajoutée, suivant que le vent favorise ou contrarie la dérivation.

La différence $T - \dfrac{X}{V\cos\alpha}$ est nécessairement positive ; en effet, si la composante horizontale de la vitesse initiale conservait sa valeur primitive $V\cos\alpha$, la durée du trajet serait évidemment égale à $\dfrac{X}{V\cos\alpha}$; or la durée réelle est forcément plus grande, puisque cette composante horizontale va constamment en décroissant.

Par suite du mouvement général imprimé au système, l'axe du projectile fait un angle ψ avec la nouvelle direction de la vitesse initiale. Cet angle s'évalue facilement en remarquant que cette dernière est la résultante de la vitesse V dirigée dans le plan de tir et d'une vitesse W_2 perpendiculaire à ce plan. On a donc

$$\tang\psi = \dfrac{W_2}{V}.$$

L'existence de l'angle ψ peut avoir pour résultat de modifier la dérivation ; d'un autre côté, il doit aussi nécessairement augmenter la résistance de l'air et, par suite, exercer une certaine influence sur la portée. Mais on ne pourrait tenir compte de ces effets qu'au moyen d'hypothèses fort hasardées ; et mieux vaudrait encore conserver les résultats tels que les donne l'expérience, que d'y apporter des corrections qui n'inspirent aucune confiance.

On a fait remarquer dans le § 2, en considérant la composante du vent parallèle au plan de tir, que l'axe du projectile faisait également avec la direction de la vitesse initiale V_1 un angle dont la valeur absolue était $α_1 — α$. L'existence de cet angle peut, comme celle de l'angle $ψ$, exercer une légère influence sur la dérivation ; mais, dans l'état actuel des choses, il serait absolument impossible d'y avoir égard.

§ 5. — Observations.

Les corrections que l'on vient de mentionner ont été apportées à toutes les expériences dont on va, dans les Chapitres suivants, exposer les résultats. Il est à remarquer qu'elles présentent toujours quelque incertitude, vu les difficultés qu'offre l'appréciation de la direction et de la vitesse du vent. Il est bien rare que cette vitesse soit constante, et, le plus souvent, elle ne se fait sentir que par bouffées. En outre, les observations ne peuvent être faites que dans le voisinage du sol et fréquemment le projectile s'élève à des hauteurs où les agitations de l'atmosphère peuvent être fort différentes.

CHAPITRE III.

RÉSISTANCE DE L'AIR AU MOUVEMENT DES PROJECTILES OGIVAUX.

§ 1. — Observation préliminaire.

Ce Chapitre doit être considéré comme faisant immédiatement suite au Chapitre II de la première Partie et les notations sont exactement conservées; de sorte que, r désignant l'accélération qui correspond à la résistance de l'air,

$$r = \frac{\Delta a^2}{p} f(v) v^2,$$

où a, p, v représentent respectivement le diamètre, le poids et la vitesse du projectile, Δ le poids du mètre cube d'air et $f(v)$ une certaine fonction de la vitesse dont il faut déterminer la nature.

§ 2. — Formules.

Les expériences exécutées sur les projectiles sphériques ont démontré que la fonction $f(v)$, croissant avec la vitesse, convergeait cependant vers une certaine limite, en sorte qu'on a pu la représenter par la formule

$$f(v) = \Lambda - \frac{\Lambda - \lambda}{10^{h\left(\frac{v}{100}\right)^n}}.$$

Il était assez naturel de rechercher si la même expression pouvait encore être appliquée aux projectiles ogivaux, les coefficients seuls étant modifiés.

Les expériences dont on va rendre compte ont, en effet, montré que $f(v)$ devenait sensiblement constant dès que la vitesse surpassait 400^m, mais que la limite Λ décroissait en même temps que l'angle ogival γ, en sorte que le rapport $\dfrac{\Lambda}{\sin\gamma}$ conservait toujours à peu près la même valeur, savoir $0,366$.

Par suite, il convenait d'examiner si la même proportionnalité ne pouvait pas être admise pour toutes les valeurs de $f(v)$. On a donc cherché à déterminer les diverses constantes qui entrent dans la formule, de manière à satisfaire à cette condition. C'est ainsi qu'on a été conduit à poser

$$\lambda = \frac{\Lambda}{3},$$
$$n = 10; \quad h = 0,0000023,$$

et, par conséquent, à adopter l'expression

$$\frac{f(v)}{\sin\gamma} = 0,366 - \frac{0,241}{10^{0,0000023\left(\frac{v}{100}\right)^{10}}}.$$

La vitesse à laquelle correspond le point d'inflexion de la courbe lieu géométrique de l'équation $y = \dfrac{f(v)}{\sin\gamma}$ est égale à $333^m,5$.

De cette formule, on a conclu la Table suivante, qui donne la valeur de $f(v)$ pour $\gamma = 90°$, auquel cas l'ogive se change en un hémisphère. La Table suppose la valeur de a exprimée en mètres; si elle était exprimée en décimètres, les nombres qu'elle renferme devraient être divisés par 100.

Table des valeurs de $\dfrac{f(v)}{\sin \gamma}$.

VITESSES.	VALEURS de $\dfrac{f(v)}{\sin \gamma}$.	DIFFÉRENCES.	VITESSES.	VALEURS de $\dfrac{f(v)}{\sin \gamma}$.	DIFFÉRENCES.
m 100	0,1220		m 300	0,1875	
200	0,1233		305	0,1973	0,0098
210	0,1242		310	0,2079	0,0106
215	0,1247	0,0005	315	0,2194	0,0115
220	0,1254	0,0007	320	0,2316	0,0122
225	0,1263	0,0009	325	0,2444	0,0128
230	0,1274	0,0011	330	0,2576	0,0132
235	0,1287	0,0013	335	0,2710	0,0134
240	0,1307	0,0015	340	0,2842	0,0132
245	0,1319	0,0017	345	0,2971	0,0129
250	0,1340	0,0021	350	0,3094	0,0123
255	0,1366	0,0026	355	0,3207	0,0113
260	0,1396	0,0030	360	0,3308	0,0101
265	0,1431	0,0035	365	0,3396	0,0088
270	0,1472	0,0041	370	0,3469	0,0073
275	0,1520	0,0048	375	0,3528	0,0059
280	0,1574	0,0054	380	0,3572	0,0044
285	0,1637	0,0063	385	0,3605	0,0033
290	0,1707	0,0070	390	0,3628	0,0023
295	0,1786	0,0079	400	0,3651	
300	0,1875	0,0089	> 400	0,3660	

D'après cette Table, la résistance de l'air au mouvement des projectiles peut être regardée comme proportionnelle au carré de la vitesse tant que cette dernière ne surpasse pas 230^m. La même proportionnalité peut encore être admise quand la vitesse surpasse 400^m.

Si, pour les vitesses comprises entre 200^m et 300^m, on divise chaque valeur de $\dfrac{f(v)}{\sin \gamma}$ par la vitesse correspondante, on obtient les nombres suivants :

VITESSES.	VALEUR de $\frac{f(v)}{v\sin\gamma}$	VITESSES.	VALEURS de $\frac{f(v)}{v\sin\gamma}$	VITESSES.	VALEUR de $\frac{f(v)}{v\sin\gamma}$
m		m		m	
200	0,000612	240	0,000542	275	0,000553
210	0,000592	245	0,000539	280	0,000562
215	0,000580	250	0,000536	285	0,000575
220	0,000570	255	0,000536	290	0,000588
225	0,000562	260	0,000537	295	0,000606
230	0,000554	265	0,000540	300	0,000625
235	0,000548	270	0,000545		

La valeur de $\frac{f(v)}{v\sin\gamma}$ se montre d'abord décroissante, puis croissante; toutefois elle n'éprouve que des variations peu importantes, et il n'y aurait nul inconvénient à la regarder comme constante en lui attribuant sa valeur moyenne, savoir 0,0005651. La résistance de l'air peut donc être, entre 200^m et 300^m, considérée comme proportionnelle au cube de la vitesse et l'accélération qui lui correspond représentée par la formule

$$r = 0,0005651 \frac{\Delta a^2}{p} \sin\gamma \, v^3.$$

Ce résultat concorde avec ceux qu'on a obtenus, en 1858 et 1860, avec des projectiles à tenons et qui ont été rapportés dans la deuxième Section, Chapitre III. On avait alors été conduit à adopter la formule

$$r = 0,0005673 \frac{\Delta a^2}{p} \sin\gamma \, v^3.$$

La différence entre les deux coefficients numériques est tout à fait insignifiante.

Il reste maintenant à vérifier avec quelle approximation la formule reproduit les nombreux résultats obtenus dans ces dernières années.

§ 3. — Expériences exécutées à Gâvre en 1873 sur des projectiles de 24^{cm}.

Les projectiles étaient de forme ogivo-cylindrique, à culot plan, les uns massifs, du poids de 144^{kg}, les autres creux. En faisant varier le chargement, on a successivement porté le poids de ces derniers à 96^{kg}, 100^{kg} et 120^{kg}.

	m
Diamètre de la partie cylindrique................	0,2374
Longueur de l'ogive............................	0,2800
Rayon de l'arc ogival	0,3896
Longueur totale................................	0,5350
Rapport de la longueur de l'ogive au diamètre....	1,179
Rapport du rayon de l'arc ogival au diamètre....	1,641
Rapport de la longueur totale au diamètre.......	2,253

$$\gamma = 45°53', \quad \iota = 0°.$$

Les différences de poids n'ont pas eu d'influence sur les résultats.

Chaque projectile portait deux ceintures de 25^{mm} de largeur : l'une, placée à l'arrière, était en cuivre et tronconique à l'avant; son plus grand diamètre surpassait de 0^{mm},6 celui du fond des rayures; l'autre était en zinc et se trouvait à l'avant de la partie cylindrique. Son diamètre était inférieur de 0^{mm},5 à celui de l'âme du canon.

Les rayures des canons étaient paraboliques et au nombre de vingt-quatre; profondeur : 1^{mm},5. Inclinaison finale : 4°. Largeur des cloisons : 10^{mm}.

Diamètre de l'âme du canon : 0^{m},240. Diamètre du cercle équivalent à la section transversale de l'âme et des rayures : 0^{m},242. C'est ce nombre que dans les calculs on a pris pour le diamètre des projectiles, afin de tenir compte de la présence des ceintures. On a ainsi supposé $a = 0^{m},242$.

A chaque coup, à l'aide de deux chronographes, Le Boulengé en mesurait la vitesse en deux points séparés par un intervalle de 400^{m}. Les observations météorologiques faisaient connaître le poids du mètre cube d'air. Un anémomètre donnait la vitesse et la direction du vent, ce qui permettait de ramener les résultats au cas d'un air calme.

D'après ces données, il était facile de calculer les valeurs de $f(v)$.

Les résultats ont offert les irrégularités inhérentes à ce genre de recherches; on les a fait à très peu près disparaître en partageant ces résultats en six groupes, dans chacun desquels on a fait correspondre la moyenne des vitesses à la moyenne des valeurs de $f(v)$. C'est ainsi qu'on a formé le Tableau suivant, dans lequel les résultats de l'expérience sont comparés avec ceux qu'on déduit de la formule :

Vitesse............ (mètres).	210	290	346	393	442	494
Valeur de $f(v)$ { l'expérience.	0,0900	0,1150	0,2242	0,2720	0,2675	0,26...
donnée par.. { la formule..	0,0892	0,1226	0,2151	0,2611	0,2628	0,26...
Différences.................	−0,0008	−0,0076	−0,0091	−0,0109	−0,0047	−0,00...
Nombre de coups...........	15	52	30	44	60	80

Les différences sont négligeables.

§ 4. — Expériences exécutées à Gâvre en 1881 sur des projectiles de 10^{cm}.

Les projectiles ogivo-cylindriques à culot plan pesaient les uns 12^{kg}, les autres 14^{kg}. Tous avaient la même ogive.

Poids des projectiles............	12^{kg}	14^{kg}
Diamètre de la partie cylindrique.	0,098^m	
Hauteur de l'ogive j............	0,120	
Rayon de l'arc ogival J.........	0,1714	
Longueur totale l..............	0,343^m	0,391^m
Rapports $\left\{ \dfrac{j}{a} \right.$...............	1,22	1,22
$\dfrac{J}{a}$...............	2,72	2,72
$\left. \dfrac{l}{a} \right.$...............	3,5	4,0

$$\gamma = 44°26', \quad \iota = 0°.$$

Chaque projectile portait une ceinture en cuivre placée à 40^{mm} du culot, dont la largeur était de 14^{mm} et le diamètre de $102^{mm},4$. L'autre extrémité de la partie cylindrique était terminée par un renflement du diamètre de $99^{mm},6$.

Les rayures du canon étaient paraboliques et au nombre de vingt. Profondeur : $0^m,8$. Inclinaison finale : $7°$. Largeur des cloisons : 3^{mm}.

Diamètre de l'âme : $0^m,100$. De même que pour les projectiles de 24^{cm}, on a pris pour a le diamètre du cercle équivalent à la section transversale de l'âme et des rayures, savoir $0^m,101$.

Les procédés d'expérimentation étaient les mêmes qu'au paragraphe précédent. Voici les résultats obtenus :

	POIDS DES PROJECTILES.			
	12^{kg}.		14^{kg}.	
Vitesse............... mètres.	486,8	488,7	474,0	472,7
Valeurs de $f(v)$...............	0,2620	0,2592	0,2668	0,2535
Nombre de coups...............	15	15	12	11

Les quatre valeurs de $f(v)$ sont très peu différentes ; leur moyenne est $0,2604$, tandis que la formule donne $0,2562$; l'accord est des plus satisfaisants.

En rapprochant ces expériences des précédentes, on voit que le rapport $\dfrac{l}{a}$ a varié entre $2,253$ et $4,0$. Ces grandes variations n'ont pas empêché la formule de s'appliquer également aux uns et aux autres. Il en résulte donc que, tant que l'ogive reste la même, la longueur de la partie cylindrique peut éprouver des changements considérables sans que la résistance de l'air en soit sensiblement affectée.

§ 5. — Expériences exécutées en Angleterre par M. Bashforth (années 1866-1870).

Les projectiles de forme ogivo-cylindrique et à culot plan étaient de quatre calibres différents, savoir :

$$74^{mm},\ 125^{mm},\ 174^{mm},8,\ 226^{mm},1;$$

leurs formes étaient semblables.

$$\text{Rapports} \begin{cases} \dfrac{j}{a} \ldots\ldots\ldots\ldots 1,118, \\ \dfrac{J}{a} \ldots\ldots\ldots\ldots 1,5, \\ \dfrac{l}{a} \ldots\ldots\ldots\ldots 2,54, \end{cases}$$

$$\gamma = 48°11',\quad \iota = 0°.$$

Parmi les projectiles du calibre de 74^{mm}, il y en avait de massifs; tous les autres étaient des obus. Il y avait pour chaque calibre deux sortes d'obus qui ne différaient que par la grandeur de la chambre. Les différences de poids et de calibre ont été sans influence sur les résultats.

Dans les trois premiers canons dits de 3 *pouces*, de 5 et de 7 *pouces*, les rayures étaient hélicoïdales; leur inclinaison sur les génératrices de l'âme était à très peu près égale à 5°.

Dans le quatrième canon dit de 9 *pouces*, les rayures étaient progressives; à l'origine, elles se trouvaient tangentes aux génératrices; l'inclinaison finale était égale à 7°30′ environ.

Le projectile traversait une suite de cadres-cibles séparés par des intervalles qui, d'abord égaux à 36^m, furent plus tard portés à 45^m. Le passage du projectile à travers chaque cadre déterminait l'interruption d'un courant électrique. Cette interruption entraînait la production d'un signal sur un cylindre animé d'un mouvement de rotation uniforme et dont la vitesse était connue. Une description plus détaillée de cet appareil serait inutile. On la trouvera d'ailleurs dans un Mémoire de M. le colonel Sébert (¹).

Les signaux inscrits sur le cylindre permettaient de calculer les temps employés par le projectile pour parcourir les intervalles qui séparaient les cadres. Des différences que présentaient ces temps, l'auteur concluait la valeur de la résistance de l'air. C'est d'ailleurs à l'aide du même appareil que M. Bashforth avait exécuté ses recherches sur les projectiles sphériques (t. I, p. 174).

M. Bashforth a résumé dans un même tableau les résultats de toutes ses expériences. Les vitesses y sont disposées en progression arithmétique; chacune d'elles surpasse la précédente de 20 pieds (6^m,096).

Afin d'atténuer les anomalies, on a partagé ces épreuves, dont le nombre s'élève à quarante et une, en vingt groupes, chacun des dix-neuf premiers comprenant deux vitesses successives, le vingtième, trois. Dans chaque groupe on a pris les moyennes des vitesses et des résultats de l'expérience. On a vu précédemment comment de ces derniers on déduisait les valeurs de $f(v)$.

C'est ainsi qu'a été formé le Tableau suivant. A côté de chaque valeur de $f(v)$ fournie par l'expérience, on a placé celle que donne la formule du § 2.

(¹) *Du calcul des trajectoires d'après les expériences de Bashforth sur la résistance de l'air,* par M. Sébert, chef d'escadron d'artillerie de la marine, 1874. Paris, Ch. Tanera, éditeur.

| VITESSES. | VALEURS de $f(v)$ données par | | DIFFÉ- RENCES. | VITESSES | VALEURS de $f(v)$ données par | | DIFFÉ- RENCES. |
	l'expé- rience.	la formule.			l'expé- rience.	la formule.	
m 277,4	0,105	0,115	+0,010	m 399,2	0,266	0,272	+0,006
289,6	0,141	0,127	—0,014	411,5	0,269	0,273	+0,004
301,7	0,137	0,142	+0,005	423,7	0,275	0,273	—0,002
313,9	0,154	0,162	+0,008	435,9	0,278	0,273	—0,005
326,1	0,200	0,184	—0,016	448,0	0,276	0,273	—0,003
338,3	0,223	0,209	—0,014	460,2	0,276	0,273	—0,003
350,5	0,236	0,231	—0,005	472,4	0,271	0,273	+0,002
362,7	0,242	0,250	+0,008	484,6	0,273	0,273	0,000
374,9	0,252	0,263	+0,011	512,1	0,275	0,273	—0,002
387,1	0,264	0,269	+0,005				

Les différences, toujours très faibles, sont tantôt dans un sens, tantôt dans un autre. La vérification de la formule est aussi satisfaisante qu'on peut le désirer.

§ 6. — Expériences faites à Saint-Pétersbourg en 1868 et 1869.

On a employé des canons rayés de 4, de 16 et de 24, et un quatrième du calibre de 203^{mm}. Les projectiles de forme ogivo-cylindrique et à culot plan étaient conformes aux modèles adoptés en Russie. Aucun autre renseignement n'est donné à cet égard.

Le général Mayewski, qui a dirigé les expériences, a employé les procédés d'expérimentation et de calcul dont il a fait usage à propos des boulets sphériques (Ire Partie, Chap. II). A chaque épreuve, il calculait donc la valeur de la quantité désignée par ρ' et dont on déduit celle de $f(v)$ au moyen de la relation

$$f(v) = \frac{\pi}{4} \frac{g}{\Delta} \rho',$$

(*loc. cit.*).

Les variations de calibre et de poids n'ont pas eu d'influence sensible sur les résultats. Les moyennes étaient prises sur huit coups.

VITESSE.	VALEUR DE ρ'.	VALEUR DE $f(v)$.
172^m	0,0151	0,096
207	0,0137	0,087
239	0,0141	0,094
247	0,0170	0,108
266	0,0160	0,102
282	0,0163	0,104
304	0,0221	0,141
307	0,0158	0,101
317	0,0259	0,165
319	0,0174	0,111
320	0,0299	0,191
329	0,0338	0,216
337	0,0341	0,218
360	0,0393	0,251
401	0,0450	0,287
409	0,0430	0,274

De ces valeurs de ρ' et de celles qu'il déduit des expériences anglaises, le général Mayewski conclut que cette quantité peut être regardée comme constante quand la vitesse surpasse 360^m et, par suite, que la résistance de l'air devient alors proportionnelle au carré de la vitesse.

Les moyennes n'étant prises que sur huit coups, les irrégularités que présentent les expériences précédentes sont assez nombreuses. On peut les atténuer en partageant les épreuves en sept groupes, comme l'indique du reste le Tableau, et prenant dans chaque groupe les résultats moyens.

La valeur de $\sin\gamma$ est inconnue; mais il est clair que, si la formule est applicable au cas actuel, on peut l'obtenir en divisant chaque valeur de $f(v)$ déduite de l'expérience par la valeur que donne la formule pour le rapport $\dfrac{f(v)}{\sin\gamma}$. Ces diverses divisions doivent donc donner des quotients sensiblement égaux :

VITESSE.	VALEUR DE $f(v)$ donnée par l'expérience.	VALEUR DE $\dfrac{f(v)}{\sin\gamma}$ déduite de la formule.	RAPPORT de ces deux valeurs.
189,5 m	0,091	0,1230	0,740
243	0,101	0,1312	0,770
274	0,103	0,1510	0,682
306	0,121	0,1992	0,608
319	0,156	0,2292	0,681
333	0,217	0,2662	0,815
396	0,270	0,3642	0,742

Les variations du rapport sont assez importantes, mais elles ne suivent aucune loi; la valeur moyenne est 0,7197, ce qui correspond à un angle $\gamma = 45°18'$ assez voisin de celui des projectiles de 24^{cm} décrits dans le § 3. L'application de la formule est ainsi sensiblement justifiée.

§ 7. — Nouvelles expériences exécutées en Angleterre par M. Bashforth pendant les années 1878-1880.

Pendant ces dernières années, M. Bashforth a fait deux nouvelles séries d'expériences en vue de déterminer la résistance de l'air pour des vitesses supérieures ou inférieures à celles qu'il avait réalisées en 1867-1870. Les projectiles employés étaient de quatre calibres différents, savoir :

$$74^{mm}, \quad 159^{mm},3, \quad 152^{mm},4, \quad 203^{mm},2;$$

les deux premiers étaient employés pour les faibles vitesses, les autres pour les grandes vitesses.

Les projectiles de 74^{mm} étaient munis d'une ceinture expansive (*gascheck*) placée à l'arrière, qui leur communiquait le mouvement de rotation. Afin de tenir compte de la présence de cette ceinture, M. Bashforth supposait $a = 0^m,07544$.

Le Rapport de l'auteur ([1]) ne renferme aucun renseignement sur la forme des projectiles qu'il employait. Il est à supposer qu'elle ne différait pas notablement de celle que possédaient les projectiles qui ont servi aux expériences du § 4.

Dans la première série d'épreuves, les vitesses étaient toutes supérieures à 487^m; dans l'autre, elles variaient entre 131^m et 318^m. Les résultats sont consignés dans deux Tableaux où les vitesses croissent suivant les termes d'une progression arithmétique dont la raison est, pour la première série, 10 pieds ($3^m,048$) et pour la deuxième série 5 pieds ($1^m,524$). La résistance de l'air y est toujours comparée au cube de la vitesse; mais, de là, on a pu conclure comme précédemment les valeurs de $f(v)$.

Les nombres que l'on obtient ainsi dans le cas des grandes vitesses présentent d'assez nombreuses variations; mais elles ne suivent aucune loi et sont probablement dues en grande partie aux difficultés que présentait le mode d'expérimentation. On les atténue d'abord beaucoup en partageant en plusieurs groupes les résultats des épreuves et prenant dans chaque groupe les valeurs moyennes. C'est ainsi qu'on obtient le Tableau suivant:

([1]) *Final report on experiments made with the Bashforth chronograph to determine the resistance of the air to the motion of elongated projectiles,* 1878-1880. London, 1880.

VITESSES EXTRÊMES		VITESSE MOYENNE.	VALEUR DE $f(v)$.
inférieures.	supérieures.		
487,7 m	545,6 m	516,6 m	0,267
548,6	597,4	573,0	0,2595
600,5	649,2	624,5	0,264
652,3	698,0	675,1	0,2796
701,0	749,8	725,4	0,2815
752,8	798,6	775,7	0,2524
801,6	847,4	824,5	0,2667

Les nombres que renferme le Tableau présentent encore des fluctuations tout à fait invraisemblables, et il est à remarquer qu'on les fait presque entièrement disparaître en prenant des moyennes entre le premier et le deuxième, le troisième et le quatrième, le cinquième et le sixième. On obtient, en effet, les valeurs suivantes :

$$0,264, \quad 0,272, \quad 0,267, \quad 0,267.$$

Ces quatre nombres sont fort peu différents. Ainsi, la constance de $f(v)$ se trouve établie entre 400^m et 850^m. Cette dernière vitesse est bien supérieure à toutes celles que l'on réalise dans la pratique.

La moyenne de toutes les valeurs de $f(v)$ obtenues dans ces expériences est $0,269$, tandis que la formule du § 2 donnerait $0,273$ si l'on admettait pour γ la valeur qui convenait aux projectiles employés dans les premières expériences de M. Bashforth.

Partageant de même les résultats obtenus avec les faibles vitesses en douze groupes et prenant dans chaque groupe des moyennes en tenant compte du nombre des coups, on obtient le Tableau suivant. A côté des valeurs de $f(v)$ déduites de l'expérience, on a placé celles que donne la formule en supposant $\gamma = 48° 11'$.

VITESSES EXTRÊMES		VITESSE MOYENNE	VALEURS DE $f(v)$ DONNÉES PAR	
inférieures.	supérieures.		l'expérience.	la formule.
m	m	m		
131,0	163,1	148,0	0,1155	0,0913
164,6	178,3	171,4	0,1088	0,0915
179,8	202,7	191,2	0,1222	0,0918
204,2	217,9	211,0	0,1199	0,0926
219,5	233,2	226,3	0,1149	0,0944
234,7	248,4	241,5	0,1148	0,0973
249,9	263,7	256,8	0,1142	0,1022
265,2	278,9	272,0	0,1236	0,1105
280,4	294,1	287,2	0,1335	0,1241
295,7	309,4	302,5	0,1381	0,1434
310,9	317,0	313,9	0,1482	0,1615
318,5	324,6	321,5	0,1812	0,1754

Les quatre dernières valeurs de $f(v)$ obtenues par l'expérience s'accordent sensiblement avec la formule; les différences sont, en effet, tantôt dans un sens, tantôt dans un autre. Quant aux huit premières valeurs, elles sont toutes supérieures à celles que l'on déduit de la Table; mais elles surpassent aussi de beaucoup celles qui ont été obtenues à Gâvre et à Saint-Pétersbourg avec des projectiles peu différents de ceux qu'employait M. Bashforth. Cet excès doit être principalement attribué à ce que, pour faire passer ses projectiles à travers toute la série de ses cadres, M. Bashforth était obligé de les lancer sous une inclinaison assez forte, eu égard à la faiblesse de la vitesse initiale, de sorte que l'axe de figure ne tardait pas à faire un angle sensible avec la direction du mouvement, circonstance qui devait nécessairement accroître la résistance de l'air.

§ 8. — Expériences exécutées à Meppen par M. Friedrich Krupp.

Dans ces dernières années, M. Friedrich Krupp a exécuté au polygone de Meppen de nombreuses expériences en vue de déterminer les pertes de vitesses qu'éprouvaient ses projectiles sous l'influence de la résistance de l'air.

Les obus étaient tantôt en fonte ordinaire, tantôt en fonte dure ou en acier; ils étaient munis de deux ceintures en cuivre, celle de l'avant étant seule entamée par les cloisons; leur diamètre a varié, dans le cours des expériences, entre $0^m,15$ et $0^m,40$, le rapport $\dfrac{l}{a}$ entre $2,8$ et $4,0$.

Les rayures étaient tantôt hélicoïdales, tantôt paraboliques; leur inclinaison finale a varié entre $4°$ et $7°$.

Ces circonstances si diverses ne paraissent pas avoir exercé d'influence sensible sur les résultats qui présentent cependant les nombreuses irrégularités inhérentes à ce genre de recherches.

A chaque coup les vitesses étaient mesurées à l'aide de chronographes Le Boulengé en deux points séparés par un intervalle qui a varié entre 900^{mm} et 2000^{mm}. Lorsque les vitesses surpassent 390^m, la grandeur de l'intervalle qui sépare les deux points où elles sont mesurées est favorable à la précision des résultats, du moins, tant que la trajectoire s'écarte peu de l'horizontale. Mais, lorsqu'elles sont moindres, l'expérience ne fait connaître la valeur de $f(v)$ qui correspond à la moyenne arithmétique de deux vitesses observées qu'autant que celles-ci n'offrent qu'une faible différence, et cette condition était rarement remplie dans les expériences de Meppen. On s'est donc borné à considérer les tirs dans lesquels les deux vitesses étaient supérieures à 390^m.

Les procès-verbaux des expériences contiennent tous les renseignements nécessaires pour qu'on puisse tenir compte de la densité de l'air, ainsi que de la direction et de la vitesse du vent. Mais ils ne renferment aucun détail sur la forme des projectiles et, en particulier, sur la valeur de l'angle ogival γ. Par suite, on s'est contenté de réunir les résultats dans les deux Tableaux suivants relatifs, le premier aux projectiles en fonte ordinaire, le deuxième aux obus en fonte dure ou en acier.

RÉSISTANCE DE L'AIR AU MOUVEMENT DES PROJECTILES OGIVAUX.

Projectiles en fonte ordinaire.

JOUR DU TIR.	DIAMÈTRE des projectiles a [1].	POIDS des projectiles p.	PREMIÈRE VITESSE v'.	DEUXIÈME VITESSE v''.	VITESSE MOYENNE.	VALEUR DE $f(v)$.	NOMBRE DE COUPS.
	m	kg	m	m	m		
31 décembre 1878...	0,1491	31,3	642,6	471,7	557,1	0,2441	2
» ...	»	»	632,4	461,0	546,7	0,2496	2
» ...	»	»	623,0	450,3	536,7	0,2563	2
» ...	»	»	618,6	450,3	534,4	0,2507	2
7 août 1879.......	0,242	136,0	602,8	465,8	534,3	0,2582	2
15 juillet 1880.....	0,1546	35,0	585,2	459,2	522,2	0,2489	5
»	»	»	573,7	452,8	513,2	0,2430	5
18 décembre 1878...	0,1491	31,3	617,5	404,6	511,0	0,2424	1
» ...	»	»	614,0	403,8	508,9	0,2466	1
» ...	»	»	596,7	434,0	510,3	0,2514	1
11 novembre 1879..	»	31,5	572,2	437,8	505,0	0,2519	5
17 décembre 1878...	»	31,3	615,0	391,2	503,1	0,2598	10
13 juillet 1880.....	0,1546	35,0	565,2	438,4	501,8	0,2579	1
»	»	»	556,3	435,0	495,6	0,2497	1
17 décembre 1878...	0,1491	31,3	604,4	386,5	495,4	0,2568	3
31 décembre 1878...	»	»	564,5	416,8	490,1	0,2414	1
11 novembre 1879..	0,1491	31,5	553,9	422,6	488,2	0,2546	5
6 août 1879.......	0,403	642,8	533,4	443,8	486,6	0,2563	3
13 juillet 1880.....	0,1546	35,0	547,5	424,5	486,0	0,2583	1
7 août 1879	0,1491	40,0	555,4	395,8	475,6	0,2631	3
15 juillet 1880.....	0,1546	50,0	507,9	433,6	470,7	0,2329	1
13 juillet 1880.....	»	»	519,5	419,7	469,6	0,2578	1
»	»	»	508,3	420,3	464,3	0,2757	1
11 janvier 1879.....	0,1491	»	506,8	407,8	457,3	0,2591	10
13 juillet 1880.....	0,1546	»	496,8	414,2	455,5	0,2637	1
»	»	»	492,9	413,5	453,2	0,2547	1
8 et 9 août 1878...	0,1525	32,5	570,8	415,8	443,3	0,2528	8
» ...	»	51,5	471,5	389,3	430,4	0,2422	8
11 novembre 1879..	0,1491	50,0	466,1	393,2	429,6	0,2596	5

[1] On a pris comme valeur de a le diamètre du cercle équivalent à la section de l'âme rayée, afin de tenir compte de la présence de la ceinture.

Projectiles en fonte dure ou en acier.

JOURS DU TIR.	DIAMÈTRE des projectiles a.	POIDS des projectiles p.	PREMIÈRE VITESSE v'.	SECONDE VITESSE v''.	VITESSE MOYENNE.	VALEUR DE $f(v)$.	NOMBRE DE COUPS.
	m	kg	m	m	m	m	
7 août 1879	0,242	160,0	572,9	466,9	519,9	0,2410	4
2 juillet 1878	0,1491	39,5	534,8	435,2	485,0	0,2431	5
5 août 1879	0,403	777,0	499,4	433,7	466,5	0,2391	3
11 novembre 1879	0,1491	39,5	513,	416,5	465,0	0,2470	5
2 juillet 1878	0,355	525,0	495,9	432,7	464,3	0,2495	3
15 juillet 1880	0,1546	50,0	494,4	423,6	459,0	0,2266	2
13 janvier 1879	0,1491	51,0	504,5	413,6	459,0	0,2416	10
16 juillet 1879	0,403	777,0	491,7	422,8	457,2	0,2491	3
2 juillet 1878	0,305	333,0	495,9	418,5	457,2	0,2647	5
7 août 1879	0,1491	51,0	505,2	394,6	449,9	0,2444	4
12 novembre 1879	»	»	463,7	396,0	429,8	0,2457	4

Dans chaque Tableau, les vitesses moyennes ont été rangées par ordre de grandeur décroissante. La valeur de $f(v)$ se montre, pour chaque espèce de projectiles, et sauf quelques irrégularités, sensiblement constante, et cependant les vitesses ont atteint et surpassé 600^m. En prenant des moyennes on a

	Projectiles	
	en fonte ordinaire.	en fonte dure ou en acier.
Valeur de $f(v)$	0,2533	0,2449
Valeur correspondante de γ	43°48'	42°

§ 9. — Boulets terminés à l'avant par un hémisphère. — Expériences exécutées en Angleterre par M. Bashforth en 1879.

Les boulets étaient cylindriques et terminés à l'avant par un hémisphère, à l'arrière par un plan.

Diamètre : $a = 0^m,1524$ (6 pouces). Poids :

$$p = 31^{kg},78, \quad \gamma = 90°.$$

Les procédés d'expérimentation et de calcul étaient les mêmes que dans les autres expériences de M. Bashforth.

Les résultats sont résumés dans un Tableau où les vitesses qui variaient entre 500^m et 573^m sont disposées en progression arithmétique. Chacune d'elles surpasse la précédente de 10 pieds ($3^m,048$). Afin d'atténuer les irrégularités que présentent les valeurs de $f(v)$, on a partagé les épreuves dont le nombre s'élève à vingt-cinq en cinq groupes dans chacun desquels on a pris des moyennes. C'est ainsi qu'on a formé le Tableau suivant :

VITESSES EXTRÊMES		VITESSE MOYENNE.	VALEUR DE $f(v)$.
inférieures.	supérieures.		
$499,9$	$512,1$	$506,0$	$0,3591$
$515,1$	$527,3$	$521,2$	$0,3679$
$530,3$	$542,5$	$536,4$	$0,3671$
$545,6$	$557,8$	$551,7$	$0,3620$
$560,8$	$573,0$	$566,9$	$0,3511$

Les différences sont très faibles. L'ordre suivant lequel elles se présentent pourrait seul attirer l'attention, attendu que la fonction se montre d'abord légèrement croissante, puis décroissante; mais cet ordre doit être considéré comme tout à fait fortuit car dans toutes les épreuves précédentes aussi bien que dans celles dont il reste à rendre compte, les différences sont tout à fait irrégulières dès que la vitesse surpasse 500^m et la fonction ne se montre jamais décroissante. La moyenne de ces nombres est $0,362$; la formule donne $0,366$; différence : $0,004$.

En conséquence, et bien qu'il n'ait été fait aucune épreuve avec des vitesses inférieures à 500^m, il est permis de penser que la formule du § 2 et la Table que l'on en a déduite sont applicables aux projectiles dont l'avant est hémisphérique.

Il est dès lors naturel de comparer cette Table à celle que

l'on a obtenue pour les boulets sphériques. De cette comparaison, il résulte que la résistance éprouvée par la sphère serait constamment supérieure à celle que subissent les boulets terminés à l'avant par une demi-sphère. Toutefois, les différences se montrent irrégulières; mais ce serait à tort que l'on attacherait l'idée d'une exactitude mathématique à des formules fondées sur des faits qui ne sont connus qu'approximativement.

On a fait remarquer, dans le Chapitre II de la première partie, que les boulets sphériques étaient toujours animés d'un mouvement de rotation qui, par suite du défaut de coïncidence entre le centre de gravité et le centre de figure, augmente la résistance de l'air et qui doit causer, en outre, de grandes irrégularités dans les expériences.

Il est donc permis de penser que la Table du § 2 s'appliquerait très approximativement à des boulets sphériques d'une fabrication plus parfaite.

Pour les sphères comme pour les projectiles ogivaux, on a trouvé $\frac{\Lambda}{\lambda} = 3$. Le rapport des valeurs de Λ qui correspondent d'une part aux boulets sphériques, d'autre part à ceux qui sont terminés à l'avant par une demi-sphère est d'ailleurs égal à $\frac{130}{122}$. En multipliant par ce rapport les nombres que fournit la Table du § 2, on obtiendrait une nouvelle Table qui, comparée aux résultats des expériences exécutées sur les sphères, ne présenterait que des différences certainement inférieures aux erreurs dont ces expériences peuvent être affectées. L'adoption de cette Table ferait disparaître les irrégularités signalées plus haut dans les différences. Sans doute elle s'écarterait un peu plus des épreuves que la Table du Chapitre II de la première Partie; mais les formules qui se rapprochent le plus des résultats des épreuves ne sont pas toujours celles auxquelles il faut donner la préférence.

§ 10. — Résumé.

Des faits qui précèdent, il résulte que la formule du § 2 représente, aussi bien qu'on peut le désirer, les divers résultats des expériences exécutées jusqu'à ce jour. Parmi les projectiles, les uns étaient creux, les autres massifs; les calibres et les poids ont varié entre des limites fort étendues, ainsi que le rapport de la longueur au diamètre.

Les calibres ont varié entre $0^m,1$ et $0^m,403$, le rapport de la longueur au diamètre entre $2,253$ et $4,0$; l'inclinaison finale des rayures est restée comprise entre $4°$ et $7°$.

Ces diverses variations n'ont pas eu d'influence sensible sur les résultats, en sorte que la fonction $f(v)$ a paru ne dépendre que de la vitesse v et de l'angle ogival γ. En outre, elle s'est montrée proportionnelle au sinus de cet angle, du moins depuis $90°$ jusqu'à $40°$ environ.

Les ogives étaient tangentes aux cylindres. On sait qu'il n'en est pas toujours ainsi et il est naturel de rechercher si cette circonstance n'influe pas d'une manière appréciable sur la valeur de $f(v)$.

Pendant ces dernières années, quelques expériences ont été faites à Gâvre avec des projectiles dans lesquels la tangence n'existait pas entre l'ogive et le cylindre. Les principaux résultats obtenus sont renfermés dans le Tableau suivant, dans lequel on a mis en regard de chaque valeur de $f(v)$ fournie par l'expérience celle que l'on déduit de la formule du § 2, sans se préoccuper de l'existence de l'angle ι que forme la génératrice du cylindre avec la tangente à l'origine de l'arc ogival.

PROJECTILES.					VITESSE.	VALEUR DE $f(v)$		différences.
						données par		
Diamètre a.	Poids p.	Longueur l.	Angle γ.	Angle ι.		l'expérience.	la formule.	
m 0,1366	kg 21,0	m 0,366	° ′ 42.5	° ′ 2.39	m 448,5	0,2661	0,2453	+0,0208
id.	id.	id.	id.	id.	426,0	0,2455	0,2453	+0,0002
id.	id.	id.	id.	id.	421,0	0,2552	0,2453	+0,0099
id.	id.	id.	id.	id.	386,0	0,2375	0,2413	−0,0038
id.	id.	id.	id.	id.	347,0	0,2254	0,2024	+0,0030
id.	id.	id.	id.	id.	311,6	0,1456	0,1408	+0,0048
id.	28,0	0,429	41.49	2.51	445,8	0,2467	0,2440	+0,0027
0,2718	180,0	0,740	41.34	3.12	486,9	0,2723	0,2428	+0,0295
id.	id.	id.	id.	id.	425,0	0,2399	0,2428	−0,0029
id.	id.	id.	id.	id.	322,9	0,1755	0,1572	+0,0183

Les différences sont généralement assez faibles pour être négligées. La formule peut donc être appliquée, même lorsque l'ogive n'est pas tangente au cylindre, du moins tant que l'angle ι ne dépasse pas 3°.

Toutefois il faut remarquer que les valeurs fournies par l'expérience sont le plus souvent supérieures à celles que donne la formule; il est probable que la différence cesserait d'être négligeable si l'angle ι prenait une valeur un peu notable.

§ 11. — Conséquences générales.

Des résultats précédents, on peut tirer les conclusions suivantes :

Lorsqu'un corps de révolution est animé d'un mouvement dirigé suivant son axe et qui, n'étant modifié que par la résistance de l'air, est nécessairement retardé, cette résistance peut être représentée par la formule

$$R = \frac{\Delta}{g} a^2 f(v) v^2,$$

$f(v)$ désignant une fonction de la vitesse croissant depuis une limite inférieure λ jusqu'à une limite supérieure Λ.

Dans les divers cas que l'on a successivement examinés, on est parvenu à très peu près à reproduire les résultats de l'expérience en adoptant

$$f(v) = \Lambda - \frac{\Lambda - \lambda}{e^{sv^n}},$$

ou

$$f(v) = \Lambda - \frac{\Lambda - \lambda}{10^{h\left(\frac{v}{100}\right)^n}},$$

les valeurs de s, n et h variant d'ailleurs avec la forme du mobile.

Quand la vitesse est faible, la valeur de $f(v)$ diffère peu de sa limite inférieure λ, de sorte que la résistance peut être regardée comme proportionnelle au carré de la vitesse, en prenant $f(v) = \lambda$.

La même proportionnalité peut encore être admise quand la vitesse est grande, parce qu'alors la valeur de la fonction est très peu différente de sa limite supérieure, en sorte qu'on peut prendre $f(v) = \Lambda$.

Il est bien clair que, à mesure que la vitesse devient plus grande, la pression sur l'arrière du mobile s'affaiblit et finit par être tout à fait insensible. De là résulte cette conséquence importante, que la limite supérieure Λ est tout à fait indépendante de la forme de la partie postérieure du corps.

Cette forme ne peut avoir d'influence que sur la valeur de λ et sur le diviseur $10^{h\left(\frac{v}{100}\right)^n}$; c'est d'elle que dépend le moment où la valeur de $f(v)$ devient sensiblement égale à Λ.

Dernière remarque. — Lorsque le trajet se prolonge, l'axe du projectile ne tarde pas à faire un angle sensible avec la tangente à la trajectoire, et cette circonstance doit nécessairement modifier la résistance de l'air. De plus, la direction de cette dernière ne se confond plus avec celle du mouvement; autrement le mobile ne sortirait pas du plan de tir et il n'y aurait pas de dérivation.

§ 12. — Calcul des pertes de vitesse éprouvées par un projectile pour un parcours sensiblement horizontal.

En représentant par v' et v'' les vitesses que possède un projectile en deux points d'une trajectoire sensiblement horizontale, séparés par un intervalle x, on a

$$x = \frac{L v' - L v''}{0,4343\, b},$$

la caractéristique L désignant les logarithmes des Tables usuelles et la valeur de b étant égale à $\dfrac{\Delta a^2}{p} f(v)$.

Si l'on suppose $a = 1$, $p = 1$, on a $b = \Delta f(v)$; si en outre on prend $\sin\gamma = 1$, auquel cas l'avant du projectile est hémisphérique, on peut remplacer $f(v)$ par $\dfrac{f(v)}{\sin\gamma}$ et les valeurs de cette fonction sont données par la formule de la Table du § 2; la valeur de x qui correspond au projectile considéré devient

$$x_1 = \frac{L v' - L v''}{0,4343\, \Delta\, \dfrac{f(v)}{\sin\gamma}}.$$

On a fait usage de cette formule pour calculer une Table qui facilite beaucoup le calcul des pertes de vitesse qu'éprouve un projectile pour un parcours déterminé sensiblement horizontal.

A cet effet, on a supposé $\Delta = 1^{kg},208$ et, prenant constamment

$$v'' = v' - 1^m,$$

on a attribué successivement à v' une série de valeurs diminuant en progression arithmétique depuis 800^m jusqu'à 1^m. La valeur de $\dfrac{f(v)}{\sin\gamma}$ n'éprouve dans chaque cas que des variations insignifiantes et peut, par suite, être regardée comme constante.

RÉSISTANCE DE L'AIR AU MOUVEMENT DES PROJECTILES OGIVAUX.

Chaque valeur obtenue pour x_1 représente l'espace que devrait parcourir horizontalement un projectile terminé à l'avant par un hémisphère, ayant 1^m de diamètre et pesant 1^{kg}, pour que sa vitesse, d'abord égale à v', soit diminuée de 1^m. Il est clair que la somme de n valeurs consécutives de x_1 indique le parcours horizontal qui correspond, pour le projectile considéré, à une diminution de vitesse de n mètres. C'est ainsi qu'on a pu inscrire dans la Table, à côté de chaque valeur v de la vitesse, celle de l'espace X que devrait décrire horizontalement le boulet hémisphérique en question pour que sa vitesse primitivement égale à 800^m devienne égale à v, le poids du mètre cube d'air étant égal à $1^{kg},208$.

Table pour le calcul des pertes de vitesses.

Cette Table donne, en fonction des vitesses, les espaces parcourus horizontalement par un projectile pesant 1^{kg}, ayant un diamètre de 1^m et terminé à l'avant par un hémisphère, le poids du mètre cube d'air étant supposé égal à $1^{kg},208$.

VITESSES v.	PARCOURS x.	VITESSES v.	PARCOURS x.	VITESSES v.	PARCOURS x.	VITESSES v.	PARCOURS x.
800	0,0000	759	0,1190	718	0,2446	677	0,3776
799	0,0028	758	0,1220	717	0,2478	676	0,3809
798	0,0056	757	0,1250	716	0,2509	675	0,3843
797	0,0085	756	0,1280	715	0,2541	674	0,3876
796	0,0113	755	0,1309	714	0,2572	673	0,3910
795	0,0142	754	0,1339	713	0,2604	672	0,3944
794	0,0170	753	0,1369	712	0,2636	671	0,3977
793	0,0199	752	0,1400	711	0,2667	670	0,4011
792	0,0227	751	0,1430	710	0,2699	669	0,4045
791	0,0256	750	0,1460	709	0,2731	668	0,4079
790	0,0284	749	0,1490	708	0,2763	667	0,4113
789	0,0313	748	0,1520	707	0,2795	666	0,4147
788	0,0342	747	0,1550	706	0,2827	665	0,4181
787	0,0371	746	0,1581	705	0,2859	664	0,4215
786	0,0399	745	0,1611	704	0,2891	663	0,4249
785	0,0428	744	0,1641	703	0,2923	662	0,4283
784	0,0457	743	0,1672	702	0,2956	661	0,4317
783	0,0486	742	0,1702	701	0,2988	660	0,4351
782	0,0515	741	0,1733	700	0,3020	659	0,4386
781	0,0544	740	0,1763	699	0,3052	658	0,4420
780	0,0573	739	0,1794	698	0,3085	657	0,4454
779	0,0602	738	0,1825	697	0,3117	656	0,4489
778	0,0631	737	0,1855	696	0,3150	655	0,4523
777	0,0660	736	0,1886	695	0,3182	654	0,4558
776	0,0689	735	0,1917	694	0,3215	653	0,4592
775	0,0718	734	0,1948	693	0,3247	652	0,4627
774	0,0747	733	0,1978	692	0,3280	651	0,4662
773	0,0777	732	0,2009	691	0,3313	650	0,4697
772	0,0806	731	0,2040	690	0,3346	649	0,4731
771	0,0835	730	0,2071	689	0,3378	648	0,4766
770	0,0865	729	0,2102	688	0,3411	647	0,4801
769	0,0894	728	0,2133	687	0,3444	646	0,4836
768	0,0923	727	0,2164	686	0,3477	645	0,4871
767	0,0953	726	0,2195	685	0,3510	644	0,4906
766	0,0982	725	0,2227	684	0,3543	643	0,4941
765	0,1012	724	0,2258	683	0,3576	642	0,4977
764	0,1041	723	0,2289	682	0,3609	641	0,5012
763	0,1071	722	0,2320	681	0,3643	640	0,5047
762	0,1101	721	0,2352	680	0,3676	639	0,5083
761	0,1130	720	0,2383	679	0,3709	638	0,5118
760	0,1160	719	0,2415	678	0,3742	637	0,5153
759	0,1190	718	0,2446	677	0,3776	636	0,5189

RÉSISTANCE DE L'AIR AU MOUVEMENT DES PROJECTILES OGIVAUX.

VITESSES v.	PARCOURS x.	VITESSES v.	PARCOURS x.	VITESSES v.	PARCOURS x.	VITESSES v.	PARCOURS x.
636	0,5189	595	0,6696	554	0,8311	513	1,0050
635	0,5225	594	0,6734	553	0,8352	512	1,0094
634	0,5260	593	0,6772	552	0,8393	511	1,0139
633	0,5296	592	0,6811	551	0,8434	510	1,0183
632	0,5332	591	0,6849	550	0,8475	509	1,0227
631	0,5367	590	0,6887	549	0,8516	508	1,0272
630	0,5403	589	0,6925	548	0,8558	507	1,0316
629	0,5439	588	0,6964	547	0,8599	506	1,0361
628	0,5475	587	0,7002	546	0,8640	505	1,0406
627	0,5511	586	0,7041	545	0,8682	504	1,0451
626	0,5547	585	0,7079	544	0,8723	503	1,0495
625	0,5584	584	0,7118	543	0,8765	502	1,0540
624	0,5620	583	0,7157	542	0,8807	501	1,0586
623	0,5656	582	0,7196	541	0,8848	500	1,0631
622	0,5692	581	0,7235	540	0,8890	499	1,0676
621	0,5729	580	0,7274	539	0,8932	498	1,0721
620	0,5765	579	0,7313	538	0,8974	497	1,0767
619	0,5802	578	0,7352	537	0,9016	496	1,0812
618	0,5838	577	0,7391	536	0,9058	495	1,0858
617	0,5875	576	0,7430	535	0,9100	494	1,0904
616	0,5912	575	0,7470	534	0,9143	493	1,0950
615	0,5948	574	0,7509	533	0,9185	492	1,0995
614	0,5985	573	0,7549	532	0,9227	491	1,1041
613	0,6022	572	0,7588	531	0,9270	490	1,1088
612	0,6059	571	0,7628	530	0,9313	489	1,1134
611	0,6096	570	0,7667	529	0,9355	488	1,1180
610	0,6133	569	0,7707	528	0,9398	487	1,1226
609	0,6170	568	0,7747	527	0,9441	486	1,1273
608	0,6207	567	0,7787	526	0,9484	485	1,1320
607	0,6245	566	0,7827	525	0,9527	484	1,1366
606	0,6282	565	0,7867	524	0,9570	483	1,1413
605	0,6319	564	0,7907	523	0,9614	482	1,1460
604	0,6357	563	0,7947	522	0,9657	481	1,1507
603	0,6394	562	0,7987	521	0,9700	480	1,1554
602	0,6432	561	0,8027	520	0,9744	479	1,1601
601	0,6469	560	0,8067	519	0,9787	478	1,1648
600	0,6507	559	0,8108	518	0,9831	477	1,1696
599	0,6545	558	0,8148	517	0,9875	476	1,1743
598	0,6582	557	0,8189	516	0,9918	475	1,1791
597	0,6620	556	0,8230	515	0,9962	474	1,1838
596	0,6658	555	0,8270	514	1,0006	473	1,1886
595	0,6696	554	0,8311	513	1,0050	472	1,1934

VITESSES v.	PARCOURS x.	VITESSES v.	PARCOURS x.	VITESSES v.	PARCOURS x.	VITESSES v.	PARCOURS x.
472	1,1934	431	1,3990	390	1,6255	349	1,8958
471	1,1982	430	1,4042	389	1,6314	348	1,9036
470	1,2030	429	1,4095	388	1,6373	347	1,9114
469	1,2078	428	1,4148	387	1,6432	346	1,9194
468	1,2127	427	1,4200	386	1,6491	345	1,9275
467	1,2175	426	1,4253	385	1,6551	344	1,9356
466	1,2224	425	1,4307	384	1,6610	343	1,9439
465	1,2272	424	1,4360	383	1,6670	342	1,9522
464	1,2321	423	1,4413	382	1,6731	341	1,9607
463	1,2370	422	1,4467	381	1,6791	340	1,9692
462	1,2419	421	1,4521	380	1,6852	339	1,9779
461	1,2468	420	1,4574	379	1,6914	338	1,9867
460	1,2517	419	1,4628	378	1,6975	337	1,9955
459	1,2566	418	1,4682	377	1,7037	336	2,0045
458	1,2615	417	1,4737	376	1,7099	335	2,0136
457	1,2665	416	1,4791	375	1,7162	334	2,0229
456	1,2714	415	1,4845	374	1,7224	333	2,0322
455	1,2764	414	1,4900	373	1,7288	332	2,0417
454	1,2814	413	1,4955	372	1,7351	331	2,0513
453	1,2864	412	1,5009	371	1,7415	330	2,0610
452	1,2914	411	1,5065	370	1,7480	329	2,0709
451	1,2964	410	1,5120	369	1,7564	328	2,0808
450	1,3014	409	1,5175	368	1,7610	327	2,0910
449	1,3066	408	1,5231	367	1,7675	326	2,1013
448	1,3115	407	1,5286	366	1,7742	325	2,1117
447	1,3165	406	1,5342	365	1,7808	324	2,1222
446	1,3216	405	1,5398	364	1,7875	323	2,1329
445	1,3267	404	1,5454	363	1,7943	322	2,1438
444	1,3318	403	1,5510	362	1,8011	321	2,1548
443	1,3369	402	1,5566	361	1,8180	320	2,1659
442	1,3420	401	1,5623	360	1,8150	319	2,1772
441	1,3471	400	1,5679	359	1,8220	318	2,1887
440	1,3522	399	1,5736	358	1,8290	317	2,2003
439	1,3574	398	1,5793	357	1,8362	316	2,2121
438	1,3625	397	1,5850	356	1,8434	315	2,2240
437	1,3677	396	1,5907	355	1,8506	314	2,2361
436	1,3729	395	1,5965	354	1,8580	313	2,2484
435	1,3781	394	1,6023	353	1,8654	312	2,2609
434	1,3833	393	1,6080	352	1,8728	311	2,2736
433	1,3885	392	1,6138	351	1,8804	310	2,2864
432	1,3937	391	1,6197	350	1,8880	309	2,2944
431	1,3990	390	1,6255	349	1,8958	308	2,3126

RÉSISTANCE DE L'AIR AU MOUVEMENT DES PROJECTILES OGIVAUX.

VITESSES v.	PARCOURS x.	VITESSES v.	PARCOURS x.	VITESSES v.	PARCOURS x.	VITESSES v.	PARCOURS x.
308	2,3126	267	3,0233	226	4,0619	185	5,3996
307	2,3260	266	3,0449	225	4,0909	184	5,4362
306	2,3395	265	3,0667	224	4,1202	183	5,4731
305	2,3532	264	3,0887	223	4,1496	182	5,5101
304	2,3672	263	3,1109	222	4,1792	181	5,5473
303	2,3813	262	3,1333	221	4,2089	180	5,5848
302	2,3956	261	3,1558	220	4,2389	179	5,6225
301	2,4101	260	3,1786	219	4,2690	178	5,6604
300	2,4248	259	3,2015	218	4,2994	177	5,6985
299	2,4397	258	3,2247	217	4,3298	176	5,7368
298	2,4548	257	3,2480	216	4,3604	175	5,7754
297	2,4701	256	3,2715	215	4,3912	174	5,8142
296	2,4856	255	3,2953	214	4,4222	173	5,8533
295	2,5012	254	3,3192	213	4,4533	172	5,8925
294	2,5171	253	3,3433	212	4,4846	171	5,9320
293	2,5332	252	3,3676	211	4,5161	170	5,9718
292	2,5495	251	3,3920	210	4,5478	169	6,0118
291	2,5660	250	3,4167	209	4,5796	168	6,0520
290	2,5827	249	3,4416	208	4,6117	167	6,0925
289	2,5996	248	3,4666	207	4,6439	166	6,1332
288	2,6167	247	3,4918	206	4,6762	165	6,1742
287	2,6340	246	3,5172	205	4,7088	164	6,2154
286	2,6515	245	3,5427	204	4,7416	163	6,2568
285	2,6692	244	3,5685	203	4,7745	162	6,2985
284	2,6872	243	3,5944	202	4,8076	161	6,3405
283	2,7053	242	3,6206	201	4,8409	160	6,3828
282	2,7236	241	3,6468	200	4,8744	159	6,4252
281	2,7422	240	3,6733	199	4,9081	158	6,4681
280	2,7609	239	3,6999	198	4,9420	157	6,5112
279	2,7799	238	3,7267	197	4,9760	156	6,5546
278	2,7990	237	3,7537	196	5,0102	155	6,5982
277	2,8184	236	3,7808	195	5,0447	154	6,6421
276	2,8380	235	3,8081	194	5,0793	153	6,6863
275	2,8577	234	3,8356	193	5,1141	152	6,7308
274	2,8777	233	3,8633	192	5,1491	151	6,7756
273	2,8979	232	3,8911	191	5,1843	150	6,8207
272	2,9183	231	3,9192	190	5,2197	149	6,8661
271	2,9389	230	3,9473	189	5,2553	148	6,9118
270	2,9597	229	3,9757	188	5,2911	147	6,9578
269	2,9807	228	4,0043	187	5,3270	146	7,0041
268	3,0019	227	4,0330	186	5,3632	145	7,0507
267	3,0233	226	4,0619	185	5,3996	144	7,0977

VITESSES v.	PARCOURS x.	VITESSES v.	PARCOURS x.	VITESSES v.	PARCOURS x.	VITESSES v.	PARCOURS x.
144	7,0977	108	9,0497	72	11,8010	36	16,5050
143	7,1450	107	9,1128	71	11,8959	35	16,6962
142	7,1926	106	9,1765	70	11,9921	34	16,8928
141	7,2405	105	9,2408	69	12,0897	33	17,0954
140	7,2888	104	9,3058	68	12,1888	32	17,3042
139	7,3375	103	9,3713	67	12,2891	31	17,5196
138	7,3865	102	9,4375	66	12,3911	30	17,7421
137	7,4358	101	9,5044	65	12,4947	29	17,9722
136	7,4855	100	9,5719	64	12,5999	28	18,2103
135	7,5356	99	9,6401	63	12,7068	27	18,4570
134	7,5861	98	9,7090	62	12,8154	26	18,7131
133	7,6369	97	9,7786	61	12,9257	25	18,9792
132	7,6881	96	9,8489	60	13,0379	24	19,2562
131	7,7397	95	9,9200	59	13,1519	23	19,5450
130	7,7917	94	9,9918	58	13,2679	22	19,8466
129	7,8441	93	10,0643	57	13,3859	21	20,1623
128	7,8969	92	10,1377	56	13,5060	20	20,4934
127	7,9501	91	10,2118	55	13,6283	19	20,8414
126	8,0037	90	10,2868	54	13,7528	18	21,2083
125	8,0578	89	10,3626	53	13,8796	17	21,5961
124	8,1123	88	10,4393	52	14,0088	16	22,0075
123	8,1672	87	10,5169	51	14,1406	15	22,4454
122	8,2226	86	10,5953	50	14,2750	14	22,9136
121	8,2785	85	10,6747	49	14,4120	13	23,4164
120	8,3348	84	10,7550	48	14,5520	12	23,9595
119	8,3916	83	10,8362	47	14,6948	11	24,5500
118	8,4488	82	10,9185	46	14,8408	10	25,1967
117	8,5065	81	11,0017	45	14,9899	9	25,9116
116	8,5648	80	11,0860	44	15,1424	8	26,7108
115	8,6236	79	11,1714	43	15,2985	7	27,6169
114	8,6828	78	11,2578	42	15,4582	6	28,6629
113	8,7426	77	11,3454	41	15,6217	5	29,9000
112	8,8029	76	11,4341	40	15,7893	4	31,4141
111	8,8638	75	11,5240	39	15,9614	3	33,3662
110	8,9252	74	11,6150	38	16,1377	2	36,1174
109	8,9871	73	11,7074	37	16,3187	1	40,8207
108	9,0497	72	11,8010	36	16,5050	0	

Cette Table jouit de la propriété suivante.

Considérant deux nombres quelconques x'_1 et x''_1 de la deuxième colonne, auxquels correspondent, dans la première, les vitesses v' et v'', la différence $x'_1 - x''_1$ représente l'espace que doit parcourir horizontalement le boulet hémisphérique pesant 1^{kg} et ayant pour diamètre l'unité, pour que sa vitesse, primitivement égale à v', devienne égale à v'', le poids du mètre cube d'air étant supposé égal à $1^{kg},208$.

La Table, qui ne convient qu'à ce projectile, pourrait être facilement transformée de manière à convenir à un projectile ogival quelconque. On a, en effet, pour le projectile terminé à l'avant par un hémisphère,

$$x_1 = \frac{L\,v' - L\,v''}{0,4343\,\Delta\,\dfrac{f(v)}{\sin\gamma}}$$

et, pour un projectile quelconque,

$$x = \frac{L\,v' - L\,v''}{0,4343\,b}.$$

La valeur de v' et de v'' étant la même dans les deux formules, on en tire

$$x = x_1 \frac{\Delta f(v)}{b \sin\gamma},$$

d'ailleurs,

$$b = \frac{\Delta a^2}{p} f(v);$$

ainsi,

$$x = \frac{p}{a^2 \sin\gamma} x_1,$$

attendu que $f(v)$ possède la même valeur dans les deux cas.

Par suite, pour obtenir la Table qui convient au projectile considéré, il suffit de multiplier par le facteur constant $\dfrac{p}{a^2 \sin\gamma}$ les nombres de la deuxième colonne de la Table.

A l'aide de la Table, il est donc facile de résoudre sans tâtonnements les trois problèmes suivants, relatifs à un projectile ogival quelconque :

1° *Connaissant la vitesse initiale* V *d'un projectile,*

trouver la vitesse qu'il conserve après avoir parcouru un espace égal à x et sensiblement horizontal.

Effectuant le produit $\dfrac{a^2 \sin\gamma}{p} x$, on cherche la vitesse V dans la première colonne et on lit dans la seconde la valeur de x' correspondante; on fait la somme $x_1 + \dfrac{a^2 \sin\gamma}{p} x$ et l'on cherche dans la deuxième colonne le nombre le plus voisin de cette somme : le nombre correspondant de la première colonne est la vitesse cherchée.

Exemple. — Obus ogival de 24^{cm} :

$$a = 0^m,242,$$
$$p = 126^{kg},$$
$$\gamma = 45°53',$$
$$V = 474^m,$$
$$x = 1500^m.$$

La distance qui, dans la Table, se trouve en regard de la vitesse 474^m est $1,18384$.

On a d'ailleurs

$$x + \frac{a^2 \sin\gamma}{p} = 1500 \times \frac{0,242^2 \times \sin 45°53'}{120} = 0,52568,$$

nombre qui, ajouté à la distance précédente, donne $1,70952$. Cherchant cette distance dans la deuxième colonne, on trouve qu'elle est comprise entre $1,70369$ et $1,70991$, auxquels correspondent respectivement les vitesses 377^m et 376^m, entre lesquelles est comprise la vitesse v qui se trouve ainsi déterminée à moins d'un mètre près.

2° *Connaissant la vitesse v d'un projectile à une distance déterminée x de la bouche à feu, trouver la vitesse initiale.*

On cherche la valeur de v dans la première colonne et on lit la valeur de x qui se trouve en regard; on en retranche la quantité $\dfrac{a^2 \sin\gamma}{p} x$; on cherche dans la deuxième colonne la différence obtenue, et le nombre qui se trouve en regard dans la première représente à 1^m près la vitesse initiale cherchée.

Exemple. — Même projectile que dans l'exemple précédent. Vitesse à 400^m de la bouche à feu,

$$v = 320^m.$$

La distance qui se trouve, dans la deuxième colonne, en regard de la vitesse 320^m est $2,16593$. On a ensuite

$$x \times \frac{a^2 \sin\gamma}{p} = 400 \times \frac{0,242^2 \times \sin 45}{120} = 0,14015.$$

En retranchant du nombre précédent on obtient $2,02578$. Cherchant ce nombre dans la deuxième colonne, on voit qu'elle est comprise entre $2,02287$ et $2,03221$ auxquelles correspondent les vitesses 334^m et 335^m, entre lesquelles est comprise la vitesse V.

3° *Trouver la distance que doit parcourir horizontalement un projectile animé d'une vitesse initiale* V, *pour qu'il ne possède plus qu'une vitesse* v.

On cherche la valeur de V et de v dans la première colonne et l'on fait la différence des valeurs de x_1 correspondantes. Cette différence multipliée par $\dfrac{p}{a \sin\gamma}$ donne la distance cherchée.

Exemple. — Même projectile que dans les deux exemples précédents.

$$V = 434^m,$$
$$v = 325^m.$$

Aux vitesses 434^m et 325^m correspondent, dans la deuxième colonne les nombres $1,38329$ et $2,11167$, dont la différence est 0,72838; en la multipliant par $\dfrac{p}{a^2 \sin \gamma}$, on a

$$0{,}72838 \times \frac{p}{a^2 \sin \gamma} = 0{,}72838 \times \frac{120}{0{,}242^2 \sin 45°53'} = 2079.$$

La distance cherchée est 2079^m.

Si l'on recherchait une plus grande exactitude, il serait facile de faire les interpolations nécessaires.

Les solutions précédentes ne s'appliquent qu'au cas où le poids Δ du mètre cube d'air est égal à $1^{kg},208$. Il ne serait pas difficile d'avoir égard aux variations de Δ, mais, dans les problèmes que l'on vient d'énoncer, il est rare que cela soit utile.

Il ne faut pas oublier que le diamètre a est supposé exprimé en mètres.

CHAPITRE IV.

FORMULE DES PORTÉES.

§ 1ᵉʳ. — Considérations générales.

Dans les expériences exécutées antérieurement à 1870 sur les canons rayés et dont il a été rendu compte dans la deuxième Section, la valeur du coefficient K de la formule des portées

$$\frac{\sin 2\alpha}{gX} = \frac{1}{V^2} + KX$$

s'est montrée, comme on a pu le voir, sensiblement indépendante de l'angle de départ α. Elle a paru ne dépendre que de la nature du projectile et de sa vitesse initiale V.

Il n'en a pas été de même dans les expériences ultérieures, dont on va exposer les résultats. Il en résulte que, si l'on veut conserver pour les portées la même formule, il faut nécessairement y considérer K comme une fonction de l'angle α.

Quelquefois la valeur de K se montre croissante avec α; d'autre fois elle décroît à mesure que α augmente; mais alors même, après avoir atteint un certain minimum, elle doit se montrer croissante. C'est ce qui sera prouvé dans les paragraphes suivants.

§ 2. — Comparaison de la trajectoire réelle et de la parabole d'égale portée.

Il est assez naturel d'établir une comparaison entre la trajectoire que parcourt le projectile dans l'air et celle que décrirait un projectile qui, lancé dans le vide sous la même inclinaison α, aurait la même portée X. Pour abréger, on appellera cette dernière *parabole d'égale portée*. On va voir qu'elle est constamment au-dessous de la première.

Soient

y l'ordonnée de la trajectoire réelle,
y_1 celle de la parabole d'égale portée,
V_1 la vitesse initiale du projectile qui la décrit.

Il est clair que la valeur de V_1 est inférieure à celle de V, la portée étant moindre dans l'air que dans le vide. On a d'ailleurs

$$y_1 = x \tang \alpha - \frac{g x^2}{2 V_1^2 \cos^2 \alpha}.$$

La fonction
$$z = y - y_1$$

a pour dérivées successives

$$z' = y' - y'_1,$$
$$z'' = y'' - y''_1.$$

Or, quand on suppose la résistance de l'air dirigée suivant la tangente à la courbe, on a

$$y'' = - \frac{g}{\left(\dfrac{dx}{dt}\right)^2}$$

(1re Partie, Chap. VI, § 3). D'ailleurs

$$y''_1 = - \frac{g}{V_1^2 \cos^2 \alpha};$$

par suite,

$$z'' = - \frac{g}{\left(\dfrac{dx}{dt}\right)^2} + \frac{g}{V_1^2 \cos^2 \alpha}.$$

$\dfrac{dx}{dt}$, projection horizontale de la vitesse réelle, décroît constamment quand x augmente([1]); par suite, il en est de même de z''. Or, pour $x = 0$, on a $\dfrac{dx}{dt} = V\cos\alpha$, et, par conséquent

$$z'' = -\frac{g}{\cos^2\alpha}\left(\frac{1}{V_1^2} - \frac{1}{V^2}\right),$$

quantité positive puisque V_1 est inférieur à V.

Ainsi la fonction z'', d'abord positive, décroît constamment ; elle finit par s'annuler pour devenir ensuite négative.

Il en résulte que z' croît d'abord, puis décroît constamment. Or $z' = 0$ pour $x = 0$, puisque les deux courbes sont tangentes à l'origine ; ainsi cette quantité est d'abord positive, puis décroît pour s'annuler et reste ensuite toujours négative.

La fonction z, nulle à l'origine, est d'abord croissante, puis décroissante. Elle reste donc positive jusqu'à ce qu'elle s'annule, après quoi elle est toujours négative. Ainsi elle ne s'annule qu'au point de chute : par conséquent, entre le point de départ et le point de chute, on a $y > y_1$; en d'autres termes, entre ces deux points, la parabole d'égale portée est au-dessous de la trajectoire.

Le raisonnement précédent suppose, il est vrai, la résistance de l'air dirigée suivant la tangente à la trajectoire, et il faut pour cela que cette dernière coïncide avec l'axe du mobile. Il est clair que cette condition est remplie jusqu'à une certaine distance du point de départ ; et, d'après les considérations précédentes, la valeur de z' est alors positive. Plus tard l'axe du mobile fait un angle avec la tangente. Cette circonstance augmente la grandeur de la résistance ; elle n'a donc d'autre effet que d'augmenter la valeur numérique de la fonction y'' et, par suite, de rapprocher le moment où la fonction z devient nulle.

([1]) Le contraire ne pourrait avoir lieu que si la composante horizontale de la résistance de l'air était dirigée dans le même sens que la composante horizontale de la vitesse.

De ce théorème on peut conclure immédiatement que l'angle de chute de la trajectoire réelle surpasse l'angle de départ.

Il est clair que l'on a

$$\frac{1}{V_1^2} = \frac{\sin 2\alpha}{gX}.$$

Lorsque l'on remplace $\frac{1}{V_1^2}$ par cette valeur, l'équation de la parabole d'égale portée devient

$$y_1 = x\left(1 - \frac{x}{X}\right)\tang\alpha.$$

§ 3. — Limites entre lesquelles varie le coefficient K. Angle de plus grande portée.

Soit Y_2 l'ordonnée maximum de la parabole d'égale portée. On sait, par le théorème précédent, qu'elle est inférieure à l'ordonnée maximum Y_1 de la trajectoire réelle. D'ailleurs

$$Y_2 = \frac{X \tang\alpha}{4}$$

et, par suite

$$X = \frac{4Y_2}{\tang\alpha}.$$

Remplaçant X par cette valeur dans l'équation des portées et résolvant ensuite par rapport à K, on obtient

$$K = \frac{\tang\alpha}{4Y_2}\left(\frac{\sin^2\alpha}{2gY_2} - \frac{1}{V^2}\right)$$

ou

$$K\cos\alpha = \frac{\sin\alpha}{8gY_2}\left(\frac{\sin^2\alpha}{Y_2} - \frac{2g}{V^2}\right).$$

Lorsque l'angle α se rapproche indéfiniment de 90°, $\sin\alpha$ devient égal à l'unité; on a donc

$$K\cos\alpha = \frac{1}{8gY_2}\left(\frac{1}{Y_2} - \frac{2g}{V^2}\right).$$

FORMULE DES PORTÉES.

Le second facteur du second membre est nécessairement positif et différent de zéro. En effet, il ne peut être nul, car on aurait alors $Y_2 = \dfrac{V^2}{2g}$. Or Y_2, qui est inférieur à la hauteur à laquelle le projectile s'élève verticalement dans l'air (§ 2), ne pourrait être égal à $\dfrac{V^2}{2g}$ que si le projectile s'élevait verticalement à la même hauteur dans l'air que dans le vide. On voit tout aussi facilement que la quantité $\dfrac{1}{Y_2} - \dfrac{2g}{V^2}$ ne saurait être négative.

Ainsi, quand α converge vers 90°, le produit $K \cos \alpha$ reste fini. On aurait d'ailleurs une limite inférieure de sa valeur en remplaçant Y_2 par la hauteur à laquelle le projectile s'élève verticalement dans l'air.

De là il résulte que le coefficient K est infini pour $\alpha = 90°$.

Lorsque l'angle de départ α devient très petit, la valeur de K converge vers une limite que l'on peut déterminer par les considérations suivantes. Le trajet étant très court, la vitesse n'éprouve que de faibles variations; et par conséquent il en est de même de la résistance de l'air. Il est donc permis de considérer cette dernière comme constante en lui attribuant une valeur moyenne entre toutes celles qu'elle peut affecter. Soit r l'accélération correspondant à cette moyenne. L'équation du mouvement projeté sur l'horizontale devient, en désignant par u la projection horizontale de la vitesse,

$$\frac{du}{dt} = -r \frac{dx}{ds}.$$

Le rapport $\dfrac{dx}{ds}$ est constamment très voisin de l'unité. En le remplaçant par sa valeur moyenne désignée par θ, on ne commettra qu'une erreur très faible, qui d'ailleurs disparaîtra à la limite. On a alors

$$\frac{du}{dt} = -r\theta;$$

II.

d'où, puisque $dt = \dfrac{dx}{u}$,

$$u\,du = -r\theta\,dx,$$

et en intégrant et remarquant que, pour $x = 0$, $u = V\cos\alpha$,

$$u^2 = V^2\cos^2\alpha - 2r\theta x$$

ou

$$\left(\dfrac{dx}{dt}\right)^2 = V^2\cos^2\alpha - 2r\theta x.$$

D'autre part, on sait que

$$\dfrac{dy'}{dx}\left(\dfrac{dx}{dt}\right)^2 = -g$$

(1re Partie, Chap. VI, § 3). Mettant à la place de $\dfrac{dx}{dt}$ sa valeur, on obtient

$$dy' = -\dfrac{g\,dx}{V^2\cos^2\alpha - 2r\theta x}.$$

Intégrant et remarquant que, pour $x = 0$, $y' = \tang\alpha$,

$$y' = \tang\alpha + \dfrac{g}{2r\theta}\, l\,\dfrac{V^2\cos^2\alpha - 2r\theta x}{V^2\cos^2\alpha}$$

la lettre l désignant un logarithme népérien.

On trouve, en développant le logarithme et s'arrêtant aux deux premiers termes,

$$y' = \tang\alpha - \dfrac{g}{\cos^2\alpha}\left(\dfrac{x}{V^2} + \dfrac{r\theta x^2}{V^4\cos^2\alpha}\right)$$

et, par une nouvelle intégration,

$$y = x\tang\alpha - \dfrac{gx^2}{2\cos^2\alpha}\left(\dfrac{1}{V^2} + \dfrac{2r\theta x}{3V^4\cos^2\alpha}\right).$$

En faisant $y = 0$, celle des valeurs de x qui n'est pas nulle donne la portée X; ainsi

$$\frac{\sin 2\alpha}{gX} = \frac{1}{V^2} + \frac{2r\theta}{3V^4 \cos^2 \alpha} X.$$

Lorsque l'angle α se rapproche de zéro, les quantités θ et $\cos\alpha$ convergent vers l'unité; ainsi la limite vers laquelle converge la valeur de K est

$$\frac{2}{3} \frac{r}{V^4}.$$

Quand on pose $r = bV^2$, on a, en désignant par K_0 cette limite,

$$K_0 = \frac{2}{3} \frac{b}{V^2},$$

expression dans laquelle il faut attribuer à b la valeur qui correspond à la vitesse V.

La valeur de K, devenant infinie pour $\alpha = 90°$, doit finir par devenir croissante en même temps que l'angle α.

L'angle auquel correspond la plus grande portée dépend naturellement de la relation qui existe entre K et α. En différentiant par rapport à α la formule des portées mise sous la forme

$$V^2 \sin 2\alpha = gX + gKV^2 X^2,$$

on obtient

$$V^2 \left(2\cos 2\alpha - gX^2 \frac{dK}{d\alpha} \right) = g(1 + 2KV^2 X) \frac{dX}{d\alpha}.$$

Comme la valeur de K est positive, les deux quantités

$$2\cos 2\alpha - gX^2 \frac{dK}{d\alpha} \quad \text{et} \quad \frac{dX}{d\alpha}$$

sont de même signe et s'annulent en même temps, en sorte que, pour $\alpha = 45°$, les dérivés $\frac{dK}{d\alpha}$ et $\frac{dX}{d\alpha}$ sont de signes contraires. Il en résulte que, dans le voisinage de $45°$, $\dfrac{dK}{d\alpha}$ est positif ou négatif suivant que l'angle de plus grande portée est inférieur ou supérieur à $45°$.

Soient α_1 l'angle de plus grande portée, X_1 cette dernière, $\left(\dfrac{dK}{d\alpha}\right)_1$ la valeur correspondante de $\dfrac{dK}{d\alpha}$. La dérivée $\dfrac{dX}{d\alpha}$ doit être nulle quand $\alpha = \alpha_1$; donc

$$2\cos 2\alpha_1 = g X_1^2 \left(\dfrac{dK}{d\alpha}\right)_1.$$

On voit que $\cos 2\alpha_1$ est positif ou négatif suivant que $\dfrac{dK}{d\alpha}$ est lui-même positif ou négatif. En d'autres termes, l'angle de plus grande portée est inférieur ou supérieur à $45°$ suivant que, pour cet angle α_1, la dérivée de K par rapport à α est positive ou négative.

La dérivée $\dfrac{dK}{d\alpha}$ a le même signe pour l'angle de plus grande portée et pour $\alpha = 45°$; de sorte que si la fonction K n'a qu'un minimum, il ne peut exister entre $45°$ et l'angle de plus grande portée.

§ 4. — Observations sur les erreurs dont peuvent être affectées les valeurs de K données par l'expérience.

C'est en substituant, dans l'équation

$$\dfrac{\sin 2\alpha}{gX} = \dfrac{1}{V^2} + KX,$$

un système de valeurs correspondantes de α, V et X qu'on obtient chaque valeur de K.

La quantité X est généralement susceptible d'être mesurée avec précision; mais il règne toujours quelque incertitude sur les valeurs de α et de V. Il est donc utile de rechercher l'influence que les erreurs commises sur ces quantités exercent sur la détermination de K.

En différentiant successivement, par rapport à V et par rapport à α, l'équation précédente, on a

$$d_V K = \frac{2}{V^3 X} \, dV,$$

$$d_\alpha K = \frac{2\cos 2\alpha}{g X^2} \, d\alpha.$$

$10^{10} d_V K$ est l'altération que subit $10^{10} K$ lorsque la valeur attribuée à la vitesse initiale est entachée d'une erreur représentée par la différentielle dV. Cette altération égale par conséquent

$$\frac{2 \times 10^{10} dV}{V^3 X};$$

elle est indépendante de l'angle α lorsque la portée reste la même.

Une erreur de 1^m sur la valeur de la vitesse est parfaitement admissible et certainement au-dessous de celles que l'on commet d'ordinaire. Dans ce cas $dV = 1$ et l'erreur commise sur la valeur de $10^{10} K$ serait

$$\frac{2 \times 10^{10}}{V^3 X}.$$

$10^{10} \frac{dK}{d\alpha}$ est la quantité dont la valeur de $10^{10} K$ est altérée lorsque l'erreur commise sur l'angle α est $d\alpha$. Cette quantité est donc égale à

$$\frac{2 \times 10^{10} \cos 2\alpha}{g X^2} \, d\alpha.$$

Elle se trouve indépendante de la vitesse initiale lorsque la portée X reste la même. Observant que $g = 9,81$ et que $d\alpha$ peut être remplacé par $\tang d\alpha$, on obtient, pour l'altération produite sur la valeur de $10^{10} K$ par une erreur de $1'$ sur l'angle α,

$$\frac{593000 \cos 2\alpha}{X^2}.$$

On voit que les erreurs à craindre dans la détermination du coefficient K sont d'autant plus grandes que la vitesse initiale et l'angle de départ sont plus faibles. Les valeurs que l'on obtient alors ne peuvent donc être admises qu'avec réserve, à moins qu'elles ne soient déduites d'un très grand nombre de coups.

§ 5. — Régularisation des valeurs de K données par l'expérience.

Dans les expériences rapportées dans la Section II, le coefficient K s'est montré, comme l'accélération correspondant à la résistance de l'air, proportionnel au produit $\dfrac{\Delta a^2}{p}\sin\gamma$, les lettres Δ, a, p et γ ayant la même signification que précédemment.

Admettant donc cette proportionnalité, il restera à vérifier si les résultats fournis par les expériences que l'on va examiner confirment cette hypothèse. C'est ainsi qu'on est conduit à rechercher la manière dont le produit

$$\frac{Kp}{\Delta a^2 \sin\gamma}$$

varie avec la vitesse de l'angle de départ.

On verra par ce qui va suivre qu'il est toujours possible de régulariser les résultats des expériences en employant la formule

$$(A) \qquad \frac{10^{10}\, Kp}{\Delta a^2 \sin\gamma} = \mathcal{A} + \mathcal{B}\cos\alpha + \frac{\mathcal{C}}{\cos\alpha},$$

les trois coefficients $\mathcal{A}$, $\mathcal{B}$, $\mathcal{C}$ ne dépendant que de la vitesse initiale. Le coefficient $\mathcal{C}$ est nécessairement positif; c'est en effet la limite vers laquelle converge le produit

$$\frac{10^{10}\, Kp}{\Delta a^2 \sin\gamma}\cos\alpha,$$

lorsque α se rapproche indéfiniment de 90°.

De l'équation (A) on tire

$$\frac{d}{d\alpha}\frac{10^{10}\mathrm{K}p}{\Delta a^2 \sin\gamma} = \left(-\mathcal{B} + \frac{\mathcal{E}}{\cos^2\alpha}\right)\sin\alpha.$$

Si la quantité $\mathcal{B}$ est négative, la valeur de K est constamment croissante; elle l'est encore si la quantité $\mathcal{B}$, supposée positive, est numériquement inférieure à $\mathcal{E}$.

Mais, si la quantité $\mathcal{B}$, tout en étant positive, est supérieure à $\mathcal{E}$, le coefficient K décroît tant que $\cos^2\alpha$ est plus grand que $\frac{\mathcal{E}}{\mathcal{B}}$, atteint son maximum quand $\cos^2\alpha = \frac{\mathcal{E}}{\mathcal{B}}$ et devient ensuite croissant.

Il est clair que, dans le voisinage du minimum, les variations du coefficient K sont très lentes, et qu'en ne dépassant pas certaines limites on peut le regarder comme constant.

Soit α_K l'angle auquel correspond le minimum de K,

$$\cos^2\alpha_K = \frac{\mathcal{E}}{\mathcal{B}}.$$

D'après le § 3, l'angle de plus grande portée est compris entre $45°$ et α_K. Si donc α_K est égal à $45°$, ce qui a lieu quand $\mathcal{B} = 2\mathcal{E}$, l'angle de plus grande portée est lui-même égal à $45°$.

Lorsqu'une suite d'expériences a donné les valeurs K_1, K_2, ..., K_n du coefficient K correspondant aux angles α_1, α_2, ..., α_n, on a les n équations

$$\frac{10^{10}\mathrm{K}_1 p}{\Delta a^2 \sin\gamma} = \mathcal{A} + \mathcal{B}\cos\alpha_1 + \frac{\mathcal{E}}{\cos\alpha_1},$$

$$\frac{10^{10}\mathrm{K}_2 p}{\Delta a^2 \sin\gamma} = \mathcal{A} + \mathcal{B}\cos\alpha_2 + \frac{\mathcal{E}}{\cos\alpha_2},$$

$$\cdots\cdots\cdots\cdots\cdots\cdots\cdots\cdots\cdots\cdots,$$

$$\frac{10^{10}\mathrm{K}_n p}{\Delta a^2 \sin\gamma} = \mathcal{A} + \mathcal{B}\cos\alpha_n + \frac{\mathcal{E}}{\cos\alpha_n}.$$

La méthode des moindres carrés (Tome I, Note II) se

présente naturellement ici. On fait alors la somme de ces équations, telles qu'elles sont écrites; on procède à une seconde somme après avoir multiplié la première équation par $\cos\alpha_1$, la deuxième par $\cos\alpha_2$, ...; enfin on multiplie encore la première équation par $\dfrac{1}{\cos\alpha_1}$, la deuxième par $\dfrac{1}{\cos\alpha_2}$, ..., et l'on fait de nouveau la somme. On obtient ainsi, pour déterminer $\mathcal{A}$, $\mathcal{B}$, $\mathcal{C}$, trois équations qui, suivant la notation en usage, peuvent être écrites ainsi :

$$\sum \frac{10^{10}\,\mathrm{K}p}{\Delta a^2 \sin\gamma} = n\mathcal{A} + \mathcal{B}\,\Sigma\cos\alpha + \mathcal{C}\sum\frac{1}{\cos\alpha},$$

$$\sum \frac{10^{10}\,\mathrm{K}p}{\Delta a^2 \sin\gamma}\cos\alpha = \mathcal{A}\,\Sigma\cos\alpha + \mathcal{B}\,\Sigma\cos^2\alpha + n\mathcal{C},$$

$$\sum \frac{10^{10}\,\mathrm{K}p}{\Delta a^2 \sin\gamma}\frac{1}{\cos\alpha} = \mathcal{A}\sum\frac{1}{\cos\alpha} + n\mathcal{B} + \mathcal{C}\sum\frac{1}{\cos^2\alpha}.$$

Soient ε_1, ε_2, ..., ε_n les erreurs dont sont entachées les n équations ci-dessus; le calcul précédent revient à admettre que

$$\varepsilon_1 + \varepsilon_2 + \ldots + \varepsilon_n = 0 \quad \text{ou} \quad \Sigma\varepsilon = 0,$$

$$\varepsilon_1\cos\alpha + \varepsilon_2\cos\alpha_2 + \ldots + \varepsilon_n\cos\alpha_n = 0 \quad \text{ou} \quad \Sigma\varepsilon\cos\alpha = 0,$$

$$\frac{\varepsilon_1}{\cos\alpha_1} + \frac{\varepsilon_2}{\cos\alpha_2} + \ldots + \frac{\varepsilon_n}{\cos\alpha_n} = 0 \quad \text{ou} \quad \sum\frac{\varepsilon}{\cos\alpha} = 0,$$

c'est-à-dire que la somme des produits des erreurs par les coefficients de $\mathcal{A}$, $\mathcal{B}$, $\mathcal{C}$ est égale à zéro.

Il est assez remarquable que si, au lieu de multiplier les erreurs par les coefficients des inconnues, on les divisait par ces coefficients, on retomberait exactement sur les mêmes équations.

Le plus souvent les valeurs de K sont données chacune par une seule séance de tir; d'autres fois elles sont des moyennes fournies par le résultat de plusieurs séances de tir où le canon avait la même inclinaison. Le nombre de coups étant à peu près le même dans chaque séance, on a égard à cette circonstance en multipliant chaque équation par le nombre de séances dont elle est le résultat.

Quant au nombre de coups dont se composait chaque séance, il était généralement, à Gâvre, de 15 lorsque le calibre ne dépassait pas 24^{cm}; pour les calibres supérieurs, on l'a réduit à 10 ou 12.

Il est à observer cependant (§ 4) que les valeurs de K obtenues sous les faibles inclinaisons laissent toujours quelques doutes, par suite de la difficulté qu'offre la détermination des angles. Il convient donc de ne s'en servir qu'avec réserve.

On verra dans le paragraphe suivant que les coefficients ℬ et ℭ sont toujours de signes contraires et que leurs valeurs numériques sont à peu près les mêmes; toutefois celle de ℬ est très légèrement supérieure. Cette circonstance a porté à faire essai de la formule plus simple

$$(B) \qquad \frac{10^{10} K p}{\Delta a^2 \sin \gamma} = -M(1 - \cos \alpha) + \frac{N}{\cos \alpha}$$

ou

$$\frac{10^{10} K p}{\Delta a^2 \sin \gamma} = N \sec \alpha - M \sin \text{verse}\, \alpha \;(^1).$$

La valeur de α_K est alors donnée par l'équation

$$\cos^2 \alpha_K = \frac{N}{M}.$$

Quant aux coefficients M et N, on a, pour les obtenir, les n équations

$$\frac{10^{10} K_1 p}{\Delta a^2 \sin \gamma} = -M(1 - \cos \alpha_1) + \frac{N}{\cos \alpha_1},$$

$$\frac{10^{10} K_2 p}{\Delta a^2 \sin \gamma} = -M(1 - \cos \alpha_2) + \frac{N}{\cos \alpha_2},$$

$$\dots\dots\dots\dots\dots\dots\dots\dots\dots\dots\dots,$$

$$\frac{10^{10} K_n p}{\Delta a^2 \sin \gamma} = -M(1 - \cos \alpha_n) + \frac{N}{\cos \alpha_n}.$$

(¹) On sait que
$$\sin \text{verse}\, \alpha = 1 - \cos \alpha.$$

En se conformant à la méthode des moindres carrés, il faut d'abord faire la somme de ces n équations, après avoir multiplié chacune d'elles par le coefficient de N, ce qui donne

$$\sum \frac{Kp}{\Delta a^2 \sin\gamma} \frac{1}{\cos\alpha} = -M\left(\sum \frac{1}{\cos\alpha} - n\right) + N \sum \frac{1}{\cos^2\alpha}.$$

Cela revient à supposer

$$\sum \frac{\varepsilon}{\cos\alpha} = 0.$$

Il faudrait ensuite multiplier chacune des équations par le coefficient de M et faire de nouveau la somme, ce qui reviendrait à supposer

$$\Sigma\varepsilon(1 - \cos\alpha) = 0,$$

c'est-à-dire

$$\Sigma\varepsilon - \Sigma\varepsilon\cos\alpha = 0.$$

Mais il est assez naturel de considérer la somme des erreurs comme sensiblement nulle, et l'on est conduit à la relation beaucoup plus simple

$$\sum 10^{10} \frac{Kp}{\Delta a^2 \sin\gamma} = -M(n - \Sigma\cos\alpha) + N\sum \frac{1}{\cos\alpha},$$

qui revient à

$$\Sigma\varepsilon = 0.$$

Les valeurs de K employées dans les calculs qui vont suivre ont généralement subi une correction par suite de laquelle elles sont ramenées au cas où l'atmosphère est calme (Chap. II, § 2).

Les applications des formules précédentes aux diverses bouches à feu qui ont été successivement expérimentées à Gâvre sont exposées dans les paragraphes suivants. On a dressé, pour chaque série d'expériences exécutées sous diverses inclinaisons avec les mêmes charges et les mêmes projectiles, un Tableau comparatif qui met en évidence les altérations, d'ailleurs généralement assez légères, que les formules employées font subir aux résultats fournis par les épreuves.

§ 6. — Résultats des expériences. Canon de 34^{cm} (Gâvre, 1880).

Diamètre de l'âme entre les cloisons, 340^{mm}; profondeur des rayures, 1^{mm},5; inclinaison finale des rayures, $\Theta = 4°$; diamètre du cercle équivalent à la section de l'âme et des rayures, 0^m,3424.

Obus ogivaux (fig. 20).

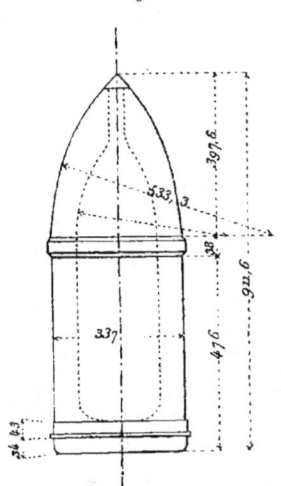

Fig. 20.

$$a = 337^{mm}, \quad l = 911^{mm},6, \quad j = 397^{mm},6, \quad J = 553^{mm},3,$$
$$\frac{l}{a} = 2,075, \quad \frac{j}{a} = 1,180, \quad \frac{J}{a} = 1,642,$$
$$\gamma = 45°56', \quad \iota = 0°.$$
$$p = 350^{kg}.$$

Ceinture en cuivre : largeur, 43^{mm}; diamètre, 346^{mm},6; distance au culot, 34^{mm}; diamètre du bourrelet avant, 339^{mm},6.

Deux canons ont été employés dans les expériences : l'un

était en fonte, l'autre en acier. Ce dernier n'a été employé que pour un seul tir dans lequel l'inclinaison du canon était égale à 16°. La vitesse initiale des projectiles était égale à 505^m.

Les expériences n'ont été exécutées que sous trois inclinaisons différentes; il est donc inutile de faire usage de la formule (A), qui, contenant trois coefficients arbitraires, ne ferait que reproduire les erreurs qui ont pu être commises dans les déterminations du coefficient K. La formule (B) a donné

$$\frac{10^{10} K p}{\Delta a^2 \sin \gamma} = -30167(1 - \cos\alpha) + \frac{12728}{\cos\alpha},$$
$$\alpha_K = 49°31'.$$

Ainsi, d'après la formule, l'angle de plus grande portée serait un peu supérieur à 45°.

ANGLE α.	VALEURS DE $\frac{10^{10} K p}{\Delta a^2 \sin \gamma}$ DONNÉES PAR		
	l'expérience.	la formule (B).	Différences.
16° 0′	12116	12060	− 56
26.30	10840	11049	+ 209
38. 0	9918	9757	− 161

Les différences sont négligeables.

D'autres expériences ont été exécutées avec une charge plus faible. La vitesse initiale des projectiles était réduite à 351^m. On a trouvé :

Formule (A).

$$\frac{10^{10} K p}{\Delta a^2 \sin \gamma} = -14771 + 14248 \cos\alpha + \frac{10809}{\cos\alpha},$$
$$\alpha_K = 29°25',$$

Formule (B).

$$\frac{10^{10} K p}{\Delta a^2 \sin \gamma} = -15486(1 - \cos\alpha) + \frac{10451}{\cos\alpha},$$
$$\alpha_K = 34°36'.$$

FORMULE DES PORTÉES.

Les deux formules s'accordent pour assigner à l'angle de plus grande portée une valeur inférieure à 45°.

ANGLE a.	VALEURS DE $\frac{10^{10} K p}{A a^2 \sin \gamma}$ DONNÉES PAR				
	l'expérience.	la formule (A).	Différences.	la formule (B).	Différences.
16°.45′	10568	10162	−406	10265	−303
23. 0	10045	10090	+ 45	10127	+ 82
27. 0	9560	10052	+492	10038	+478
35. 0	10221	10096	−125	9903	−318

Les différences sont admissibles.

Boulet ogival.

Boulet massif ogival en fonte ordinaire (*fig*. 21).

Fig. 21.

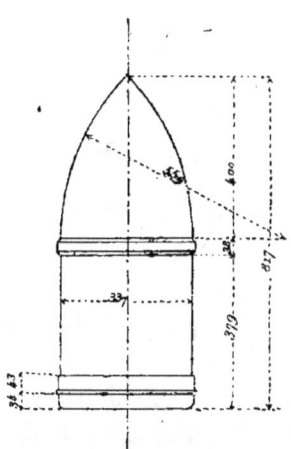

$$a = 337^{\text{mm}}, \quad l = 817^{\text{mm}}, \quad j = 400^{\text{mm}}, \quad J = 559^{\text{m}},$$

$$\frac{l}{a} = 2,424, \quad \frac{j}{a} = 1,187, \quad \frac{J}{a} = 1,659,$$

$$\gamma = 45° 41', \quad \iota = 0°.$$

$$p = 420^{\text{kg}}.$$

Ceinture en cuivre : largeur, 43^{mm}; diamètre, $344^{mm},6$; distance au culot, 34^{mm}; diamètre du bourrelet avant, $339^{mm},6$.

Les canons étaient les mêmes que pour les expériences exécutées avec l'obus ogival. La vitesse initiale des projectiles était égale, en moyenne, à $491^m,5$.

Les expériences ont été peu nombreuses; on a simplement déterminé la valeur du coefficient K dans deux tirs : le premier a eu lieu sous l'inclinaison de 15°, le second sous celle de 26°.

Elles ont donné les résultats suivants :

Angle α	Valeur de $\frac{10^{10} K p}{\Delta a^2 \sin \gamma}$.
15°	11801
26	11352

Dans ces conditions, il devient impossible de faire usage de la formule (A); mais les résultats précédents peuvent servir à déterminer les deux coefficients de la formule (B). On trouve ainsi

$$\frac{10^{10} K p}{\Delta a^2 \sin \gamma} = -21057(1-\cos\alpha) + \frac{12087}{\cos\alpha},$$

$$\alpha_K = 40°54'.$$

Ainsi, d'après cette formule, l'angle de plus grande portée serait un peu inférieur à 45°.

§ 7. — (Suite). — Canon de 32^{cm} (Gâvre, 1876).

Diamètre de l'âme entre les cloisons, 320^{mm}; profondeur des rayures, $1^{mm},5$; inclinaison finale des rayures, $\Theta = 4°$; diamètre du cercle équivalant à la section de l'âme et des rayures, $0^m,322$.

Obus ogivaux (*fig.* 22).

Fig. 22.

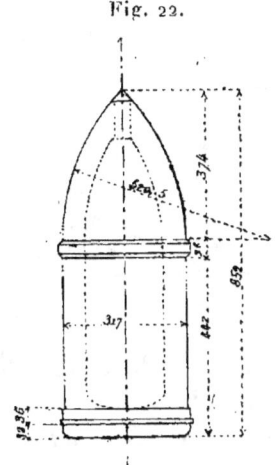

$a = 317^{\text{mm}}$, $l = 852^{\text{mm}}$, $j = 374^{\text{mm}}$, $J = 520^{\text{mm}},5$,

$\dfrac{l}{a} = 2,688$, $\dfrac{j}{a} = 1,180$, $\dfrac{J}{a} = 1,642$,

$\gamma = 45°\,56'$, $\iota = 0°$.

Les projectiles portaient à l'arrière une ceinture en cuivre de 36^{mm} de largeur, de 324^{mm} de diamètre, placée à 32^{mm} du culot. A l'avant, ils étaient munis d'un bourrelet venu de fonte de $319^{\text{mm}}, 2$ de diamètre.

Poids des projectiles : $p = 286^{\text{kg}}, 500$; vitesse initiale, 475^{m}.

En appliquant aux valeurs de K déduites des expériences les méthodes de régularisation exposées dans le § 6, on a obtenu :

Formule (A).

$$\dfrac{10^{10} K p}{\Delta a^2 \sin \gamma} = -7260 + 15030 \cos\alpha + \dfrac{4550}{\cos\alpha},$$

$$\alpha_K = 55°\,25'.$$

Formule (B).

$$\dfrac{10^{10} K p}{\Delta a^2 \sin \gamma} = -28570(1 - \cos\alpha) + \dfrac{12730}{\cos\alpha},$$

ce qui donne
$$\alpha_K = 48°52'.$$

ANGLE α.	VALEURS DE $\frac{10^{10} K p}{\Delta a^2 \sin\gamma}$ DONNÉES PAR				
	l'expérience.	la formule (A).	Différences.	la formule (B).	Différences.
15°	11830	11960	−130	12201	+471
20	11890	11696	−194	11704	− 86
25	11390	11374	− 16	11352	− 48
40	10170	10184	+ 14	9923	−247

Avec l'une et l'autre des deux formules, les différences sont parfaitement admissibles.

Il est à remarquer que toutes deux assignent à l'angle de plus grande portée une valeur supérieure à 45°.

D'autres expériences ont été exécutées avec le même projectile. Leur vitesse initiale était réduite à 360^m.

On a trouvé :

Formule (A).
$$\frac{10^{10} K p}{\Delta a^2 \sin\gamma} = -10846 + 14633 \cos\alpha + \frac{8093}{\cos\alpha},$$
$$\alpha_K = 41°57'.$$

Formule (B).
$$\frac{10^{10} K p}{\Delta a^2 \sin\gamma} = -19390(1-\cos\alpha) + \frac{11804}{\cos\alpha},$$
$$\alpha_K = 38°43'.$$

ANGLE α.	VALEURS de $\frac{10^{10} K p}{\Delta a^2 \sin\gamma}$ DONNÉES PAR				
	l'expérience.	la formule (A).	Différences.	la formule (B).	Différences.
20°	11559	11517	− 42	11393	−166
25	10849	11027	+178	11196	+347
39'	11263	10938	−325	10868	−395
40	10658	10929	+271	10865	+207

Avec les deux formules, les différences sont faibles et irrégulières. La formule (A) et la formule (B) assignent toutes deux à l'angle de plus grande portée une valeur inférieure à 45°.

Boulet ogival.

Projectile ogival massif en fonte ordinaire (*fig.* 23) :

Fig. 23.

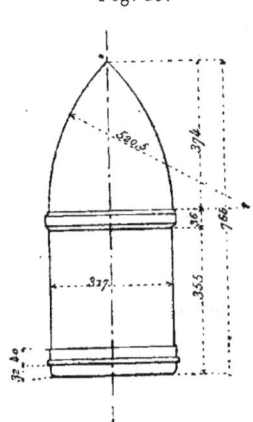

$$a = 317^{mm}, \quad l = 765^{mm}, \quad j = 374^{mm}, \quad J = 520^{mm},5,$$
$$\frac{l}{a} = 2,413, \quad \frac{j}{a} = 1,180, \quad \frac{J}{a} = 1,642,$$
$$\gamma = 45°56', \quad \iota = 0°,$$
$$p = 345^{kg}.$$

Ceinture en cuivre : largeur, 40^{mm}; diamètre, 324^{mm}; distance au culot, 32^{mm}; diamètre du bourrelet avant, $319^{mm},2$, les tirs exécutés avec l'obus ogival.

La vitesse initiale des projectiles avait été trouvée égale à 418^{m}.

On a trouvé :

Formule (A).

$$\frac{10^{10} K p}{\Delta a^2 \sin \gamma} = -33041 + 33704 \cos\alpha + \frac{12663}{\cos\alpha},$$
$$\alpha_K = 55°20',$$

Formule (B).
$$\frac{10^{10}Kp}{\Delta a^2 \sin\gamma} = -26089(1-\cos\alpha) + \frac{13000}{\cos\alpha},$$
$$\alpha_K = 45°50'.$$

La formule (A) donne pour α_K une valeur notablement supérieure à 45°; mais, d'après la formule (B), la valeur de α_K serait, au contraire, très peu différente de 45°, et l'angle de plus grande portée ne devrait que très peu différer de ce dernier. Toutefois, l'inclinaison du canon n'ayant pas dépassé 30°, les conséquences qu'on peut déduire des expériences pour les angles supérieurs sont évidemment fort douteuses.

ANGLE α.	VALEURS DE $\frac{10^{10}Kp}{\Delta a^2 \sin\gamma}$ DONNÉES PAR				
	l'expérience.	la formule (A).	Différences.	la formule (B).	Différences.
15°	12877	12657	−220	12568	−309
20	12109	12152	+43	12267	+158
30	11229	10818	−411	11519	+290

§ 8. — Suite. — Canon de 27^{cm}. Expériences de Gâvre.

Diamètre de l'âme entre les cloisons, $274^{mm},4$; profondeur des rayures, $1^m,5$; inclinaison finale des rayures, $\Theta = 4°$; diamètre du cercle équivalent à la section de l'âme et des rayures, $0^m,2766$.

Obus ogivaux (*fig.* 24).
$$a = 271^{mm},8, \quad l = 740^{mm}, \quad j = 330^{mm}, \quad J = 543^{mm},$$
$$\frac{l}{a} = 2,723, \quad \frac{j}{a} = 1,214, \quad \frac{J}{a} = 1,998,$$
$$\gamma = 41°34', \quad \iota = 3°12',$$
$$p = 180^{kg}.$$

Ceinture en cuivre : largeur, 34^{mm} ; diamètre, $278^{mm},1$; distance au culot, 27^{mm} ; diamètre du bourrelet avant, 274^{mm} ;

Fig. 24.

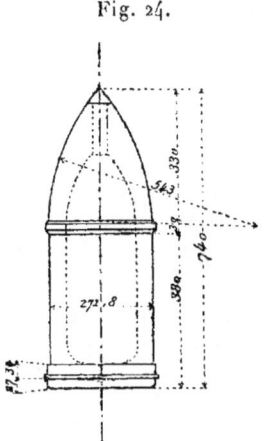

inclinaison finale des rayures, $4°$; diamètre du cercle équivalent à la section de l'âme et des rayures, $0^m,2766$.

Les expériences, fréquemment interrompues, se sont prolongées pendant les années 1874 à 1877. La vitesse initiale des projectiles avait été trouvée égale, en moyenne, à 470^m.

On a pris des moyennes entre les résultats obtenus sous les mêmes angles, et on leur a appliqué les méthodes générales de régularisation. On a ainsi obtenu :

Formule (A).
$$\frac{10^{10} K p}{\Delta a^2 \sin \gamma} = -19418 + 22612 \cos\alpha + \frac{10429}{\cos\alpha},$$
$$\alpha_K = 47°14'.$$

Formule (B).
$$\frac{10^{10} K p}{\Delta a^2 \sin \gamma} = -25728(1 - \cos\alpha) + \frac{13563}{\cos\alpha},$$
$$\alpha_K = 43°27'.$$

La première formule assigne à l'angle de plus grande portée une valeur un peu supérieure à $45°$, tandis que, d'après la seconde, il lui serait légèrement inférieur.

Les valeurs de $\dfrac{10^{10} K p}{\Delta a^2 \sin\gamma}$, calculées par les deux formules, sont comparées, dans le Tableau suivant, avec celles qui résultent des expériences :

ANGLE α.	VALEURS DE $\dfrac{10^{10} K p}{\Delta a^2 \sin\gamma}$ DONNÉES PAR				
	l'expérience.	la formule (A).	Différences.	la formule (B).	Différences.
15°	13765	13237	−538	13163	−602
20	12591	12943	+352	12888	+297
22	12709	12797	+ 88	12756	+ 47
25	12621	12591	− 30	12541	− 80
28	12591	12356	−235	12356	−235
30	11857	12210	+353	12215	+358
31	11270	12122	+852	12148	+878
38	11887	11916	+ 29	11758	−129

Avec les deux formules, les différences sont irrégulières.

D'autres expériences ont été faites, en 1875, avec une charge plus faible. Les projectiles étaient les mêmes, mais la vitesse initiale était réduite à 328^m.

On a trouvé :

Formule (A).

$$\frac{10^{10} K p}{\Delta a^2 \sin\gamma} = -18670 + 20153 \cos\alpha + \frac{10634}{\cos\alpha},$$

$$\alpha_K = 43°25'.$$

Formule (B).

$$\frac{10^{10} K p}{\Delta a^2 \sin\gamma} = -21361(1 - \cos\alpha) + \frac{12083}{\cos\alpha},$$

$$\alpha_K = 41°14'.$$

Les deux formules assignent à l'angle de plus grande portée une valeur inférieure à 45°.

FORMULE DES PORTÉES.

ANGLE α.	VALEURS DE $\dfrac{10^{10} K p}{\Delta a^2 \sin\gamma}$ DONNÉES PAR				
	l'expérience.	la formule (A).	Différences.	la formule (B).	Différences.
10°	11300	11978	+678	11944	+644
18	12562	11678	—884	11664	—898
20	11021	11584	+563	11574	+553
25	11564	11341	—223	11320	—244
30	10918	11062	+144	11094	+176
35	10771	10792	+ 21	10887	+116

Avec les deux formules, les différences sont irrégulières.

Des expériences ont encore été faites, en 1877, avec le même projectile. On employait un canon en acier, et la vitesse initiale de l'obus était égale à 504^m,8.

Formule (A).

$$\frac{10^{10} K p}{\Delta a^2 \sin\gamma} = -15397 + 18441 \cos\alpha + \frac{9240}{\cos\alpha},$$

$$\alpha_K = 44°56'.$$

Formule (B).

$$\frac{10^{10} K p}{\Delta a^2 \sin\gamma} = -28141(1-\cos\alpha) + \frac{12914}{\cos\alpha},$$

$$\alpha_K = 47°16'.$$

D'après la première expression, l'angle de plus grande portée serait inférieur à 45°; d'après la deuxième, il lui serait un peu supérieur.

TROISIÈME PARTIE. — CHAPITRE IV.

ANGLE α.	VALEURS DE $\dfrac{10^{10} K p}{\Delta a^2 \sin \gamma}$ DONNÉES PAR				
	l'expérience.	la formule (A).	Différences.	la formule (B).	Différences.
15.00	12298	11975	— 313	12409	+111
21.50	12327	11681	— 646	11895	—432
22.00	12327	11670	— 657	11880	—447
29.50	11828	11241	— 587	11160	—648
31. 0	10566	11182	— 616	11047	+481
45. 0	9128	10713	—1585	10015	+887

Les différences sont assez fortes; avec la formule (A), elles sont d'abord négatives, puis positives, tandis qu'avec la formule (B) elles présentent plus d'irrégularité. Cette dernière paraît donc, dans le cas actuel, mieux convenir pour représenter les résultats des expériences.

Boulets ogivaux.

Fig. 25.

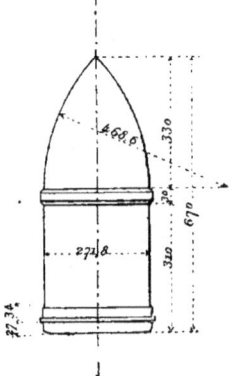

Projectiles ogivaux massifs en fonte ordinaire (*fig.* 25).

$$a = 271^{mm},8, \quad l = 670^{mm}, \quad j = 330^{mm}, \quad J = 468^{mm},6.$$

$$\frac{l}{a} = 2,465, \quad \frac{j}{a} = 1,214, \quad \frac{J}{a} = 1,724,$$

FORMULE DES PORTÉES.

$$\gamma = 44°46', \quad \iota = 0°,$$
$$p = 217^{kg}.$$

Ceinture arrière : largeur, 34^{mm}; diamètre, $278^{mm},1$; distance au culot, 27^{mm}; diamètre du bourrelet avant, 274^{mm}. La vitesse initiale des projectiles était égale à 432^m.

Formule (A).

$$\frac{10^{10} K p}{\Delta a^2 \sin \gamma} = -36961 + 39791 \cos\alpha + \frac{11767}{\cos\alpha},$$
$$\alpha_K = 57°3'.$$

Formule (B).

$$\frac{10^{10} K p}{\Delta a^2 \sin \gamma} = -43400(1 - \cos\alpha) + \frac{14630}{\cos\alpha},$$
$$\alpha_K = 54°31'.$$

Les deux formules assignent à l'angle de plus grande portée une valeur supérieure à $45°$; mais, l'inclinaison du canon n'ayant pas, dans les expériences, dépassé $28°$, les conséquences qu'on peut en tirer pour les angles supérieurs sont au moins fort douteuses.

ANGLE α.	VALEURS DE $\frac{10^{10} K p}{\Delta a^2 \sin \gamma}$ DONNÉES PAR				
	l'expérience.	la formule (A)	Différences.	la formule (B)	Différences.
15°	13503	13636	+133	13667	+164
20	12969	12969	0	12962	−7
25	12336	12069	−267	12057	−279
28	11336	11436	+100	11498	+162

Avec les deux formules, les différences sont insignifiantes.

216 TROISIÈME PARTIE. — CHAPITRE IV.

§ 9. — Suite. — Canon de 24^{cm}. Expériences de Gâvre, 1873.

Les canons de 24^{cm} ont été, à Gâvre, l'objet d'une importante série d'expériences exécutées en 1873. Deux bouches à feu ont été employées : l'une était en fonte, l'autre en acier; cette dernière avait une plus grande longueur d'âme que le canon en fonte et tirait avec une charge plus considérable.

Pour les deux canons, l'inclinaison finale des rayures était égale à 4°. Diamètre de l'âme, 240^{mm}; profondeur des rayures, 1^{mm},5; diamètre du cercle équivalent à la section de l'âme et des rayures, 0^{m},242.

Trois projectiles ont été employés, savoir : 1° un obus ogival du poids de 100^{kg} (*fig.* 26); 2° un autre obus ogival

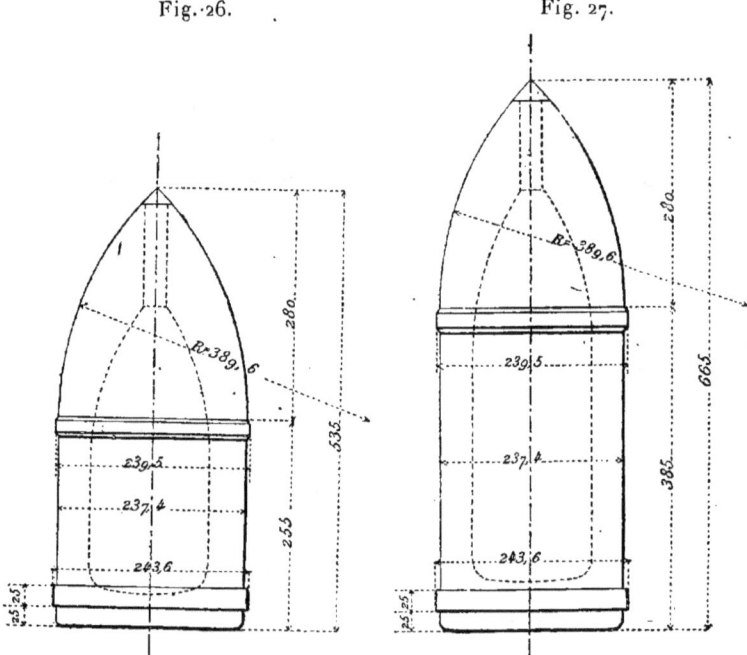

Fig. 26.   Fig. 27.

plus long que le précédent et lesté au poids de 120^{kg} (*fig.* 27); 3° un boulet ogival en fonte ordinaire pesant 144^{kg} (*fig.* 28).

Chaque projectile était muni d'une ceinture en cuivre de

25^{mm} de longueur et de $243^{mm},6$ de diamètre, placée à 25^{mm} du culot, et d'un bourrelet venu de fonte dont le diamètre

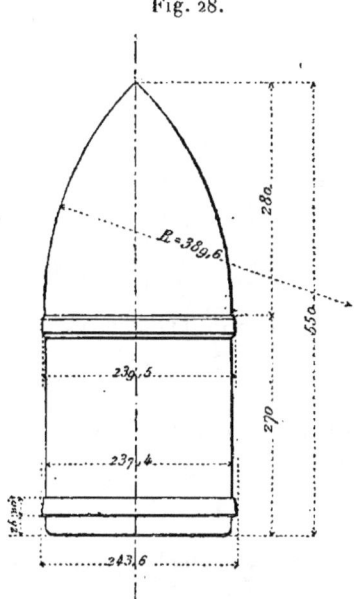

Fig. 28.

était de $239^{mm},5$. Dans certains projectiles, ce bourrelet était remplacé par une ceinture en zinc.

Les dimensions principales des projectiles sont renfermées dans le Tableau suivant :

Espèces de projectiles.	Obus ogival.		Boulet.
Poids p (kilog.)	100	120	144
Diamètre a (millim.)	237,4	237,4	237,4
Longueur totale l (millim.)	535	665	550
Hauteur de l'ogive j (millim.)	280	280	280
Rayon de l'arc ogival J (millim.)	389,6	389,6	389,6
Rapports $\dfrac{l}{a}$	2,253	2,800	2,321
Rapports $\dfrac{j}{a}$	1,179	1,179	1,179
Rapports $\dfrac{J}{a}$	1,640	1,640	1,640
Angle ogival γ	47°21'	47°21'	47°21'
Angle	0	0	0

1° *Obus ogivaux de* 100^{kg}.

Dans les tirs exécutés avec le canon en fonte, la vitesse initiale imprimée aux obus de 100^{kg} était, en moyenne, égale à 504^m.

On a trouvé :

Formule (A).
$$\frac{10^{10} K p}{\Delta a^2 \sin \gamma} = -12787 + 14125 \cos\alpha + \frac{10902}{\cos\alpha},$$
$$\alpha_K = 28°32'.$$

Formule (B).
$$\frac{10^{10} K p}{\Delta a^2 \sin \gamma} = -17492(1-\cos\alpha) + \frac{12360}{\cos\alpha},$$
$$\alpha_K = 32°48'.$$

Les deux formules assignent à l'angle de plus grande portée une valeur inférieure à 45°.

ANGLE α.	VALEURS DE $\frac{10^{10} K p}{\Delta a^2 \sin \gamma}$ DONNÉES PAR				
	l'expérience.	la formule (A).	Différences.	la formule (B).	Différences.
5°	12724	12228	−496	12339	−385
12	12455	12169	−296	12257	−198
14	11609	12154	+545	12218	+609
20	12147	12091	− 56	12101	− 36
30	11743	12036	+293	12032	+289
35	12089	12092	+ 3	11926	−163

Les différences sont faibles et irrégulières, surtout avec la formule (B).

Dans les tirs exécutés avec le canon en acier, la vitesse initiale des obus de 100^{kg} s'élevait à 533^m,4.

Formule (A).
$$\frac{10^{10} K p}{\Delta a^2 \sin \gamma} = -21790 + 22449 \cos\alpha + \frac{11676}{\cos\alpha},$$
$$\alpha_K = 43°52'.$$

Formule (B).

$$\frac{10^{10} K p}{\Delta a^2 \sin \gamma} = -22553(1-\cos\alpha) + \frac{12253}{\cos\alpha},$$

$$\alpha_K = 42°31'.$$

Les deux formules assignent à l'angle de plus grande portée une valeur très légèrement inférieure à 45°.

ANGLE α.	VALEURS de $\frac{10^{10} K p}{\Delta a^2 \sin \gamma}$ DONNÉES PAR				
	l'expérience.	la formule (A).	Différences.	la formule (B).	Différences.
5°	11993	12292	+299	12212	+219
12	12147	12098	— 49	12027	—120
14	11936	12024	+ 88	11957	+ 21
20	12070	11735	—335	11685	—385
30	11301	11137	—164	11133	—168
32	11167	11013	—154	11021	—146
35	10475	10852	+377	10883	+408
39	10725	10680	— 45	10745	+ 20
40	10821	10643	—178	10718	—103
45	10513	10591	+ 78	10724	+211

Les deux formules représentent, aussi bien qu'on peut le désirer, les résultats des expériences.

On a fait avec le canon en fonte quelques tirs avec des projectiles identiques à ceux qui ont été employés dans les expériences précédentes, mais qui avaient été lestés intérieurement de manière à leur donner un poids de 120^{kg}. Leur vitesse initiale était réduite à 467^m,4. Trois tirs seulement ont été exécutés; et, dans ces conditions, il ne faut pas songer à employer la formule (A), qui ne ferait que reproduire les erreurs inévitables des expériences. Avec la formule (B), on obtient

$$\frac{10^{10} K p}{\Delta a^2 \sin \gamma} = -23777(1-\cos\alpha) + \frac{13529}{\cos\alpha},$$

$$\alpha_K = 41°2'.$$

Ainsi, d'après la formule, l'angle de plus grande portée serait un peu inférieur à 45°.

ANGLE α.	VALEURS DE $\frac{10^{10} K p}{\Delta a^2 \sin\gamma}$ DONNÉES PAR		
	l'expérience.	la formule (B).	Différences.
20°	13052	12968	— 84
30	12545	12440	— 105
35	12037	12215	+ 178

Les différences sont négligeables.

2° *Obus ogivaux de* 120^{kg}.

Dans les expériences exécutées avec le canon en fonte, la vitesse initiale des obus ogivaux de 120^{kg} était de $467^m,4$. On a obtenu :

Formule (A).

$$\frac{10^{10} K p}{\Delta a^2 \sin\gamma} = -24273 + 25938 \cos\alpha + \frac{12266}{\cos\alpha},$$

$$\alpha_K = 46° 33'.$$

Formule (B).

$$\frac{10^{10} K p}{\Delta a^2 \sin\gamma} = -28735 (1 - \cos\alpha) + \frac{13988}{\cos\alpha},$$

$$\alpha_K = 45° 49'.$$

Les deux formules assignent à l'angle de plus grande portée une valeur très légèrement supérieure à 45°.

FORMULE DES PORTÉES.

ANGLE α.	VALEURS DE $\dfrac{10^{10} \, Kp}{\Delta a^2 \sin\gamma}$ DONNÉES PAR				
	l'expérience.	la formule (A)	Différences.	la formule (B).	Différences.
5°	14389	13859	−570	13929	−460
12	13121	13628	+493	13664	+543
14	13352	13513	+239	13560	+208
20	13398	13144	−254	13103	−295
30	12153	12106	−47	12012	−41
35	12083	11945	−138	11878	−105

Avec l'une et l'autre des deux formules, les différences sont assez faibles, surtout pour les tirs exécutés sous les grandes inclinaisons.

Avec le canon en acier, la vitesse initiale des obus de 120^{kg} s'élevait à $490^m,2$. On a trouvé :

Formule (A).

$$\frac{10^{10} \, Kp}{\Delta a^2 \sin\gamma} = -23869 + 27741 \cos\alpha + \frac{9780}{\cos\alpha},$$

$$\alpha_K = 58°35'.$$

Formule (B).

$$\frac{10^{10} \, Kp}{\Delta a^2 \sin\gamma} = -28968(1 - \cos\alpha) + \frac{13340}{\cos\alpha},$$

$$\alpha_K = 47°16'.$$

La valeur de α_K est notablement plus petite avec la formule (B) qu'avec la formule (A). D'après la formule (B), l'angle de plus grande portée ne devrait pas beaucoup différer de 45°, tout en lui étant légèrement supérieur.

ANGLE α.	VALEURS DE $\dfrac{10^{10}\,\mathrm{K}p}{\Delta a^2 \sin\gamma}$ DONNÉES PAR				
	l'expérience.	la formule (A).	Différences.	la formule (B).	Différences.
5°	13121	13580	+459	13277	+156
12	13744	13257	—487	12996	—748
14	12107	13123	+1016	12885	+778
20	12568	12614	+ 46	12456	—112
30	11784	11451	— 333	11526	—258
32	11415	11186	— 229	11325	— 90
35	10515	10792	+ 277	11045	+530
40	10884	10144	— 740	10630	—254

Les différences sont un peu fortes, mais les résultats des expériences sont eux-mêmes fort irréguliers.

3° Boulets ogivaux de 144^{kg}.

La vitesse imprimée par le canon en fonte aux boulets ogivaux de 144^{kg} était égale à 432^m. On a trouvé :

Formule (A).

$$\frac{10^{10}\,\mathrm{K}p}{\Delta a^2 \sin\gamma} = -43892 + 40092\cos\alpha + \frac{18857}{\cos\alpha},$$

$$\alpha_{\mathrm{K}} = 46°\,42'.$$

Formule (B).

$$\frac{10^{10}\,\mathrm{K}p}{\Delta a^2 \sin\gamma} = -29906\,(1 - \cos\alpha) + \frac{14654}{\cos\alpha},$$

$$\alpha_{\mathrm{K}} = 45°\,35'.$$

Les deux formules s'accordent à assigner à l'angle de plus grande portée une valeur un peu supérieure à 45°; mais, dans les expériences, l'inclinaison du canon n'avait pas dépassé 35°.

FORMULE DES PORTÉES.

ANGLE α.	VALEURS DE $\dfrac{10^{10} K p}{\Delta a^2 \sin \gamma}$ DONNÉES PAR				
	l'expérience.	la formule (A).	Différences.	la formule (B).	Différences.
8°	14914	14862	— 52	14513	—401
10	14499	14736	-237	14424	— 75
12	13890	14596	-706	14319	+429
14	14416	14444	— 28	14212	—204
20	13918	13860	— 58	13514	—404
30	12562	12606	+44	12911	+349
35	12590	11973	—617	12560	— 30

Avec l'une et l'autre des deux formules, toutes les différences, à part une seule, sont de l'ordre de celles que l'on doit s'attendre à rencontrer dans des recherches de ce genre.

Dans les tirs exécutés avec le canon en acier, la vitesse initiale des projectiles était égale à $453^m,8$. On a trouvé :

Formule (A).

$$\frac{10^{10} K p}{\Delta a^2 \sin \gamma} = -24759 + 24192 \cos\alpha + \frac{13899}{\cos\alpha},$$

$$\alpha_K = 40° 43'.$$

Formule (B).

$$\frac{10^{10} K p}{\Delta a^2 \sin \gamma} = -24784(1 - \cos\alpha) + \frac{13478}{\cos\alpha},$$

$$\alpha_K = 42° 29'.$$

Les deux formules assignent à l'angle de plus grande portée une valeur un peu inférieure à 45°.

ANGLE α.	VALEURS DE $\dfrac{10^{10} K p}{\Delta a^2 \sin\gamma}$ DONNÉES PAR				
	l'expérience.	la formule (A).	Différences.	la formule (B).	Différences.
5°	13766	13291	—475	13433	—333
12	13116	13106	— 10	13230	+114
14	12728	13037	+309	13152	+424
20	13033	12770	—263	12854	—179
30	12701	12224	—477	12246	—455
32	11621	12143	+522	12124	+503
35	11746	12025	+279	11971	+225
39	12258	11926	—332	11819	—439
40	11372	11910	+538	11790	+418
43	12036	11925	—111	11757	—279

Avec l'une et l'autre des deux formules, les différences sont assez faibles et irrégulières.

§ 10. — Suite. — Canon de 24^{cm}. Expériences de Gâvre, 1875.

D'autres expériences ont été faites en 1875 avec le canon de 24^{cm}. On employait des obus ogivaux de 120^{kg} (*fig.* 29), dont la forme était un peu différente de ceux qui ont été décrits au paragraphe précédent.

$$a = 237^{mm},4, \quad l = 665^{mm}, \quad j = 285, \quad J = 472,$$

$$\frac{l}{a} = 2,801, \quad \frac{j}{a} = 1,200, \quad \frac{J}{a} = 2,409,$$

$$\gamma = 41°42', \quad \iota = 4°25',$$

$$p = 120^{kg}.$$

Ceinture en cuivre : largeur, 25^{mm}; diamètre, 243^{mm},6; distance au culot, 25^{mm}; diamètre du bourrelet avant, 239^{mm},6.

L'inclinaison finale des rayures du canon était encore égale à 4°. Diamètre du cercle équivalent à la section de l'âme et des rayures, 0^{m},242.

Dans une première série d'expériences, la vitesse initiale des projectiles était égale à $472^m,4$.

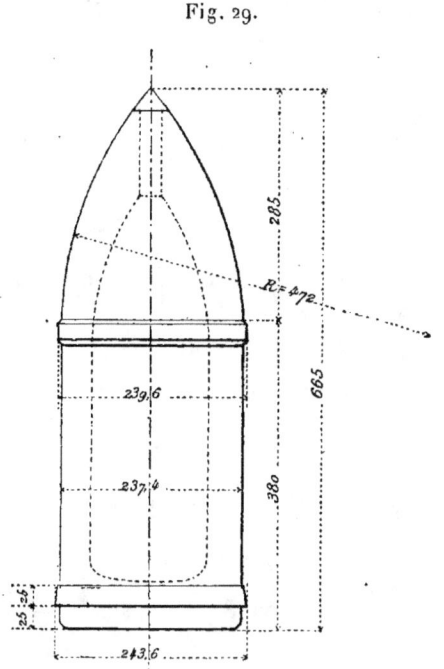

Fig. 29.

Formule (A).

$$\frac{10^{10} \, Kp}{\Delta a^2 \sin \gamma} = -10943 + 16343 \cos\alpha + \frac{8560}{\cos\alpha},$$

$$\alpha_K = 40°38'.$$

Formule (B).

$$\frac{10^{10} \, Kp}{\Delta a^2 \sin \gamma} = -25125 \, (1 - \cos\alpha) + \frac{14232}{\cos\alpha},$$

$$\alpha_K = 41°11'.$$

Les deux formules assignent à l'angle de plus grande portée une valeur un peu inférieure à 45°.

ANGLE α.	VALEURS DE $\dfrac{10^{10} K p}{\Delta a^2 \sin\gamma}$ DONNÉES PAR				
	l'expérience.	la formule (A).	Différences.	la formule (B).	Différences.
5°.24′.41″	13592	13923	+331	14188	+596
10.42.23	13949	13821	−128	14047	+ 98
20.30.50	13847	13515	−332	13503	−344
30.58.20	12878	13031	+153	13016	+138

Les expériences ayant été fort peu nombreuses, les différences n'ont rien d'exagéré.

Dans une autre série d'expériences, la vitesse initiale des projectiles était réduite à 342^m. On a trouvé :

Formule (A).
$$\frac{10^{10} K p}{\Delta a^2 \sin\gamma} = -7256 + 8054 \cos\alpha + \frac{12303}{\cos\alpha}.$$

Formule (B).
$$\frac{10^{10} K p}{\Delta a^2 \sin\gamma} = -10228(1 - \cos\alpha) + \frac{13194}{\cos\alpha}.$$

D'après ces deux expressions, la valeur du coefficient K se montrerait constamment croissante avec l'angle de départ.

ANGLE α.	VALEURS DE $\dfrac{10^{10} K p}{\Delta a^2 \sin\gamma}$ DONNÉES PAR				
	l'expérience.	la formule (A).	Différences.	la formule (B).	Différences.
10°	13260	13158	−102	13239	− 21
20	13388	13388	0	13424	+ 36
25	13235	13592	+357	13592	+357
30	14178	13898	−280	13868	−310
35	14306	14331	+ 25	14259	− 47

Avec l'une et l'autre des deux formules, les différences sont insignifiantes.

§ 11. — Suite. — Canon de 24^{cm} de la guerre (Gâvre, 1878).

Les obus ogivaux (*fig.* 30), du poids de 120^{kg}, avaient l'ogive beaucoup plus allongée que ceux des projectiles de 24^{cm} décrits dans les paragraphes précédents. Le bourrelet

Fig. 30.

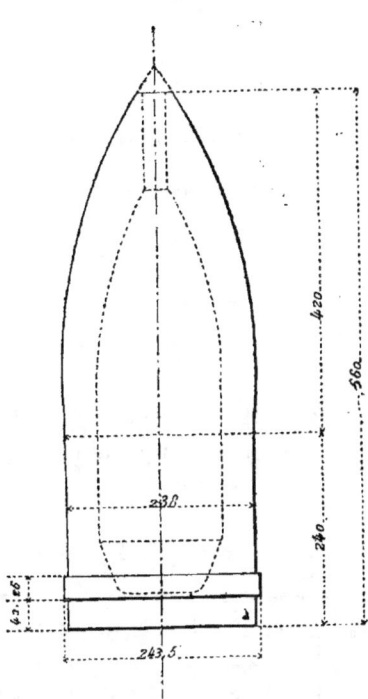

avant était remplacé par un renflement en forme de tore, formant le prolongement de l'ogive. La pointe de cette dernière était remplacée par un méplat de 45^{mm} de diamètre.

$$a = 238^{mm}, \quad l = 660^{mm}, \quad j = 420^{mm}, \quad J = 724^{mm},$$

$$\frac{l}{a} = 2,773, \quad \frac{j}{a} = 1,765, \quad \frac{J}{a} = 3,042,$$

$$\gamma = 33°44', \quad \iota = 0°,$$

$$p = 120^{kg}.$$

La ceinture en cuivre, du diamètre de 243^{mm},5, était cylindrique ; sa largeur était de 26^{mm} et elle se trouvait placée à 42^{mm} du culot.

Les rayures du canon étaient paraboliques et au nombre de 60 ; leur inclinaison finale était de 7°. Diamètre de l'âme entre les cloisons, 240^{mm} ; profondeur des rayures, 1^{mm},5 ; diamètre du cercle équivalent à la section de l'âme et des rayures, 0^m,242 ; vitesse initiale des projectiles, 474^m.

On a trouvé :

Formule (A).

$$\frac{10^{10} K p}{\Delta a^2 \sin\gamma} = -30382 + 30013 \cos\alpha + \frac{14507}{\cos\alpha},$$

$$\alpha_K = 45° 57'.$$

Formule (B).

$$\frac{10^{10} K p}{\Delta a^2 \sin\gamma} = -29028(1 - \cos\alpha) + \frac{14003}{\cos\alpha},$$

$$\alpha_K = 46° 1'.$$

Les deux formules assignent à l'angle de plus grande portée une valeur très légèrement supérieure à 45°.

ANGLE α.	VALEURS DE $\frac{10^{10} K p}{\Delta a^2 \sin\gamma}$ DONNÉES PAR				
	l'expérience.	la formule (A).	Différences.	la formule (B).	Différences.
2° 6' 0"	14509	14018	−491	13993	−516
3.41.40	14323	13987	−335	13971	−352
5.13. 0	13835	13957	+122	13943	+108
10. 6. 0	13682	13804	+122	13770	+ 88
15. 6. 0	13835	13499	−336	13500	−335
20. 6. 0	12980	13132	+152	13143	+163
25. 6. 0	12430	12705	+275	12724	+294
28. 6. 0	11972	12430	+458	12452	+480
45. 0. 0	11544	11544	0	11301	−243

Avec l'une et l'autre des deux formules, les différences sont faibles et irrégulières.

§ 12. — Suite. — Canon de 19^{cm}. Expériences de Gâvre.

Diamètre de l'âme, 194^{mm}; profondeur des rayures, 1^{mm},5; inclinaison finale des rayures, $\Theta = 4°$; diamètre du cercle équivalent à la section de l'âme et des rayures, 0^m,196.

Obus ogivaux (fig. 31).

Fig. 31.

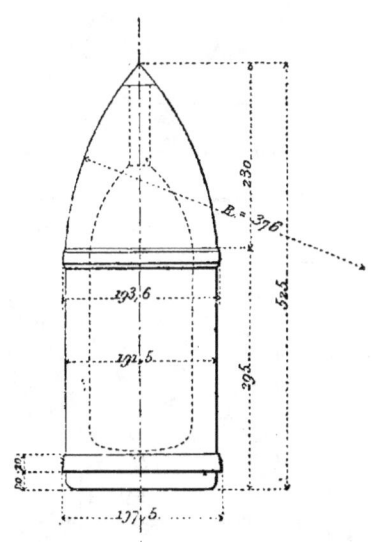

$a = 191^{mm},5, \quad l = 525^{mm}, \quad j = 230^{mm}, \quad J = 376^{mm},$

$\dfrac{l}{a} = 2,741, \quad \dfrac{j}{a} = 1,201, \quad \dfrac{J}{a} = 1,962,$

$\gamma = 41°56', \quad 2 = 3°15,$

$p = 62^{kg},500.$

Ceinture en cuivre : largeur, 20^{mm}; diamètre, 197^{mm},5; distance au culot, 20^{mm}; diamètre du bourrelet avant, 193^{mm},6.

Les expériences ont été exécutées en 1875. Dans une première série d'épreuves, la vitesse initiale des projectiles était égale à 485^m.

On a trouvé :

Formule (A).
$$\frac{10^{10} K p}{\Delta a^2 \sin \gamma} = -10219 + 14716 \cos\alpha + \frac{10127}{\cos\alpha},$$
$$\alpha_K = 33°57'.$$

Formule (B).
$$\frac{10^{10} K p}{\Delta a^2 \sin \gamma} = -21321(1 - \cos\alpha) + \frac{14720}{\cos\alpha},$$
$$\alpha_K = 33°49'.$$

Les deux formules s'accordent à assigner à l'angle de plus grande portée une valeur inférieure à 45°.

ANGLE α.	VALEURS DE $\frac{10^{10} K p}{\Delta a^2 \sin\gamma}$ DONNÉES PAR				
	l'expérience.	la formule (A).	Différences.	la formule (B).	Différences.
14°	14468	14488	+ 20	14536	+ 68
20	14327	14387	+ 60	14381	+ 54
25	14790	14286	−504	14243	−547
30	14226	14226	0	14139	− 87
35	13984	14206	+222	14130	+146
37	14186	14206	+ 20	14135	− 51
40	13823	14266	+443	14224	+401
42	14568	14347	−221	14327	−241
45	14669	14508	−161	14569	−100
48	14830	14770	− 60	14941	+111

Avec l'une et l'autre des deux formules, les différences sont assez faibles et irrégulières.

Dans une deuxième série d'expériences, la vitesse initiale des projectiles était réduite à 346^m. On a trouvé :

Formule (A).
$$\frac{10^{10} K p}{\Delta a^2 \sin \gamma} = 2776 - 2019 \cos\alpha + \frac{13218}{\cos\alpha},$$

Formule (B).
$$\frac{10^{10} K p}{\Delta a^2 \sin \gamma} = 1112(1 - \cos\alpha) + \frac{14008}{\cos\alpha}.$$

FORMULE DES PORTÉES.

D'après ces deux formules, la valeur du coefficient K se montrerait constamment croissante avec l'angle de départ. Cette croissance est même tellement rapide que, dans la formule (A), aussi bien que dans la formule (B), le terme en $\cos\alpha$ est négatif, ce qui ne s'était pas encore rencontré dans les tirs examinés jusqu'à présent.

ANGLE α.	VALEURS DE $\dfrac{10^{10} K p}{A a^2 \sin\gamma}$ DONNÉES PAR				
	l'expérience.	la formule (A).	Différences.	la formule (B).	Différences.
10°	14105	14246	+141	14238	+133
20	14810	14992	+182	14975	+165
25	16301	15576	−725	15560	−741
30	15858	16342	+484	16324	+466
35	17430	17309	−121	17316	−114

Boulets ogivaux (*fig.* 32).

Fig. 32.

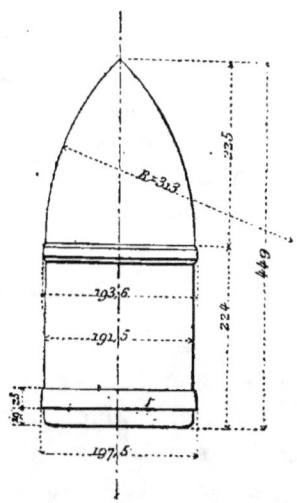

$a = 191^{mm},5, \quad l = 449^{mm}, \quad j = 225^{mm}, \quad J = 313^{mm},$

$\dfrac{l}{a} = 2,344, \quad \dfrac{j}{a} = 1,175, \quad \dfrac{J}{a} = 1,634,$

$$\gamma = 45°58', \quad \iota = 0°.$$
$$p = 75^{kg}.$$

Ceinture en cuivre : largeur, 25^{mm}; diamètre, $197^{mm},5$; distance au culot, 19^{mm}; diamètre du bourrelet avant, $193^{mm},6$.

Les premières expériences ont été faites en 1875. La vitesse initiale des projectiles était égale à 448^m. On a trouvé :

Formule (A).

$$\frac{10^{10} K p}{\Delta a^2 \sin \gamma} = -18110 + 21030 \cos \alpha + \frac{11546}{\cos \alpha},$$
$$\alpha_K = 42°10'.$$

Formule (B).

$$\frac{10^{10} K p}{\Delta a^2 \sin \gamma} = -24416(1 - \cos \alpha) + \frac{14466}{\cos \alpha},$$
$$\alpha_K = 39°5'.$$

Les deux formules assignent à l'angle de plus grande portée une valeur inférieure à $45°$.

ANGLE α.	VALEURS DE $\frac{10^{10} K p}{\Delta a^2 \sin \gamma}$ DONNÉES PAR				
	l'expérience.	la formule (A).	Différences.	la formule (B).	Différences.
14°	13870	14185	+315	14174	+304
20	13825	13938	+113	13923	+98
25	14185	13690	—495	13674	—511
30	13690	13498	—192	13432	—258
37	12814	13151	+337	13196	+382

D'autres expériences ont été faites en 1881. La vitesse initiale des projectiles était égale à $460^m,7$.

Les tirs n'ayant été exécutés que sous trois inclinaisons, on s'est borné à faire usage de la formule (B), ce qui a donné

$$\frac{10^{10} K p}{\Delta a^2 \sin \gamma} = -26443(1 - \cos \alpha) + \frac{14149}{\cos \alpha},$$
$$\alpha_K = 43°.$$

FORMULE DES PORTÉES.

D'après cette formule, l'angle de plus grande portée ne serait que légèrement inférieur à 45°.

ANGLE α.	VALEURS DE $\dfrac{10^{10} K p}{A a^2 \sin \gamma}$ DONNÉES PAR		
	l'expérience.	la formule (B).	Différences.
15.34′	13621	13709	+ 88
23. 4	13225	13277	+ 52
30. 4	12915	12799	− 116

Les différences sont insignifiantes.

§ 13. — Suite. — Canon de 16^{cm}. Expériences de Gâvre, 1880.

Diamètre de l'âme, 164^{mm},8; profondeur des rayures, 1^{mm}; inclinaison finale des rayures, $\Theta = 7°$; diamètre du cercle équivalent à la section de l'âme et des rayures, 0^m,1662.

Obus ogivaux (fig. 33).

$a = 162^{mm},3, \quad l = 497^{mm},5, \quad j = 197^{mm},5, \quad J = 320^{mm},$

$\dfrac{l}{a} = 3,065, \quad \dfrac{j}{a} = 1,217, \quad \dfrac{J}{a} = 1,972,$

$\gamma = 41° 49', \quad \iota = 2° 51',$

$p = 45^{kg}.$

Ceinture en cuivre : largeur, 20^{mm}; diamètre, 167^{mm},3; distance au culot, 40^{mm}; diamètre du bourrelet avant, 164^{mm},3.

Le canon qui servait aux expériences avait déjà tiré un grand nombre de coups et l'âme se trouvait en assez mauvais état; c'est pourquoi on avait donné aux ceintures des projectiles un diamètre notablement supérieur à celui de l'âme au fond des rayures; mais l'âme continuait à se dégrader, de sorte que, dans les derniers tirs, les ceintures se trouvaient complètement rasées pendant le mouvement dans l'âme et ne maintenaient plus qu'imparfaitement les projectiles. Il en est

234   TROISIÈME PARTIE. — CHAPITRE IV.

résulté une grande diminution dans les portées obtenues et l'on a écarté les résultats fournis par ces derniers tirs.

La vitesse initiale des projectiles était d'environ 543^m.

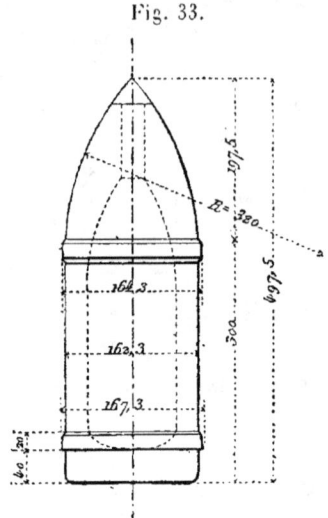

Fig. 33.

On n'a tiré que sous quatre inclinaisons différentes et l'on s'est contenté de faire usage de la formule (B), qui a donné

$$\frac{10^{10} K p}{\Delta a^2 \sin \gamma} = -19757 (1 - \cos \alpha) + \frac{11865}{\cos \alpha},$$

$$\alpha_K = 40°.$$

Cette formule assigne à l'angle de plus grande portée une valeur un peu inférieure à $45°$.

ANGLE α.	VALEURS DE $\frac{10^{10} K p}{\Delta a^2 \sin \gamma}$ DONNÉES PAR		
	l'expérience.	la formule (B).	Différences.
14.52′	11491	11608	117
19.52	11430	11439	9
24.52	11350	11230	120
35. 0	10924	10911	13

Les différences sont insignifiantes.

§ 14. — Suite. — Canon de 14ᶜᵐ (Gâvre, 1880).

Diamètre de l'âme, $138^{mm},6$; nombre des rayures, 28; profondeur des rayures, $1^{mm},2$; inclinaison finale des rayures, $\Theta = 7°$; diamètre du cercle équivalent à la section de l'âme et des rayures, $0^m,1404$.

On a fait usage de deux projectiles différents; les uns pesaient 21^{kg} (*fig.* 34), les autres 28^{kg} (*fig.* 35). Leurs dimensions principales sont données dans le Tableau suivant:

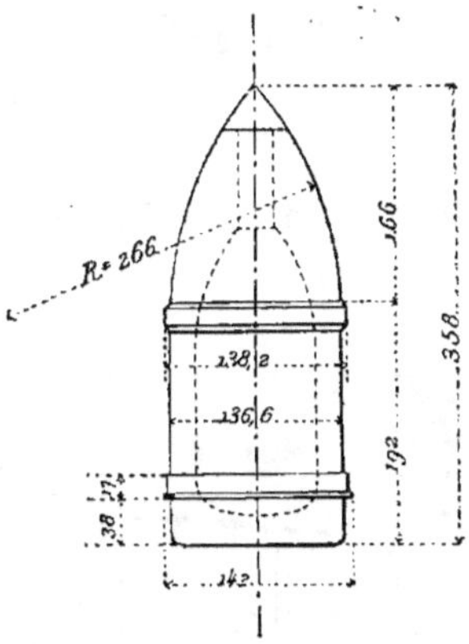

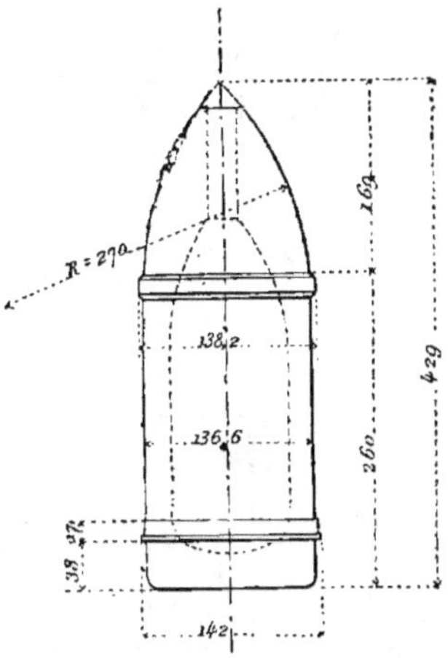

Fig. 34.   Fig. 35.

Poids des projectiles (kilogr.)	21	28
Diamètre a (millim.)	136,6	136,6
Longueur totale l (millim.)	358	429
Hauteur de l'ogive j (millim.)	166	169
Rayon de l'arc ogival J (millim.)	266	270
Rapports $\dfrac{l}{a}$	2,621	3,141
$\dfrac{j}{a}$	1,215	1,237
$\dfrac{J}{a}$	1,947	1,977
Angle ogival γ	42°5′	38°45′
Angle ι	2°39′	0°

Pour les deux projectiles, la ceinture en cuivre, de 17^{mm}

de largeur et de $142^{mm},0$ de diamètre, était placée à 38^{mm} du culot. Diamètre du bourrelet avant, $138^{mm},2$.

1° *Obus de* 21^{kg}.

La vitesse initiale imprimée aux obus de 21^{kg} était égale à $458^m,7$.

Dans la régularisation des valeurs de $\dfrac{10^{10} K p}{\Delta a^2 \sin \gamma}$, on s'est borné à faire usage de la formule (B), qui a donné

$$\frac{10^{10} K p}{\Delta a^2 \sin \gamma} = -16683(1 - \cos\alpha) + \frac{12735}{\cos\alpha},$$

$$\alpha_K = 29°7'.$$

D'après la formule, l'angle de plus grande portée est inférieur à 45°.

ANGLE α.	VALEURS DE $\dfrac{10^{10} K p}{\Delta a^2 \sin \gamma}$ DONNÉES PAR		
	l'expérience.	la formule (B).	Différences.
7.3	13481	12719	— 762
11.3	12726	12677	— 49
17.3	12319	12586	+ 267
23.3	12627	12513	— 114
28.3	11697	12477	+ 780
40.3	12824	12548	— 276

Les différences sont fortes, mais les résultats des expériences se montrent ici fort irréguliers.

2° *Obus de* 28^{kg}.

La vitesse initiale des obus de 28^{kg} était égale à $468^m,2$.
On s'est borné à faire usage de la formule (B), et l'on a

trouvé

$$\frac{10^{10} K p}{\Delta a^2 \sin \gamma} = -25792(1 - \cos \alpha) + \frac{14079}{\cos \alpha},$$

$$\alpha_K = 42°22'.$$

D'après cette formule, l'angle de plus grande portée serait légèrement inférieur à 45°.

ANGLE α.	VALEURS DE $\frac{10^{10} K p}{\Delta a^2 \sin \gamma}$ DONNÉES PAR		
	l'expérience.	la formule (B).	Différences.
6.13'	14070	14034	− 36
9.13	13681	13939	+ 258
15.13	13554	13694	+ 140
20.13	13172	13433	+ 261
25.13	13043	13105	+ 62
29.13	12971	12868	− 103
40.13	12795	12338	− 457

Les différences sont peu importantes.

§ 15. — Suite. — Canon de 10^{cm} (Gâvre, 1881).

Diamètre de l'âme, 100^{mm}; nombre des rayures, 20; profondeur des rayures, 0^{mm},8; inclinaison finale des rayures, $\Theta = 7°$; diamètre du cercle équivalent à la section de l'âme et des rayures, 0^m,101.

On a fait usage de deux projectiles différents; le premier était un obus ogival de 12^{kg} (*fig.* 36), le deuxième un obus ogival de 14^{kg} (*fig.* 37).

Les dimensions principales des projectiles sont renfermées dans le Tableau suivant :

Poids des projectiles (kilogr.)......	12	14
Diamètre a (millim.)	98	98
Longueur totale l (millim.)........	343	392
Hauteur de l'ogive j (millim.)....	120	120

238   TROISIÈME PARTIE. — CHAPITRE IV.

Rayon de l'arc ogival J (millim.).. 171,4   171,4

Rapports $\begin{cases} \dfrac{l}{a} \dots\dots\dots\dots & 3,500 \quad 4,000 \\ \dfrac{j}{a} \dots\dots\dots\dots & 1,224 \quad 1,224 \\ \dfrac{J}{a} \dots\dots\dots\dots & 1,749 \quad 1,749 \end{cases}$

Angle ogival γ .... 44° 26′   44° 26′
Angle ι .... 0°   0°

Ceinture en cuivre : largeur, $14^{mm},0$; diamètre, $102^{mm},4$; distance au culot, 40^{mm} ; diamètre du bourrelet avant, $99^{mm},6$.

Fig. 36.   Fig. 37.

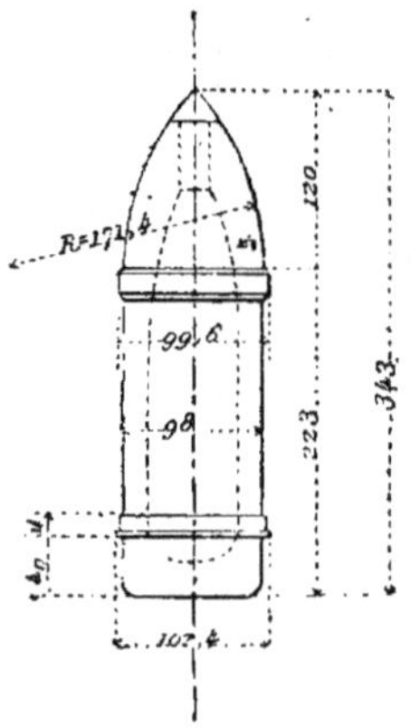

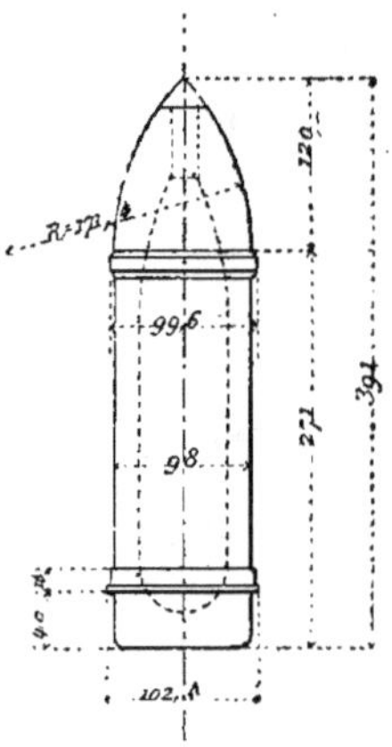

Pour chaque espèce de projectile, les tirs ont été exécutés jusqu'à des inclinaisons de beaucoup supérieures à 45°. On s'est borné, pour calculer les coefficients de la formule (B), à faire usage des résultats fournis par les tirs exécutés sous les inclinaisons inférieures à 45°. Toutefois, dans chacun des Tableaux qui permettent la comparaison entre les valeurs de $\dfrac{10^{10}\,Kp}{\Delta a^2 \sin\gamma}$ données par l'expérience et par la formule, on a inscrit également les valeurs du coefficient qui correspondent aux angles plus grands que 45°.

FORMULE DES PORTÉES.

1° *Obus de* 12^{kg}.

La vitesse initiale des projectiles de 12^{kg} était égale à $535^m,5$. On a trouvé :

Formule (B).
$$\frac{10^{10} K p}{\Delta a^2 \sin \gamma} = -17272(1-\cos\alpha) + \frac{12374}{\cos\alpha},$$
$$\alpha_K = 32° 11'.$$

D'après cette formule, l'angle de plus grande portée serait inférieur à $45°$.

ANGLE α.	VALEURS DE $\frac{10^{10} K p}{\Delta a^2 \sin \gamma}$ DONNÉES PAR		
	l'expérience.	la formule (B).	Différences.
12.4'	12262	12267	+ 5
19.4	12150	12159	+ 9
31.4	11741	11971	+ 230
32.4	12259	11964	− 295
42.4	12166	12217	+ 51
57.4	12658	14860	+2202
69.4	19251	23438	+4187
80.4	58100	57000	−1100

Pour les angles inférieurs à $45°$, les différences sont insignifiantes ; mais, pour les angles supérieurs, elles sont loin d'être négligeables. Il est vrai que les tirs exécutés sous ces grandes inclinaisons ne présentent que fort peu de régularité.

2° *Obus de* 14^{kg}.

La vitesse initiale communiquée aux projectiles de 14^{kg} était égale à $504^m,5$. On a trouvé :

Formule (B).
$$\frac{10^{10} K p}{\Delta a^2 \sin \gamma} = -18848(1-\cos\alpha) + \frac{12978}{\cos\alpha},$$
$$\alpha_K = 33° 56'.$$

D'après la formule, l'angle de plus grande portée serait inférieur à 45°.

ANGLE α.	VALEURS DE $\dfrac{10^{10} K p}{\Delta a^2 \sin \gamma}$ DONNÉES PAR		
	l'expérience.	la formule (B).	Différences.
12.4'	12804	12848	+ 44
19.4	12585	12713	+ 128
31.4	12333	12448	+ 115
32.4	12891	12435	− 456
42.4	12448	12624	+ 176
59.4	14320	16061	+1741
69.4	19000	24106	+5106
80.4	61312	59170	−2142

Comme pour l'obus de 12^{kg}, les différences sont assez faibles tant que l'angle de départ ne surpasse pas 45°; mais, pour les inclinaisons supérieures, les différences deviennent très fortes. Les valeurs de $\dfrac{10^{10} K p}{\Delta a^2 \sin \gamma}$, données par la formule, sont d'abord plus grandes, puis plus petites que celles qui résultent de l'expérience.

§ 16. — Influence de la manière dont le projectile est maintenu dans l'âme.

Les mouvements irréguliers que le projectile contracte en parcourant la longueur de l'âme, et qu'il conserve en sortant de la bouche à feu, exercent une influence défavorable sur la grandeur des portées, et il convient de les atténuer autant que possible.

Une des causes de ces mouvements est la différence qu'il faut nécessairement établir entre le diamètre de l'âme et celui du bourrelet placé à la naissance de l'ogive, différence qui est à peu près la même dans tous les calibres. De là des bat-

FORMULE DES PORTÉES.

tements d'autant plus sensibles que le calibre est moindre, du moins lorsque les ceintures sont semblablement placées.

Cette cause d'infériorité des petits calibres peut être combattue par une augmentation de l'inclinaison des rayures. La rotation du projectile autour de son axe, devenant plus rapide, atténue plus fortement les effets des mouvements irréguliers. C'est ainsi qu'on se trouve conduit à augmenter l'inclinaison des rayures quand le calibre décroît.

Il est assez visible que la position des ceintures doit exercer une certaine influence sur le mouvement que peut prendre le projectile. Les nombreuses expériences exécutées en 1877 sur des projectiles de 10^{cm}, 14^{cm}, 16^{cm} et 24^{cm} ne laissent aucun doute à cet égard.

Avant cette époque, les ceintures étaient toujours placées de la manière suivante :

	cm	cm	cm	cm
Projectiles de............................	10	14	16	24
Distance de la ceinture au culot (millim.)..	16	20	18	24

Dans les expériences de 1877, une position déterminée de ceinture était comparée à la position regardée comme réglementaire. On en concluait la différence des portées moyennes. L'inclinaison du canon était constamment égale à 20°.

242 TROISIÈME PARTIE. — CHAPITRE IV.

Canon	Projectile	Distance de la ceinture au culot (millim.) / Portée correspondante (mètres)
Canon de 10 cm. $\Theta = 7°$.	Obus ogivaux de 12 kg (*fig.* 36). $V = 485^m$.	16 / 6360 — 30 / 6557 — 40 / 6567 — 50 / 6558 — 60 / 6483
Canon de 14 cm. $\Theta = 4°$.	Obus ogivaux de 21 kg (*fig.* 34). $V = 455^m$.	15 / 5420 — 20 / 5364 — 30 / 5902 — 40 / 5962 — 50 / 5938
Canon de 16 cm. $\Theta = 4°$.	Obus ogivaux de 45 kg (*fig.* 33). $V = 466^m$.	18 / 7017 — 40 / 7136 — 50 / 7069
Canon de 16 cm. $\Theta = 8°$.	Obus ogivaux de 45 kg (*fig.* 33). $V = 466^m$.	18 / 7153 — 40 / 7203 — 50 / 7206
Canon de 24 cm. $\Theta = 4°$.	Obus ogivaux de 120 kg (*fig.* 29). $V = 474^m$.	16 / 7668 — 24 / 7680 — 42 / 7847 — 55 / 7870 — 70 / 7866 — 80 / 7865
Canon de 24 cm. $\Theta = 4°$.	Obus ogivaux de 120 kg (*fig.* 29). $V = 505^m$.	16 / 8015 — 42 / 8168
Canon de 24 cm. $\Theta = 4°$.	Boulets ogivaux de 144 kg (*fig.* 28). $V = 440^m$.	24 / 7688 — 40 / 7790 — 50 / 7800

Dans chaque Tableau, on voit la portée croître d'abord à mesure que la ceinture s'éloigne du culot; puis elle n'éprouve plus que de légères variations et, dans certains cas, finit même par se montrer décroissante.

De l'ensemble général des faits, il résulte que l'influence de la position de la ceinture s'affaiblit à mesure que le calibre, la vitesse initiale et l'inclinaison finale des rayures vont en augmentant.

Non seulement le changement de position de la ceinture peut modifier la portée et, par suite, la valeur de K; mais, d'après deux séries d'expériences exécutées en 1877 et 1878 sur le canon de 14^{cm}, ce changement paraît encore exercer une grande influence sur la manière dont le coefficient K varie avec l'angle α. Les projectiles étaient des obus ogivaux de 21^{kg}, conformes à ceux qui ont été décrits dans le § 14 et représentés *fig.* 34, sauf la position de la ceinture. Leur vitesse initiale était égale à 455^m.

Première série d'expériences.
Distance de la ceinture au culot des projectiles, 15^{mm}.

Angle α	5°10'40"	10°	20°	30°	35°
Valeur de 10^{10} K	12,54	12,43	13,00	14,52	15,08

Deuxième série d'expériences.
Distance de la ceinture au culot des projectiles, 38^{mm}.

Angle α	5°7'5"	6°7'30"	20°	30°	35°
Valeur de 10^{10} K	10,7	9,96	9,37	9,31	9,41

Toutes les valeurs du coefficient K qui correspondent à la ceinture placée à 15^{mm} du culot sont notablement supérieures à celles qui ont été obtenues lorsque la ceinture se trouvait à 38^{mm} du culot. En outre, dans le premier cas, la valeur de K augmente rapidement avec l'angle de départ, tandis que, dans le second, elle paraît décroître, du moins lorsque α varie entre $5°$ et $35°$.

Les expériences rapportées dans les paragraphes précédents, et qui vont servir de base à l'établissement des formules, ont généralement été exécutées avec des projectiles munis de ceintures placées à la position qui paraissait la plus avantageuse. Cette condition, toutefois, n'était pas remplie pour les projectiles de 24^{cm}, 27^{cm}, 32^{cm} et 34^{cm}; mais, par suite de la grandeur du calibre, les portées ne pouvaient être alors que très légèrement influencées. Elle n'était pas remplie davantage par les projectiles de 19^{cm}, et c'est sans doute à cette circonstance qu'il faut attribuer la croissance très rapide du coefficient K, qui a été signalée pour les obus de ce calibre lorsque leur vitesse était réduite à 346^{m} (§ **12**).

Quoi qu'il en soit, il convient de ne se servir qu'avec réserve des résultats obtenus avec les calibres inférieurs à 24^{cm}.

La forme du profil des ceintures peut aussi, dans certains cas, avoir une grande importance. Deux profils différents, représentés par les *fig*. 38 et 39, ont été essayés comparati-

Fig. 38 et 39.

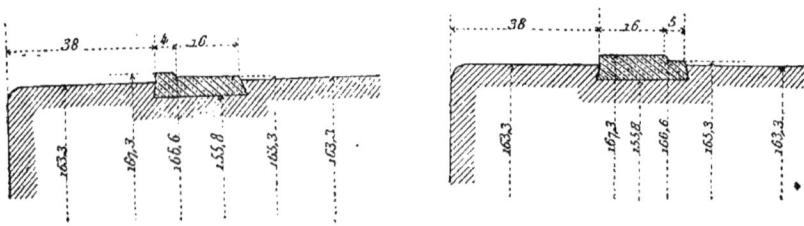

vement dans deux tirs exécutés à Gâvre, au mois de janvier 1880, avec des obus de 16^{cm} et de 45^{kg}. L'inclinaison était de $25°$ et la vitesse initiale des projectiles égale à 543^{m}.

Portée moyenne déduite de 24 coups { Profil n° 1... 8325^{m}
{ Profil n° 2... 8852

Différence.................. 527

La différence est certainement très considérable; mais il est à remarquer que les ceintures ayant le profil n° 1 avaient

§ 17. — Conséquences des expériences.

Dans les expériences qui viennent d'être rapportées, les vitesses ont varié entre 328^m et 543^m, et les angles entre $5°$ et $48°$; même l'inclinaison du canon de 10^{cm} a été poussée jusqu'à $80°$. Les angles γ ont varié de $33°$ à $47°$.

L'examen des faits montre que la formule (A) est susceptible de représenter d'une manière satisfaisante les résultats des expériences; mais, des trois coefficients $\mathcal{A}$, $\mathcal{B}$, $\mathcal{C}$ qu'elle renferme, les deux premiers, toujours de signes contraires, ne présentent qu'une légère différence. C'est en la négligeant et supposant, par conséquent, $\mathcal{B} = - \mathcal{A}$, qu'on obtient la formule (B), laquelle donne une approximation presque égale, et dont l'emploi se trouve ainsi justifié. Elle a l'avantage de ne renfermer que deux coefficients arbitraires M et N, de sorte qu'il suffirait de connaître la manière dont ces deux coefficients varient avec la vitesse pour obtenir une expression générale de la fonction K.

La formule (B) peut être écrite sous la forme

$$(B) \qquad \frac{10^{10} K p}{\Delta a^2 \sin \gamma} = N \left[- \frac{M}{N} (1 - \cos \alpha) + \sec \alpha \right].$$

On a vu précédemment (§ 16) que la manière dont le projectile était maintenu dans l'âme exerçait une influence considérable sur la variation du coefficient K avec l'angle de départ. C'est à cette circonstance que doivent sans doute être attribuées, du moins en grande partie, les nombreuses irrégularités que l'on rencontre dans les différentes valeurs du rapport $\frac{M}{N}$, rapportées dans les paragraphes précédents.

L'influence de la manière dont le projectile est maintenu dans l'âme, très considérable pour les petits canons, perd, comme on l'a vu, beaucoup de son importance à mesure que le calibre augmente. C'est donc à l'aide des résultats fournis par les canons de gros calibre qu'il convient de rechercher la manière dont le rapport $\frac{M}{N}$ varie avec la vitesse.

A cet effet, on a inscrit dans le Tableau suivant les valeurs de $\frac{M}{N}$ qui correspondent aux différents tirs exécutés avec les canons de 24, 27, 32 et 34^{cm}, en les rangeant dans un ordre tel que les vitesses décroissent de la première à la dernière :

CANON.	ESPÈCE de projectiles.	POIDS des projectiles.	VITESSE initiale.	VALEUR DU RAPPORT $\frac{M}{N}$
cm		kg	m	
24	obus.	100	533,0	1,841
34	id.	350	505,0	2,370
27	id.	180	504,8	2,179
24	id.	100	504,0	1,415
34	boulet.	420	491,5	1,741
24	obus.	120	490,2	2,171
32	id.	280	475,0	2,244
24 (guerre).	id.	120	474,0	2,073
24	id.	120	472,4	1,765
27	id.	180	470,0	1,897
24	id.	120	467,4	1,757
24	id.	120	467,4	2,054
24	boulet.	144	453,8	1,839
27	id.	217	432,0	2,897
24	id.	144	432,0	2,055
32	id.	345	318,0	2,007
32	obus.	280	360,0	1,643
34	id.	350	351,0	1,482
24	id.	120	342,0	0,775
27	id.	180	328,0	1,768

La valeur de $\frac{M}{N}$ qui correspond au boulet de 27^{cm} est de beaucoup supérieure à toutes les autres. Les tirs exécutés avaient été peu nombreux, et l'inclinaison du canon n'avait pas dépassé 28°; on peut donc se dispenser d'y avoir égard.

On peut aussi considérer comme inexacte la valeur du

rapport $\frac{M}{N}$ qui correspond au boulet de 24^{cm}, animé de la vitesse de 432^m; cette valeur est, en effet, notablement plus grande que celle qui a été obtenue avec le même projectile animé d'une vitesse de $453^m,8$, tandis que l'ensemble général des faits indique que le rapport $\frac{M}{N}$ décroît avec la vitesse. D'ailleurs, dans les expériences exécutées à la vitesse de $453^m,8$, l'inclinaison du canon s'était élevée jusqu'à $43°$, tandis qu'elle n'avait pas dépassé $35°$ pour la vitesse de 432^m.

Les autres valeurs de $\frac{M}{N}$ paraissent indiquer que cette quantité décroît en même temps que la vitesse; mais elles présentent encore de nombreuses irrégularités, que l'on a atténuées en partageant les résultats en cinq groupes et prenant, dans chaque groupe, des moyennes entre les vitesses et les valeurs de $\frac{M}{N}$. On a obtenu ainsi :

Vitesse (mètres)...	504,8	472,8	451,6	355,5	335,0
Valeur de $\frac{M}{N}$	1,952	1,992	1,914	1,562	1,271

D'après ces résultats, la valeur de $\frac{M}{N}$ croît avec la vitesse et paraît converger vers une limite sensiblement égale à 2, dont elle n'est pas très éloignée quand la vitesse atteint 470^m, de sorte que, au delà de cette dernière valeur, l'angle de plus grande portée serait sensiblement égal à $45°$, tandis que, pour toutes les vitesses plus petites que 470^m, l'angle de plus grande portée serait inférieur à $45°$.

On peut, pour représenter le rapport $\frac{M}{N}$ en fonction de la vitesse, faire essai de la formule très simple

$$\frac{M}{N} = \frac{2}{10^{\left(\frac{\mu}{V}\right)^\nu}},$$

et l'on reproduit sensiblement les valeurs de $\frac{M}{N}$, données ci-dessus, en prenant $\mu = 272$, $\nu = 8$, auquel cas la formule devient

$$(B') \qquad \frac{M}{N} = \frac{2}{10^{\left(\frac{272}{V}\right)^8}}.$$

Elle fait varier le rapport $\frac{M}{N}$ entre zéro et 2.

Il reste à rechercher la manière dont le coefficient N varie avec la vitesse. En réunissant tous les résultats obtenus dans les §§ 6 à 15, et considérant la suite des valeurs de N, disposées par ordre de vitesses décroissantes, on constate de nombreuses irrégularités, que l'on atténue en divisant ces résultats en six groupes, dans chacun desquels on fait correspondre la moyenne des valeurs de N à la moyenne des vitesses. On obtient ainsi :

Vitesse (mètres)	529,0	499,0	475,2	463,6	436,6	354,4
Valeur de N	12441	12700	13850	13696	14119	12893

La valeur de N croît d'abord avec la vitesse, puis décroît. On sait d'ailleurs que la valeur du coefficient K converge vers zéro lorsque la vitesse augmente indéfiniment (Ire Partie, Chap. VII, § 1); par conséquent, il doit en être de même de la valeur de N, puisque le rapport $\frac{M}{N}$ est toujours compris entre zéro et 2.

Lors des expériences antérieures à 1870 et rapportées dans la IIe Section (Chap. IV, § 10), la valeur de K avait été considérée comme indépendante de l'angle de départ, et le produit $\frac{Kp}{a^2 \sin\gamma} V$ s'était montré sensiblement constant, la vitesse ne dépassant pas 330^m. On est conduit, par analogie, à étudier la manière dont le produit NV varie avec la vitesse.

En formant, à l'aide du Tableau précédent, les différentes

FORMULE DES PORTÉES.

valeurs du produit NV, on trouve qu'il demeure sensiblement constant dès que la vitesse atteint 463^m, et l'on reproduit assez exactement ces diverses valeurs en adoptant la formule

$$(B'') \qquad NV = 6460000 - \frac{2390000}{10^{0,0000004\left(\frac{v}{100}\right)^{10}}},$$

d'après laquelle la valeur de N converge bien vers zéro lorsque la vitesse augmente indéfiniment.

Le Tableau suivant permet la comparaison des valeurs de NV, déduites des expériences et de la formule (B'') :

c (mètres)...........	529,0	499,0	475,2	463,6	436,6	345,4
Valeurs de NV { des expériences......	6581000	6337000	6582000	6349000	6164000	4553000
déduites { de la formule (B'')...	6460000	6460000	6452000	6425000	6224000	4547000
Différences............	−121000	+123000	−130000	+76000	+60000	−6000

Les formules (B), (B'), (B'') permettent de calculer les valeurs de K qui correspondent à un projectile et à une vitesse initiale donnés. On pourra, dans les applications, s'aider de la Table suivante :

TROISIÈME PARTIE. — CHAPITRE IV.

Table des valeurs de NV et de $\frac{M}{N}$.

VITESSES.	VALEURS DE NV.		VALEURS DE $\frac{M}{N}$.	
m				
100	4070000		0,000	
160	4070000		0,000	
180	4071000		0,000	
200	4072000		0,000	
220	4076000		0,000	
240	4084000		0,004	
250	4091000	7000	0,022	0,018
260	4101000	10000	0,073	0,051
270	4115000	14000	0,157	0,084
280	4134000	19000	0,322	0,165
290	4161000	27000	0,504	0,182
300	4197000	36000	0,699	0,195
310	4244000	47000	0,891	0,192
320	4305000	61000	1,068	0,177
330	4384000	79000	1,225	0,157
340	4484000	100000	1,359	0,134
350	4606000	122000	1,469	0,110
360	4753000	147000	1,566	0,097
370	4915000	162000	1,643	0,077
380	5119000	204000	1,707	0,064
390	5331000	212000	1,758	0,051
400	5550000	219000	1,800	0,042
410	5766000	216000	1,834	0,034
420	5964000	198000	1,862	0,028
430	6133000	169000	1,885	0,023
440	6264000	131000	1,904	0,019
450	6356000	92000	1,920	0,016
460	6412000	56000	1,932	0,012
470	6441000	29000	1,943	0,011
480	6454000	13000	1,952	0,009
490	6458000	4000	1,959	0,007
500	6460000	2000	1,965	0,006
550	6460000		1,984	
600	6460000		1,992	
650	6460000		1,996	

§ 18. — Application numérique.

Obus ogival de 24^{cm}.

$$p = 120^{kg}, \quad \gamma = 41°42'.$$

Diamètre du cercle équivalent à la section de l'âme et des rayures du canon de 24^{cm}, $0^m,242$, nombre que l'on adoptera pour valeur de a. Vitesse initiale, $V = 470^m$.

En supposant le poids du mètre cube d'air $\Delta = 1^{kg},208$, la formule (B), savoir

$$\frac{10^{10} K p}{\Delta a^2 \sin \gamma} = - M(1 - \cos \alpha) + N \sec \alpha,$$

devient

$$10^{10} K \times 2575 = - M(1 - \cos \alpha) + N \sec \alpha.$$

D'ailleurs, pour la vitesse de 470^m, la Table des valeurs de NV et de $\dfrac{M}{N}$ donne

$$NV = 6441000, \quad \frac{M}{N} = 1,943,$$

d'où

$$N = 13704, \quad M = 26627$$

et

$$10^{10} K = -10,341 (1 - \cos \alpha) + 5,322 \sec \alpha.$$

L'angle α_K, auquel correspond le minimum de K, est, d'après cette formule, égal à $44°,6$, de sorte que l'angle de plus grande portée est compris entre $44°6'$ et $45°$.

On obtient alors facilement les valeurs de K qui correspondent aux diverses valeurs de α :

Angle α	$30°$	$45°$	$60°$
Valeurs correspondantes de $10^{10} K$	4,761	4,495	5,473

Enfin, les portées se calculent au moyen de la formule

$$X = \frac{1}{2 K V^2} \left[\sqrt{\left(1 + 2 K V^2 \frac{2 V^2 \sin 2\alpha}{g}\right)} - 1 \right],$$

donnée Ire Partie, Chap. IV, § 13, à l'aide de laquelle on obtient :

Angle α	30°	45°	60°
Portée correspondante (mètres)	9669	10843	9221

La différence entre les portées qui correspondent aux angles de 30° et de 60° serait ainsi égale à 448^m.

§ 19. — Examen du cas où l'angle de départ est très faible.

Dans le § 3, on a trouvé que, lorsque l'angle α se rapproche de zéro, la valeur de K se rapproche de la limite $\frac{2}{3}\frac{b}{V^2}$, bV^2 représentant l'accélération qui correspond à la résistance de l'air, de sorte que l'on a

$$b = \frac{\Delta a^2}{p} \cdot f(V).$$

Or, lorsque, dans la formule (B), on fait converger α vers zéro, on trouve pour cette limite

$$\frac{N \Delta a^2 \sin \gamma}{10^{10} p}.$$

Si donc, à cette limite extrême, les formules étaient encore applicables, on devrait avoir

$$\frac{2}{3} \frac{\Delta a^2 f(V)}{p V^2} = \frac{N \Delta a^2 \sin \gamma}{10^{10} p}$$

ou

$$N = 10^{10} \frac{2}{3} \frac{f(V)}{V^2 \sin \gamma}.$$

Or le Tableau suivant montre qu'il n'en est pas ainsi :

VITESSE.	VALEUR DE N.	VALEUR DE $10^{10} \frac{2}{3} \frac{f(V)}{V^2 \sin\gamma}$.
200^m	20360	20550
250	16360	14290
300	13990	13890
320	13450	13740
340	13190	16390
360	13200	17010
380	13470	16490
400	13870	15250
420	14200	13830
440	14240	12603
460	13940	11530
480	13450	10590
500	12920	9760

La valeur de $10^{10} \frac{2}{3} \frac{f(V)}{V^2 \sin\gamma}$ est d'abord supérieure à celle de N; mais la différence diminue à mesure que la vitesse augmente; l'égalité s'établit pour une vitesse voisine de 200^m. De 200^m jusqu'à 300^m environ, la quantité $10^{10} \frac{2}{3} \frac{f(V)}{V^2 \sin\gamma}$ est inférieure à N; l'égalité s'établit de nouveau pour une vitesse voisine de 300^m, puis la valeur de $10^{10} \frac{2}{3} \frac{f(V)}{V^2 \sin\gamma}$ devient supérieure à N. Les différences sont très grandes dans le voisinage de 360^m; mais elles ne tardent pas à diminuer, et l'égalité se rétablit pour une vitesse peu inférieure à 420^m. Enfin, pour toutes les vitesses supérieures à 420^m, la valeur de $10^{10} \frac{2}{3} \frac{f(V)}{V^2 \sin\gamma}$ est supérieure à N, et la différence augmente indéfiniment avec la vitesse.

Dans les limites où varient d'ordinaire les vitesses initiales des projectiles de l'artillerie, qui ne deviennent guère inférieures à 300^m, on peut dire que la quantité $10^{10} \frac{2}{3} \frac{f(V)}{V^2 \sin\gamma}$ est supérieure à N lorsque la vitesse initiale est très grande, tandis que le contraire a lieu quand la vitesse initiale est inférieure à 420^m.

De là il faut conclure que les formules obtenues au § 17 ne donnent pas exactement les valeurs de K qui correspondent aux petits angles.

Il est donc intéressant de rechercher la manière dont varie le coefficient K lorsque l'angle de départ α est très petit.

Lorsque, dans toute l'étendue de la trajectoire, la vitesse du projectile reste supérieure à 400^m, on sait, d'après le Chapitre III, que la résistance de l'air est à peu près proportionnelle au carré de cette vitesse.

L'accélération correspondant à la résistance de l'air a été représentée, en général, par bv^2; et, dans le cas actuel, b est une constante. Comme il ne s'agit ici que de très faibles valeurs de α, le rapport $\dfrac{ds}{dx}$ diffère toujours extrêmement peu de l'unité : on n'altère donc pas sensiblement la valeur de l'accélération bv^2 en la multipliant par ce rapport; elle devient $bv^2 \dfrac{ds}{dx}$, et l'on sait que, dans ce cas, la formule qui donne la portée est

$$\sin 2\alpha = \frac{g}{2 V^2 b^2 X} (e^{2bX} - 2bX - 1)$$

(Ire Partie, Chap. VI, § 6).

Développant e^{2bX} et négligeant les puissances de b supérieures à la quatrième, on obtient

$$\frac{\sin 2\alpha}{gX} = \frac{1}{V^2} + X\left(\frac{2b}{3 V^2} + \frac{b^2 X}{3 V^2}\right).$$

Le coefficient de X, dans le second membre, est la valeur de K; on a donc

(C) $$K = \frac{b(2 + bX)}{3 V^2}.$$

La valeur de K, égale à $\dfrac{2}{3} \dfrac{b}{V^2}$ lorsque la portée X est nulle, va nécessairement en augmentant avec cette portée, du moins tant que la valeur de b peut être regardée comme constante.

FORMULE DES PORTÉES.   255

L'analyse précédente cesse d'être exacte lorsque la vitesse devient inférieure à 400^m; en effet, la valeur de b ne peut plus être considérée comme constante dans toute l'étendue de la trajectoire. On aurait sans doute une approximation suffisante si l'on attribuait à cette quantité une valeur moyenne parmi toutes celles qu'elle peut affecter. Pour calculer cette moyenne, on pourra calculer la vitesse finale v en négligeant l'action de la pesanteur et faisant usage de la Table du Chapitre III, § 12.

La valeur de v étant connue, on en déduira celle de b au moyen de la formule

$$v = V e^{-bX},$$

et cette valeur de b, introduite dans la formule (C), déterminera la valeur de K.

Il est bien clair que les résultats que l'on obtient dans ce dernier cas ne peuvent être considérés que comme purement approximatifs; cependant on peut s'en servir pour apprécier l'influence que les variations du coefficient K exercent sur les petites portées. On va en donner quelques exemples.

1° *Obus ogival de* 24^{cm}.

$p = 120^{kg}, \quad \gamma = 41° 12',$
$a = 0^m,242,$
$V = 470^m.$

Résultats des calculs.

PORTÉE X.	ANGLE DE DÉPART α.	VALEUR DE 10^{10} K.
m	° ′ ″	
0	0. 0. 0	4,492
500	0.42.00	4,659
1000	1.24.30	4,826
1500	2.16. 0	4,924
2000	3. 7. 0	4,998
2500	4. 3.30	4,925

La valeur de 10^{10} K se montre croissante jusqu'à 3°, où elle devient peu inférieure à la valeur donnée par les formules (B), (B'), (B''), savoir 5,312.

2° *Même projectile.* V $=$ 360$^\text{m}$.

Résultats des calculs.

PORTÉE X.	ANGLE DE DÉPART α.	VALEUR DE 10^{10} K.
m	° ′ ″	
0	0. 0. 0	6,868
500	1. 7.30	6,208
1000	2.20.30	5,969
1500	3.37.30	5,741
2000	4.58.30	5,342
2500	6.23. 0	5,159
3000	7.53.30	5,083

La valeur de K diminue d'abord très rapidement, puis plus lentement; pour l'angle de 6°, elle devient sensiblement égale à celle qui est donnée par les formules (B), (B'), (B''), savoir 5,128.

On voit, par ce qui précède, que les valeurs de K données par les formules (B), (B'), (B'') peuvent s'écarter de la vérité lorsque l'angle α est inférieur à 5°. Il reste à examiner à quelle erreur on s'exposerait en continuant à s'en servir, même lorsque l'angle de départ est très petit.

Dans le Tableau suivant, on a mis en regard les portées obtenues en employant tour à tour la valeur de K fournie par les formules (B), (B') et (B'') et celle qui résulte de la formule (C).

FORMULE DES PORTÉES.

	ANGLE α.	VALEUR DE 10^{10}K donnée par la formule (C).	PORTÉE correspondante.	VALEUR DE 10^{10}K donnée par les formules (B), (B'), (B'').	PORTÉE correspondante.	DIFFÉRENCES.
	° ′ ″		m		m	m
Obus de 24^{cur}.	0. 0. 0	4,492	0	5,322	0	0
	0.42. 0	4,659	500	5,322	497	− 3
$p = 120^{kg}$...	1.24.30	4,826	1000	5,320	993	− 7
$\gamma = 41°42'$...	2.16. 0	4,924	1500	5,317	1488	−12
$V = 470^m$....	3. 7. 0	4,998	2000	5,312	1983	−17
Obus de 24^{cm}.	0. 0. 0	6,868	0	5,128	0	0
	1. 7.30	6,208	500	5,128	502	+ 2
$p = 120^{kg}$...	2.20.30	5,969	1000	5,128	1010	+10
$\gamma = 41°42'$...	3.37.30	5,741	1500	5,128	1515	+15
$V = 360^m$....	4.58.30	5,342	2000	5,128	2014	+14
	6.23. 0	5,159	2500	5,128	2502	+ 2

Les différences que présentent les portées calculées, les unes d'après la formule (C), les autres d'après les formules (B), (B'), (B''), sont insignifiantes dans la pratique. Les formules (B), (B'), (B'') peuvent donc être employées, même dans le cas des petits angles, sans qu'il en résulte d'inconvénients réels.

§ 20. — Application des formules aux projectiles à tenons employés avant 1870.

Il est intéressant de rechercher si les formules précédentes pourraient être appliquées aux projectiles à tenons employés avant 1870. Or les valeurs de K qui leur correspondent ont pu être représentées dans le Chapitre VIII de la deuxième Section par la formule

$$K = \frac{0,0004252}{V} \frac{\Delta a^2}{p} \sin\gamma$$

ou

$$\frac{10^{10} K p}{\Delta a^2 \sin\gamma} V = 4252000.$$

(IIe Section, Chap. VIII, § 9).

La Table du § 17 donne 4197000 pour valeur du produit NV lorsque la vitesse est égale à 300ᵐ et 4244000 lorsque cette vitesse est égale à 310ᵐ. L'accord est des plus satisfaisants.

Les formules (B), (B'), (B'') font, il est vrai, varier la valeur de K avec l'angle de départ, mais cette variation est insignifiante, du moins jusqu'à l'angle de 35°, tant que la vitesse initiale ne surpasse pas 350ᵐ, de sorte que rien n'empêche alors de regarder ce coefficient comme constant.

Il a paru intéressant de rapporter quelques expériences exécutées en 1869 avec des projectiles à tenons de 14^{cm} et de 16^{cm}, sous des inclinaisons supérieures à 45°.

1° *Canon de 16^{cm} se chargeant par la bouche.*

Obus ogivaux décrits dans la deuxième Section, Chapitre IV, § 4 (*fig.* 15) :

$$a = 0^m,1623, \quad \gamma = 41°51', \quad p = 31^{kg},490.$$
$$\text{Vitesse initiale, } V = 323^m.$$

Les formules (B), (B'), (B'') donnent, en supposant $\Delta = 1^{kg},208$,

$$10^{10} K = 10,08(1 - \cos\alpha) + \frac{9,06}{\cos\alpha}.$$

ANGLE α.	VALEURS DE 10^{10} K DONNÉES PAR		
	l'expérience.	la formule.	Différences.
45°	9,27	9,82	−0,55
60	13,32	13,03	−0,29
70	23,00	19,78	−4,22
75	23,74	27,44	+3,70
80	41,68	43,71	+2,03

L'accord est assez satisfaisant, surtout si l'on remarque

FORMULE DES PORTÉES. 259

que les valeurs de K n'avaient pas été corrigées de l'influence du poids du mètre cube d'air et de celle des agitations de l'atmosphère.

2° *Canon de* 14^{cm} *se chargeant par la culasse.*

Obus ogivaux décrits dans la deuxième Section, Chapitre II, § 4 (*fig.* 12) :

$$a = 0^m,1366, \quad \gamma = 40°4', \quad p = 18^{kg},650,$$
$$\text{Vitesse initiale, } V = 320^m.$$

Supposant encore le poids du mètre cube d'air $\Delta = 1^{kg},208$, les formules (B), (B'), (B") donnent

$$10^{10} K = -11,18(1 - \cos\alpha) + \frac{10,47}{\cos\alpha}.$$

ANGLE α.	VALEURS DE 10^{10} K DONNÉES PAR		
	l'expérience.	la formule.	Différences.
45°	11,75	11,52	-0,23
60	16,00	15,34	—0,66
70	31,26	23,24	— 8,02
75	27,45	32,15	-4,70

La formule s'accorde sensiblement avec l'expérience pour les angles de 45° et de 60°. Les différences sont fortes pour les angles de 70° et de 75°; mais il est à remarquer que les expériences ont indiqué pour l'angle de 70° une valeur de K plus forte que pour l'angle de 75°. La différence serait fort réduite si l'on faisait correspondre à l'inclinaison 72°30' la moyenne des valeurs de K obtenues sous les inclinaisons de 70° et 75°.

§ 21. — Application des formules au canon de 90^{mm} de la guerre (Bourges, 1877, 1878, 1879).

Les canons de 90^{mm} ont été, à Bourges, l'objet d'une longue série d'expériences exécutées pendant les années 1877, 1878 et 1879. On a opéré sur deux canons en acier fretté qui différaient surtout par la longueur.

Diamètre de l'âme entre les cloisons, 90^{mm}; nombre des rayures, 32; profondeur des rayures, 0^{mm},6; inclinaison finale, 7°.

Les projectiles employés étaient des obus ogivaux terminés par un méplat à leur partie antérieure (*fig.* 40):

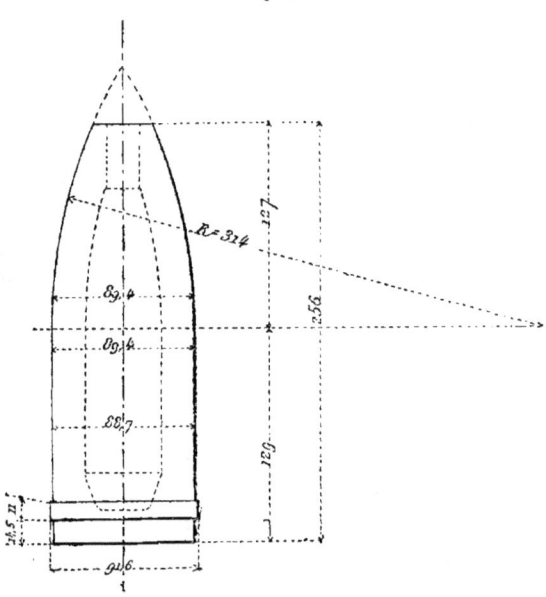

Fig. 40.

$$a = 88^{mm},7, \quad l = 256^{mm}, \quad j = 127^{mm}, \quad J = 314^{mm}.$$
$$\frac{l}{a} = 2,886, \quad \frac{j}{a} = 1,432, \quad \frac{J}{a} = 3,540,$$
$$\gamma = 33°40', \quad \iota = 0°,$$
$$p = 8^{kg}.$$

Ceinture en cuivre : largeur, 11^{mm} ; diamètre, $91^{mm},6$; distance au culot, $14^{mm},5$.

Le bourrelet avant était remplacé par un renflement formant le prolongement de l'ogive et dont le diamètre était égal à $89^{mm},4$.

Les Tableaux des expériences font connaître les portées obtenues sous les différents angles de départ. De là, il a été facile de déduire les valeurs du coefficient K ; toutefois, ces dernières n'ont pu être corrigées de l'influence de la densité de l'air et de celle des agitations de l'atmosphère, les procès-verbaux ne contenant aucun renseignement à cet égard. Lorsque les angles de départ étaient très voisins, la vitesse initiale restant la même, on a pris des moyennes entre les angles et les valeurs de K correspondantes. Plusieurs tirs sont ainsi réunis en un seul. Ces moyennes sont donc généralement déduites d'un nombre de coups très considérable, auquel cas les corrections perdent beaucoup de leur importance.

Les résultats ainsi obtenus sont inscrits dans le Tableau suivant. En regard de chaque valeur de K donnée par l'expérience, on a placé celle qui résulte des formules (B), (B'), (B'').

VITESSE initiale.	ANGLE a.	VALEURS DE $10^{10}K$ DONNÉES PAR		RAPPORT de la première valeur de $10^{10}K$ a la deuxième.
		l'expérience.	la formule.	
193^m	18°	20,100	15,660	1,284
	31	21,000	17,388	1,208
	42	23,500	20,055	1,173
	55	36,300	25,971	1,398
	69	48,200	56,471	0,854
300	8	10,500	9,915	1,059
	16	9,900	10,012	0,989
	25	10,400	10,254	1,014
	27	10,300	11,339	0,904
	42	12,800	12,323	1,039
	58	14,500	15,308	0,947
385	10	10,400	9,480	1,097
	18	10,000	9,261	1,080
	27	10,000	8,944	1,118
	55	12,300	9,636	1,276
457	6	10,400	9,835	1,057
	10	9,800	9,734	1,007
	14	10,060	9,606	1,047
	20	9,500	9,361	1,015

Les expériences exécutées à la vitesse de 193^{mm} ont été assez peu nombreuses; en outre, on a fait remarquer au § 3 que, lorsque la vitesse initiale est faible, une erreur, même assez petite, commise sur cette vitesse, entraîne une erreur considérable dans la valeur de K. Les valeurs de ce coefficient déduites des expériences, pour la vitesse de 193^m, peuvent donc être affectées d'erreurs importantes. Ces valeurs se montrent en général supérieures à celles que donnent les formules; toutefois, le contraire a lieu pour l'angle de 69°; les différences, quoique assez fortes, ne sont pas inadmissibles, étant donné le peu de précision avec lequel sont déterminées les valeurs de K déduites de l'expérience.

Pour les trois autres vitesses, les valeurs de K déduites des expériences sont généralement un peu supérieures à celles qui résultent de l'application des formules. La différence peut tenir, soit au méplat qui terminait l'avant des projectiles de 90^{mm}, soit à ce que la ceinture, placée à $14^{mm},5$ du culot, n'occupait pas la position la plus avantageuse. Au reste, on peut remarquer que l'angle ogival γ des projectiles de 90^{mm} se trouve égal à $33°40'$; il est, par suite, bien inférieur à ceux des projectiles qui ont été employés dans les recherches relatives à la résistance de l'air. Quelques expériences exécutées récemment donnent lieu de supposer que l'accélération due à la résistance de l'air et la valeur de $\dfrac{Kp}{a^2}$ décroissent un peu moins rapidement que le sinus de l'angle γ lorsque ce dernier devient notablement inférieur à $40°$.

Quoi qu'il en soit, si l'on fait abstraction des tirs exécutés à la vitesse de 193^m, le rapport des valeurs de K fournies par l'expérience à celles qui résultent de l'application des formules n'éprouve que des variations peu importantes. La valeur moyenne de ce rapport est égale à $1,046$; c'est donc par ce nombre qu'il faudrait multiplier les valeurs de K données par les formules (B), (B'), (B'') pour les faire convenir aux projectiles de 90^{mm}.

§ 22. — Construction des tables de tir.

Lorsque la valeur des coefficients M et N est connue, soit à l'aide des formules du § 17, soit, ce qui vaut mieux, au moyen d'expériences spéciales, le calcul des tables de tir ne présente aucune difficulté.

En effet, de la formule des portées

$$\frac{\sin 2\alpha}{g X} = \frac{1}{V^2} + KX,$$

on tire

$$X = \frac{1}{2KV^2}\left(\sqrt{1 + 2KV^2\frac{2V^2\sin 2\alpha}{g}} - 1\right),$$

et la valeur de K est donnée par la formule

$$\frac{10^{10} K p}{\Delta a^2 \sin\gamma} = -M(1 - \cos\alpha) + \frac{N}{\cos\alpha}.$$

Si donc on se donne l'angle de départ α, on peut calculer immédiatement la portée correspondante X.

On abrège le calcul de X au moyen d'un angle auxiliaire φ, tel que

$$\tang^2\varphi = 2KV^2\frac{2V^2\sin 2\alpha}{g};$$

on a évidemment alors

$$X = \frac{1}{2KV^2}(\séc\varphi - 1) \quad \text{ou} \quad X = \frac{1}{2KV^2}\left(\frac{1}{\cos\varphi} - 1\right).$$

Lorsqu'on a formé la valeur de log tang φ, les Tables trigonométriques usuelles donnent immédiatement celle de log séc φ ou de $\log\dfrac{1}{\cos\varphi}$.

La question est plus compliquée lorsqu'il s'agit de former une Table des inclinaisons correspondant à une suite de portées variant suivant une loi donnée, par exemple en progression arithmétique, attendu que la valeur de K qu'il faut introduire dans l'expression de sin 2 α change avec la valeur de X. Toutefois, on évitera toute difficulté à cet égard en calculant préalablement un certain nombre de portées correspondant à des inclinaisons tellement choisies que, dans leurs intervalles, les variations de K soient sensiblement proportionnelles à celles de X. Ce nombre sera d'ailleurs assez restreint, attendu que les variations de K sont, en général, peu considérables, du moins tant que l'on ne dépasse pas l'angle de plus grande portée.

Il est clair qu'alors on connaîtra immédiatement la valeur qu'il faudra attribuer à K d'après celle de X.

Les valeurs de α ainsi déterminées doivent être corrigées de l'angle de relèvement. On a donné dans la première Partie, Chapitre VII, § 2, un procédé pour déterminer cet angle.

Le plus souvent, à Gâvre, c'est dans une même série d'expériences que l'on mesure à la fois la vitesse initiale, la résistance de l'air et l'angle de relèvement.

A cet effet, un panneau vertical est placé au delà du dernier cadre-cible, c'est-à-dire à une distance du canon qui varie entre 400 et 500^m. Soit X la distance du canon au panneau.

On marque sur ce panneau le point où il est rencontré par le prolongement de l'axe de la bouche à feu. Après chaque coup, on mesure la différence de niveau entre ce point et le centre du trou formé par le boulet. Soit H la moyenne de ces différences ; c'est la quantité dont, à la distance X, la trajectoire moyenne s'abaisse au-dessous de la direction donnée à l'axe du canon.

Soit encore ε l'angle qu'au point de départ cette direction fait avec la tangente à la trajectoire moyenne : c'est précisément l'angle de relèvement.

La brièveté du trajet permet de supposer la résistance de l'air proportionnelle au carré de la vitesse. L'axe du canon étant presque horizontal, on peut, en prenant cette ligne pour axe des abscisses, adopter pour la courbe l'équation

$$y = x \tang \varepsilon - \frac{g}{4 b^2 V^2 \cos^2 \varepsilon} (e^{2bx} - 2bx - 1);$$

ou, en développant l'exponentielle et s'arrêtant aux termes du troisième degré, remarquant d'ailleurs que, vu la petitesse de l'angle de relèvement, $\cos^2 \varepsilon$ peut être remplacé par l'unité,

$$y = x \tang \varepsilon - \frac{g x^2}{2} \left(\frac{1}{V^2} + \frac{2}{3} \frac{bx}{V^2} \right).$$

Au point où la trajectoire rencontre le panneau, on a $x = X$, $y = H$; introduisant ces valeurs dans l'équation, on obtient finalement

$$\tang \varepsilon = \frac{gX}{2}\left(\frac{1}{V^2} + \frac{2}{3}\frac{bX}{V^2}\right) - \frac{H}{X}.$$

Les valeurs de V et de b sont données par les expériences mêmes.

Les tables de tir construites d'après les principes précédents font connaître l'inclinaison qu'il faut donner au canon pour atteindre un but placé à une distance X de la bouche à feu, lorsque l'atmosphère est calme. S'il en est autrement, l'angle doit être modifié.

La composante de la vitesse du vent parallèle au plan de tir est la seule à laquelle il soit nécessaire d'avoir égard (Chap. II, § 4). Soit W_1 cette composante.

Pour revenir au cas d'un air calme, il suffit d'imprimer à tout le système, lorsque le projectile sort de la bouche à feu, une vitesse égale à W_1.

Si le vent vient de l'arrière, ce mouvement est dirigé de l'avant vers l'arrière et le but parcourt dans ce sens, pendant la durée du trajet T, un espace égal à $W_1 T$, de sorte que la portée à obtenir est réduite à $X - W_1 T$.

Mais la vitesse initiale est amoindrie et devient égale à $V - W_1 \cos\alpha$ (Chap. II, § 2).

Soit, pour abréger,

$$X_1 = X - W_1 T,$$
$$V_1 = V - W_1 \cos\alpha;$$

l'angle α_1, qui doit être substitué à l'angle α, est donné par l'équation

$$\frac{\sin 2\alpha_1}{gX_1} = \frac{1}{V_1^2} + KX_1.$$

Il est vrai que ce calcul suppose la connaissance de la durée du trajet. Les formules relatives à cette dernière seront données dans le Chapitre VI.

CHAPITRE V.

SUBSTITUTION D'UNE COURBE DU TROISIÈME DEGRÉ
A LA TRAJECTOIRE RÉELLE.

Il est des questions dont la solution exige la connaissance de la trajectoire. En général, elles ne nécessitent pas une très grande précision, et on les résout avec une approximation bien suffisante en substituant à la trajectoire la courbe du troisième degré définie par l'équation

$$y = x \tang \alpha - \frac{g x^2}{2 \cos^2 \alpha} \left(\frac{1}{V^2} + K x \right),$$

dans laquelle on attribue à K la valeur qui, dans la formule des portées, correspond à l'angle α.

§ 1. — Abscisse du sommet de la trajectoire.

L'abscisse X_1 du sommet de la trajectoire est donnée par l'équation

$$\frac{3 g K X_1^2}{2 \cos^2 \alpha} + \frac{g X_1}{V^2 \cos^2 \alpha} = \tang \alpha$$

ou

$$\frac{V^2 \sin 2\alpha}{g} = 2 X_1 + 3 K V^2 X_1^2.$$

Il en résulte qu'entre la portée X et l'abscisse X_1 du sommet de la trajectoire on a la relation

(a) $X + K V^2 X^2 = 2 X_1 + 3 K V^2 X_1^2.$

Quand $K = 0$, on a $\frac{X_1}{X} = \frac{1}{2}$. Si K a une très grande valeur, l'équation se réduit sensiblement à

$$KV^2X^2 = 3KV^2X_1^2,$$

de laquelle on tire $\dfrac{X_1}{X} = \dfrac{1}{\sqrt{3}}$.

Ainsi le rapport $\dfrac{X_1}{X}$ varie entre $\frac{1}{2}$ et $\dfrac{1}{\sqrt{3}}$, c'est-à-dire entre 0,5 et 0,578. La résolution de l'équation donne

$$X_1 = \frac{-1 + \sqrt{1 + 3KV^2X + 9K^2V^4X^2}}{3KV^2},$$

expression un peu compliquée. On en obtient une autre beaucoup plus simple, en remarquant que, en raison de la petitesse de K, le rapport $\dfrac{X_1}{X}$ s'élève peu au-dessus de $\frac{1}{2}$.

Si l'on fait

$$\frac{X_1}{X} = \frac{1}{2} + n,$$

n est un nombre dont le carré peut être négligé. Remplaçant, dans l'équation (a), X_1 par $X(\frac{1}{2} + n)$, et supprimant le terme qui renferme n^2, on a

$$n = \frac{1}{4} \frac{KV^2X}{2 + 3KV^2X},$$

d'où

$$\frac{X_1}{X} = \frac{1}{2} + \frac{1}{4} \frac{KV^2X}{2 + 3KV^2X};$$

cette expression fait varier la valeur de $\dfrac{X_1}{X}$ entre 0,5 et 0,583.

La Table suivante évitera la répétition de calculs qui se reproduisent souvent :

VALEURS de KV^2X.	VALEURS de $\frac{X_1}{X}$.		VALEURS de KV^2X.	VALEURS de $\frac{X_1}{X}$.	
0,00	0,5000	0,0058	1,25	0,5543	0,0008
0,05	0,5058	0,0051	1,30	0,5551	0,0007
0,10	0,5109	0,0044	1,35	0,5558	0,0007
0,15	0,5153	0,0039	1,40	0,5565	0,0006
0,20	0,5192	0,0035	1,45	0,5571	0,0006
0,25	6,5227	0,0032	1,50	0,5577	0,0006
0,30	0,5259	0,0029	1,55	0,5583	0,0005
0,35	0,5288	0,0024	1,60	0,5588	0,0006
0,40	0,5312	0,0023	1,65	0,5594	0,0005
0,45	0,5336	0,0021	1,70	0,5599	0,0004
0,50	0,5357	0,0020	1,75	0,5603	0,0004
0,55	0,5377	0,0018	1,80	0,5608	0,0005
0,60	0,5395	0,0016	1,85	0,5613	0,0004
0,65	0,5411	0,0015	1,90	0,5617	0,0004
0,70	0,5426	0,0015	1,95	0,5621	0,0004
0,75	0,5441	0,0014	2,00	0,5625	
0,80	0,5455	0,0012	2,10	0,5633	
0,85	0,5467	0,0012	2,20	0,5640	
0,90	0,5479	0,0011	2,30	0,5646	
0,95	0,5490	0,0010	2,40	0,5652	
1,00	0,5500	0,0010	2,50	0,5658	
1,05	0,5510	0,0009	3,00	0,5682	
1,10	0,5519	0,0009	4,00	0,5715	
1,15	0,5528	0,0008	5,00	0,5736	
1,20	0,5536	0,0007	10,00	0,5781	
1,25	0,5543		∞	0,5833	

§ 2. — Ordonnée du sommet de la trajectoire.

Cette ordonnée, désignée par Y_1, est donnée par l'équation

$$\frac{Y_1}{X \tang \alpha} = 1 - \frac{1 + KV^2X_1}{2 + 3KV^2X_1}$$

(1re Partie, Chap. VII, § 13) ou

$$\frac{Y_1}{X \tang \alpha} = \frac{1 + 2KV^2X_1}{2 + 3KV^2X_1};$$

elle fait varier le rapport $\frac{Y_1}{X_1 \tang \alpha}$ entre $\frac{1}{2}$ et $\frac{2}{3}$.

Posant
$$\frac{X_1}{X} = \rho \quad \text{ou} \quad X_1 = \rho X,$$

la formule devient
$$\frac{Y_1}{X \tang \alpha} = \frac{1 + 2\rho K V^2 X}{2 + 3\rho K V^2 X}.$$

La quantité ρ, c'est-à-dire $\frac{X_1}{X}$, est donnée dans le paragraphe précédent en fonction de KV^2X. Le second membre est ainsi une fonction de KV^2X que l'on peut facilement calculer. On peut d'ailleurs s'aider de la Table suivante :

VALEURS de KV^2X.	VALEURS de $\frac{Y_1}{X \tang \alpha}$.		VALEURS de KV^2X.	VALEURS de $\frac{Y_1}{X \tang \alpha}$.	
0,00	0,5000	0,0061	1,25	0,5849	0,0017
0,05	0,5061	0,0058	1,30	0,5866	0,0016
0,10	0,5119	0,0054	1,35	0,5882	0,0016
0,15	0,5173	0,0052	1,40	0,5898	0,0015
0,20	0,5225	0,0048	1,45	0,5913	0,0015
0,25	0,5273	0,0046	1,50	0,5928	0,0014
0,30	0,5319	0,0043	1,55	0,5942	0,0013
0,35	0,5362	0,0041	1,60	0,5955	0,0013
0,40	0,5403	0,0039	1,65	0,5968	0,0012
0,45	0,5442	0,0036	1,70	0,5980	0,0012
0,50	0,5478	0,0034	1,75	0,5992	0,0012
0,55	0,5512	0,0033	1,80	0,6004	0,0011
0,60	0,5545	0,0031	1,85	0,6015	0,0011
0,65	0,5576	0,0029	1,90	0,6026	0,0010
0,70	0,5605	0,0028	1,95	0,6036	0,0010
0,75	0,5633	0,0027	2,00	0,6046	
0,80	0,5660	0,0026	2,10	0,6066	
0,85	0,5686	0,0024	2,20	0,6082	
0,90	0,5710	0,0022	2,30	0,6101	
0,95	0,5732	0,0021	2,40	0,6117	
1,00	0,5753	0,0021	2,50	0,6133	
1,05	0,5774	0,0020	3,00	0,6198	
1,10	0,5794	0,0019	4,00	0,6290	
1,15	0,5813	0,0018	5,00	0,6352	
1,20	0,5831	0,0018	10,00	0,6494	
1,25	0,5849		∞	0,6667	

SUBSTITUTION D'UNE COURBE DU TROISIÈME DEGRÉ, ETC.

Lorsque l'inclinaison du canon est grande, les projectiles animés de fortes vitesses s'élèvent à des hauteurs considérables ; mais on ne peut guère accorder quelque idée de précision aux procédés qui viennent d'être exposés pour la détermination de ces dernières. Les résultats du calcul ne peuvent être considérés que comme de simples appréciations, suffisantes d'ailleurs pour satisfaire la curiosité.

§ 3. — Angle de chute.

Soit ω l'angle de chute. Si la trajectoire était contenue dans le plan de tir, la tangente de cet angle serait égale à la valeur numérique de $\dfrac{dy}{dx}$ lorsque $x = X$. On aurait alors

$$\tang \omega = \frac{gX}{V^2 \cos^2 \alpha} + \frac{2 g K X^2}{2 \cos^2 \alpha} - \tang \alpha,$$

d'où

$$\frac{\tang \omega}{\tang \alpha} = \frac{gX}{V^2 \sin 2\alpha}(2 + 3 K V^2 X) - 1.$$

Or

$$\frac{V^2 \sin 2\alpha}{gX} = 1 + K V^2 X;$$

donc

$$\frac{\tang \omega}{\tang \alpha} = \frac{2 + 3 K V^2 X}{1 + K V^2 X} - 1.$$

et finalement

$$\frac{\tang \omega}{\tang \alpha} = 1 + \frac{K V^2 X}{1 + K V^2 X};$$

les valeurs du rapport $\dfrac{\tang \omega}{\tang \alpha}$ varient entre 1 et 2.

La Table suivante facilite les applications de la formule.

VALEURS de KV^2X.	VALEURS de $\frac{\tan\omega}{\tan\alpha}$.		VALEURS de KV^2X.	VALEURS de $\frac{\tan\omega}{\tan\alpha}$.	
0,00	1,0000		1,25	1,5556	
0,05	1,0476	0,0476	1,30	1,5652	0,0096
0,10	1,0909	0,0433	1,35	1,5745	0,0093
0,15	1,1304	0,0395	1,40	1,5833	0,0088
0,20	1,1667	0,0363	1,45	1,5918	0,0085
0,25	1,2000	0,0333	1,50	1,6000	0,0082
0,30	1,2308	0,0308	1,55	1,6078	0,0078
0,35	1,2593	0,0285	1,60	1,6154	0,0076
0,40	1,2857	0,0264	1,65	1,6226	0,0072
0,45	1,3103	0,0246	1,70	1,6296	0,0070
0,50	1,3333	0,0230	1,75	1,6364	0,0068
0,55	1,3548	0,0215	1,80	1,6429	0,0065
0,60	1,3750	0,0202	1,85	1,6491	0,0062
0,65	1,3939	0,0189	1,90	1,6552	0,0061
0,70	1,4118	0,0179	1,95	1,6610	0,0058
0,75	1,4286	0,0168	2,00	1,6667	0,0057
0,80	1,4444	0,0158	2,10	1,6774	
0,85	1,4595	0,0151	2,20	1,6875	
0,90	1,4737	0,0142	2,30	1,6970	
0,95	1,4872	0,0135	2,40	1,7059	
1,00	1,5000	0,0128	2,50	1,7143	
1,05	1,5122	0,0122	3,00	1,7500	
1,10	1,5238	0,0116	4,00	1,8000	
1,15	1,5349	0,0113	5,00	1,8333	
1,20	1,5455	0,0106	10,00	1,9091	
1,25	1,5556	0,0101	∞	2,0000	

Il est clair que l'angle ω ainsi calculé n'est que la projection de l'angle de chute sur le plan de tir.

§ 4. — Application numérique.

Obus ogival de 24^{cm}.

$$p = 120^{kg}, \quad \gamma = 41°12', \quad a = 0^m,242.$$

Vitesse initiale, 470^m.

On a calculé dans le Chapitre IV, § 18, les valeurs de

10^{10} K et les portées qui, pour ce projectile, correspondent aux angles de 30°, 45° et 60°. On en déduit aisément les valeurs de $KV^2 X$ et, par suite, les Tables des paragraphes précédents donnent immédiatement les rapports $\frac{X_1}{X}$, $\frac{Y_1}{X \tang \alpha}$, $\frac{\tang \omega}{\tang \alpha}$, qui permettent d'obtenir les valeurs de X_1, Y_1 et ω.

Les résultats de ces calculs sont renfermés dans le Tableau suivant :

Angle α............	30°	45°	60°
Valeur de 10^{10} K..	4,761	4,495	5,473
Portée X (mètres).	9669	10843	9221
Valeurs de $KV^2 X$.	1,017	1,077	1,115
$\frac{X_1}{X}$	0,5503	0,5515	0,5522
$\frac{Y_1}{X \tang \alpha}$	0,5760	0,5785	0,5800
$\frac{\tang \omega}{\tang \alpha}$	1,5041	1,5185	1,5272
X_1 (mètres)	5321	5781	5092
Y_1 (mètres)	1769	3344	5115
ω	40°58′	56°38′	67°47′

CHAPITRE VI.

DURÉE DU TRAJET.

§ 1. — Établissement de la formule.

En substituant à la trajectoire réelle la courbe du troisième degré dont l'équation est

$$y = x \tang \alpha - \frac{g x^2}{2 \cos^2 \alpha} \left(\frac{1}{V^2} + K x \right),$$

et supposant la résistance de l'air dirigée constamment suivant la tangente à la trajectoire, on a, pour la durée du trajet, l'expression

$$T = \frac{2}{\cos \alpha} \frac{1}{3 V} \frac{1}{3 K V^2} \left[(1 + 3 K V^2 X)^{\frac{3}{2}} - 1 \right]$$

(1re Partie, Chap. VII, § 17), qui peut s'écrire

$$T = \frac{X}{V \cos \alpha} \frac{2}{9 K V^2 X} \left[(1 + 3 K V^2 X)^{\frac{3}{2}} - 1 \right].$$

Bien que les hypothèses sur lesquelles elle est fondée soient évidemment fort éloignées de la vérité, cette formule est jusqu'à présent celle qui s'est le mieux accordée avec l'expérience.

On peut la présenter sous une forme un peu plus simple en remarquant que, de l'équation

$$\frac{V^2 \sin 2\alpha}{g X} = 1 + K V^2 X,$$

on tire
$$\frac{V^2 \cos^2 \alpha}{X^2} = \frac{g}{2} \frac{1 + KV^2 X}{X \tang \alpha}.$$

Faisant, pour abréger,
$$\frac{2}{9 KV^2 X} \left[(1 + 3 KV^2 X)^{\frac{3}{2}} - 1 \right] = \psi,$$

l'expression de T devient, en y substituant la valeur de $\frac{V \cos \alpha}{X}$,
$$T = \sqrt{\frac{2}{g}} \frac{\sqrt{X \tang \alpha}}{\sqrt{1 + KV^2 X}} \psi,$$

ou, en posant $\Phi = \sqrt{\frac{2}{g}} \frac{\psi}{\sqrt{1 + KV^2 X}}$,
$$T = \Phi \sqrt{X \tang \alpha}.$$

L'expression de Φ est assez compliquée. C'est une fonction croissante de $KV^2 X$ qui devient égale à $\sqrt{\frac{2}{g}}$ quand on suppose $K = 0$, de sorte qu'on a alors
$$T = \sqrt{\frac{2}{g}} \sqrt{X \tang \alpha}.$$

C'est, en effet, l'expression de la durée du trajet lorsque le mouvement a lieu dans le vide (Ire Partie, Chap. VI, § 2).

En supposant $KV^2 X$ infinie, on obtient la limite supérieure de Φ, savoir $\sqrt{\frac{2}{g}} \sqrt{\frac{4}{3}}$.

Prenant $g = 9,81$, les limites inférieure et supérieure deviennent 0,4515 et 0,522. On voit que les variations de Φ sont très lentes.

La Table suivante dispensera d'ailleurs de tout calcul. Elle suppose $g = 9,81$. Si l'on voulait attribuer à la gravité une

276   TROISIÈME PARTIE. — CHAPITRE VI.

valeur différente g', les nombres de la Table devraient être multipliés par $\sqrt{\dfrac{9,81}{g'}}$.

VALEURS de $KV^2 X$.	VALEURS de $\Phi = \dfrac{T}{\sqrt{X}\tang\alpha}$.		VALEURS de $KV^2 X$.	VALEURS de $\Phi = \dfrac{T}{\sqrt{X}\tang\alpha}$.	
0,00	0,4515		1,25	0,5006	
0,05	0,4565	0,0050	1,30	0,5012	0,0006
0,10	0,4611	0,0046	1,35	0,5018	0,0006
0,15	0,4653	0,0042	1,40	0,5024	0,0006
0,20	0,4690	0,0037	1,45	0,5030	0,0006
0,25	0,4721	0,0031	1,50	0,5035	0,0005
0,30	0,4749	0,0028	1,55	0,5040	0,0005
0,35	0,4774	0,0025	1,60	0,5044	0,0004
0,40	0,4798	0,0024	1,65	0,5048	0,0004
0,45	0,4820	0,0022	1,70	0,5052	0,0004
0,50	0,4839	0,0019	1,75	0,5055	0,0003
0,55	0,4856	0,0017	1,80	0,5059	0,0003
0,60	0,4872	0,0016	1,85	0,5063	0,0004
0,65	0,4887	0,0015	1,90	0,5067	0,0004
0,70	0,4901	0,0014	1,95	0,5071	0,0004
0,75	0,4914	0,0013	2,00	0,5075	0,0004
0,80	0,4926	0,0012	2,10	0,5081	
0,85	0,4937	0,0011	2,20	0,5088	
0,90	0,4948	0,0011	2,30	0,5092	
0,95	0,4958	0,0010	2,40	0,5097	
1,00	0,4967	0,0009	2,50	0,5102	
1,05	0,4975	0,0008	3,00	0,5121	
1,10	0,4983	0,0008	4,00	0,5145	
1,15	0,4991	0,0008	5,00	0,5162	
1,20	0,4999	0,0008	10,00	0 5192	
1,25	0,5006	0,0007	∞	0,522	

§ 2. — Comparaison de la formule avec les résultats des expériences.

Dans le Tableau suivant, on a mis en regard les valeurs du rapport $\dfrac{T}{\sqrt{X}\tang\alpha}$ données par la formule et celles qui résultent de quelques-unes des principales expériences exécutées à Gâvre.

Les portées et les angles consignés dans ce Tableau sont les données immédiates de l'expérience et n'ont, par conséquent, subi aucune correction.

Les durées du trajet ont été obtenues par des observateurs placés dans le voisinage du point de chute et munis de chronomètres à secondes et à arrêt. Ils les mettaient en mouvement au moment où ils apercevaient la lumière produite par l'explosion et les arrêtaient au moment où le projectile venait frapper le sol.

Les valeurs de K dont on s'est servi pour calculer le produit KV^2X correspondent aux valeurs de $\dfrac{10^{10} K p}{\Delta a^2 \sin \gamma}$ données dans le Chapitre IV; elles avaient ainsi subi la légère correction relative à la densité de l'air et aux agitations de l'atmosphère; mais cette circonstance ne pouvait exercer sur la valeur de Φ qu'une influence tout à fait inappréciable, vu la lenteur avec laquelle varie cette quantité.

CANON et projectiles.	ANGLE α.	PORTÉE X.	DURÉE du trajet T.	VALEURS DE $\dfrac{T}{\sqrt{X\tan\alpha}}$ DONNÉES PAR		
				l'expérience	la formule.	Différences.
Canon de 34^{cm}. Obus ogivaux (Chap. IV, § 6). $V = 505^m$.	16. 0 26.30 38. 0	8216 10815 12918	23,75 35,60 48,30	0,4897 0,4854 0,4813	0,4923 0,4952 0,4967	—0,0026 —0,0098 +0,0154
Même canon. Même projectile. $V = 351^m$.	17. 0 23. 0 27. 0 35. 0	5705 7257 8025 8934	19,94 26,36 29,40 37,90	0,4810 0,4747 0,4604 0,4793	0,4731 0,4752 0,4761 0,4791	—0,0079 +0,0005 +0,0057 —0,0002
Même canon. Boulets ogivaux (Chap. IV, § 6). $V = 491^m,5$.	15 0 26. 0	7991 11022	22,38 35,60	0,4847 0,4852	0,4872 0,4921	+0,0025 +0,0079
Canon de 27^{cm}. Obus ogivaux (Chap. IV, § 8). $V = 470^m$.	15. 0 20. 0 25. 0 28. 0	6639 8056 9235 9626	20,52 26,34 32,15 35,85	0,4541 0,5001 0,4899 0,5011	0,4908 0,4930 0,4949 0,4951	+0,0367 —0,0071 +0,0050 —0,0060
Même canon. Boulets ogivaux (Chap. IV, § 8). $V = 432^m$.	15. 0 20. 0 25. 0 28. 0	6476 7837 9023 9493	20,08 25,87 31,74 35,11	0,4870 0,4980 0,5007 0,4942	0,4802 0,4878 0,4893 0,4890	—0,0068 —0,0102 —0,0114 —0,0052
Canon de 24^{cm}. Obus ogivaux de 100^{kg} (Chap. IV, § 9). $V = 504^m$.	5. 8 12. 0 14. 0 20. 0 30. 0 35. 0	3007 5439 6226 7643 9421 9785	8,06 16,43 19,60 25,90 36,60 42,10	0,4904 0,4790 0,4972 0,4908 0,4961 0,5026	0,4858 0,4957 0,4967 0,5003 0,5031 0,5040	—0,0046 —0,0167 —0,0005 +0,0095 +0,0070 +0,0014
Canon de 24^{cm}. Obus ogivaux de 100^{kg} (Chap. IV, § 9). $V = 533^m,4$.	5. 9 12. 3 14.33 30. 3 32. 3 35. 3 39. 3 40. 3 43. 3	3213 5680 6665 9619 10098 10339 10664 10536 10823	8,25 17,45 20,70 37,50 39,70 42,55 46,50 47,60 50,20	0,4848 0,5011 0,5025 0,5026 0,4993 0,4996 0,4999 0,5048 0,4993	0,4846 0,4970 0,4996 0,5045 0,5049 0,5044 0,5051 0,5050 0,5050	—0,0002 —0,0041 —0,0029 +0,0019 +0,0056 —0,0048 +0,0052 +0,0002 +0,0057

DURÉE DU TRAJET.

CANON et projectiles.	ANGLE α.	PORTÉE X	DURÉE du trajet T.	VALEURS DE $\dfrac{T}{\sqrt{X}\,\tang\alpha}$ DONNÉES PAR		
				l'expérience.	la formule.	Différences.
Canon de 24^{cm}. Obus ogivaux de 120^{kg}. (Chap. IV, § 9). $V = 467^m,4$.	5. 9	2832	7,70	0,4820	0,4784	—0,0036
	12. 1	5344	16,00	0,4744	0,4891	+0,0147
	14. 1	6120	19,00	0,4861	0,4920	+0,0059
	20. 1	7529	25,60	0,4888	0,4959	+0,0071
	30. 1	9518	36,50	0,4922	0,4982	+0,0060
	35. 1	9936	41,40	0,4962	0,4989	+0,0027
Canon de 24^{cm}. Obus ogivaux de 120^{kg} (Chap. IV, § 9). $V = 490^m,2$.	5. 9	2955	8,15	0,4994	0,4821	—0,0173
	12. 3	5461	17,20	0,5038	0,4922	—0,0116
	14.33	6576	20,10	0,4865	0,4933	+0,0068
	20. 3	7903	27,70	0,5158	0,4974	—0,0184
	30. 3	9797	37,00	0,4915	0,5000	+0,0075
	32. 3	10193	39,80	0,4982	0,5001	+0,0019
	35. 3	10472	42,00	0,4900	0,4991	+0,0091
	40. 3	10782	47,20	0,4958	0,5003	+0,0045
Canon de 24^{cm}. Boulets ogivaux (Chap. IV, § 9). $V = 432^m$.	5.10	2634	7,15	0,4633	0,4749	+0,0116
	8. 1	3811	11,11	0,4796	0,4790	—0,0006
	10. 1	4471	13,55	0,4822	0,4814	—0,0006
	12. 1	5146	15,88	0,4798	0,4832	+0,0034
	14. 1	5872	18,32	0,4785	0,4863	+0,0078
	20. 1	7326	24,95	0,4829	0,4901	+0,0072
	30. 1	9398	36,05	0,4892	0,4925	+0,0033
	35. 1	9848	41,10	0,4948	0,4917	—0,0027
Canon de 24^{cm}. Boulets ogivaux (Chap. IV, § 9). $V = 453^m,8$.	5. 9	2870	7,80	0,4850	0,4769	—0,0081
	12. 3	5469	16,70	0,4888	0,4851	—0,0037
	14.33	6322	20,40	0,4922	0,4872	—0,0150
	20. 3	7732	26,20	0,4932	0,4914	—0,0018
	30. 3	9669	37,70	0,5043	0,4951	—0,0092
	32. 3	10221	38,60	0,4825	0,4944	+0,0119
	35. 3	10297	41,95	0,4936	0,4943	+0,0007
	39. 3	10610	45,60	0,4915	0,4961	+0,0046
	40. 3	10759	46,80	0,4921	0,4950	+0,0029
	43. 3	10820	49,10	0,4884	0,4961	+0,0077

CANON et projectiles.	ANGLE α.	PORTÉE X.	DURÉE du trajet T.	VALEURS DE $\dfrac{T}{\sqrt{X}\tan\alpha}$ DONNÉES PAR		
				l'expérience.	la formule.	Différences.
Canon de 24^{cm} de la guerre. Obus ogivaux de 120^{kg} (Chap. IV, § 11). $V = 474^m$.	2.6	1451	3,40	0,4660	0,4656	—0,0004
	5.13	3116	7,84	0,4700	0,4756	+0,0056
	10.6	5263	15,10	0,4930	0,4850	—0,0080
	15.6	6893	20,50	0,4750	0,4901	+0,0151
	20.6	8284	26,65	0,4835	0,4924	+0,0089
	25.6	9128	32,30	0,4940	0,4933	—0,0007
	28.6	10063	36,20	0,4940	0,4945	+0,0005
	45.6	11572	50,80	0,4730	0,4964	—0,0234
Canon de 19^{cm}. Obus ogivaux de 62^m,500 (Chap. IV, § 12). $V = 485^m$.	14.0	5530	17,80	0,4890	0,4962	—0,0072
	20.0	6840	25,20	0,5050	0,4993	—0,0057
	25.0	7560	29,90	0,5030	0,5008	—0,0022
	30.0	8500	35,80	0,5110	0,5022	—0,0088
	37.0	8810	42,60	0,5230	0,5033	—0,0197
	40.0	9120	45,20	0,5080	0,5054	—0,0026
Canon de 19^{cm}. Obus ogivaux de 62^{kg},500 (Chap. IV, § 12). $V = 345^m$.	20.0	5312	21,70	0,4932	0,4821	—0,0111
	25.0	5971	26,40	0,4988	0,4842	—0,0146
	30.0	6511	30,20	0,4921	0,4857	—0,0064
	35.0	6779	35,90	0,5093	0,4873	—0,0120
Canon de 14^{cm}. Obus ogivaux de 45^{kg} (Chap. IV, § 13). $V = 543^m$.	14.52	7026	20,60	0,4771	0,4995	+0,0224
	19.52	8124	27,40	0,5059	0,5018	—0,0041
	24.52	9073	31,80	0,4902	0,5035	+0,0133
	35.0	10332	42,80	0,5038	0,5051	+0,0013
Canon de 16^{cm}. Obus ogivaux de 21^{kg} (Chap. IV, § 14). $V = 458^m,7$.	7.3	3174	9,89	0,4989	0,4911	—0,0078
	11.3	4314	14,57	0,5020	0,4944	—0,0076
	17.3	5800	21,50	0,5098	0,4995	—0,0103
	23.3	6785	27,03	0,5031	0,5020	—0,0011
	28.3	7365	31,83	0,5081	0,5018	—0,0063
	40.3	7904	41,67	0,5112	0,5046	—0,0066
Canon de 14^{cm}. Obus ogivaux de 28^{kg} (Chap. IV, § 14). $V = 468^m,2$.	6.13	3196	9,35	0,5008	0,4847	—0,0161
	9.13	4232	13,39	0,5110	0,4894	—0,0216
	15.13	5986	20,02	0,4961	0,4958	—0,0003
	20.13	7146	25,76	0,5022	0,4983	—0,0039
	25.13	7807	30,87	0,5091	0,4997	—0,0094
	29.13	8342	34,28	0,5019	0,5008	—0,0011
	40.13	9142	44,43	0,5053	0,5020	—0,0033

Les différences déjà très faibles que présentent les résultats fournis par la formule avec ceux qui sont déduits de l'expérience eussent été sans doute fort amoindries si l'on eût fait subir aux deux quantités X et α les corrections relatives à l'influence du vent.

Ainsi la formule
$$T = \Phi \sqrt{X \tang \alpha}$$
reproduit d'une manière satisfaisante les durées du trajet, du moins tant que l'inclinaison du canon reste inférieure à 45°, limite que l'on n'a pas dépassée dans les expériences précédentes.

§ 3. — **Observations relatives aux inclinaisons supérieures à 45°.**

Quelques expériences ont été exécutées sous des inclinaisons supérieures à 45°; les unes en 1869, avec des projectiles à tenons de 14^{cm} et de 16^{cm} (Chap. IV, § 20), les autres avec des projectiles à ceintures du calibre de 10^{cm} (Chap. IV, § 15). Les observations relatives aux durées de trajet sont consignées dans le Tableau suivant :

CANON et projectiles.	ANGLE α.	PORTÉE X.	DURÉE du trajet T.	VALEURS DU RAPPORT $\dfrac{T}{\sqrt{X}\tang\alpha}$ DONNÉES PAR		
				l'expérience.	la formule.	Différences.
Canon de 16^{cm}. Obus ogivaux de 31^{kg},490 (Chap. IV, § 4, IIe Section). V = 323^m.	° ′ 45. 0 60. 0 70. 0 80. 0	m 6512 5555 3652 1960	s 40,20 48,60 55,80 59,30	0,498 0,496 0,557 0,563	0,488 0,496 0,494 0,493	—0,010 0,000 —0,063 —0,070
Canon de 14^{cm}. Obus ogivaux de 18^{kg},650 (Chap. IV, § 6, IIe Section). V = 320^m.	70. 0 75. 0	3276 2892	53,30 58,00	0,562 0,558	0,498 0,492	—0,064 —0,066
Canon de 10^{cm}. Obus ogivaux de 12^{kg} (Chap. IV, § 15). V = 535^m,5.	12. 4 19. 4 31. 4 32. 4 42. 4 57. 4 69. 4 80. 4	5184 6839 8635 8687 8957 8365 6109 2499	16,70 24,56 37,00 37,75 46,70 59,10 67,80 74,00	0,502 0,505 0,513 0,512 0,511 0,520 0,537 0,579	0,502 0,505 0,508 0,509 0,509 0,509 0,510 0,512	0,000 0,000 —0,005 —0,003 —0,002 —0,011 —0,027 —0,067
Canon de 10^{cm}. Obus ogivaux de 14^{kg} (Chap. IV, § 15). V = 504^m,5.	12. 4 19. 31. 4 32. 4 42. 4 59. 4 69. 4 80. 4	5199 6938 8768 8821 9501 8329 6364 3009	16,80 24,66 37,30 37,85 46,80 60,20 67,30 73,00	0,504 0,504 0,513 0,509 0,505 0,510 0,522 0,557	0,498 0,502 0,505 0,506 0,506 0,506 0,507 0,511	—0,006 —0,002 —0,008 —0,003 +0,001 —0,004 —0,012 —0,046

Tant que l'inclinaison ne surpasse pas 60°, les différences sont de l'ordre de celles que l'on rencontre d'ordinaire, de sorte que la formule peut, sans inconvénient, être appliquée jusqu'à 60°.

Mais, pour les angles supérieurs à 60°, le rapport $\dfrac{T}{\sqrt{X}\,\tang\alpha}$ croît plus rapidement que ne l'indique la formule, et sa valeur finit par dépasser la limite supérieure qui correspond à cette dernière, savoir 0,522.

Il n'est guère à présumer que l'on songe à dépasser dans la pratique cette inclinaison de 60°.

§ 4. — Application numérique.

Obus ogival de 24^{cm}.

$p = 120^{km}, \quad \gamma = 41°\,12', \quad a = 0^m,242, \quad V = 470^m$

(Chap. IV, § 18, et Chap. V, § 4).

Les valeurs de KV^2X, qui correspondent aux angles de 30°, 45° et 60°, ont été calculées dans le Chapitre V, § 4. La Table du § 1 fournit celles de $\Phi = \dfrac{T}{\sqrt{X}\,\tang\alpha}$. De là il est facile de déduire les valeurs des durées de trajet.

Angle α	30°	45°	60°
Valeurs de KV^2X	1,017	1,077	1,115
Valeur de $\Phi = \dfrac{T}{\sqrt{X}\,\tang\alpha}$	0,4970	0,4979	0,4985
Valeur de T	$37^s,13$	$51^s,85$	$63^s,00$

CHAPITRE VII.

VITESSE FINALE DES PROJECTILES.

§ 1. — Vitesse finale déduite des lois de la résistance de l'air.

Désignant, comme précédemment, par V la vitesse initiale et par X la portée, on représente par U la vitesse finale, c'est-à-dire la vitesse que le projectile conserve au point de chute.

L'accélération correspondant à la résistance de l'air étant représentée par bv^2, on sait que l'on a

$$b = \frac{\Delta a^2}{p} f(v).$$

On trouve dans le § 2 du Chapitre III la Table des valeurs de $\frac{f(v)}{\sin \gamma}$, d'où il est facile de déduire celles de $f(v)$.

Lorsque, l'angle de départ étant très faible, le rapport $\frac{dx}{ds}$ est constamment très voisin de l'unité, on se sert, pour calculer la vitesse finale, de l'équation

(1) $$U = V e^{-bX}$$

ou

$$\log U = \log V - 0{,}4343\, b X.$$

Si, pendant toute la durée du mouvement, la vitesse reste supérieure à 400^m, le coefficient b est sensiblement constant, et le calcul ne présente aucune difficulté.

Lorsque la vitesse descend au-dessous de 400^m, le coefficient b devient variable; on peut alors partager la distance X en parties assez petites pour que, dans chacun des intervalles correspondants, le coefficient b puisse être regardé comme constant.

Mais, dans tous les cas, il est beaucoup plus simple de faire usage de la Table du Chapitre III, § 12.

On a exposé, dans ce paragraphe, le mode d'emploi de la Table.

§ 2. — Vitesse finale déduite de la courbe du troisième degré.

La méthode précédente cesse de convenir dès que le rapport $\dfrac{dx}{ds}$ s'écarte notablement de l'unité.

Si le projectile décrivait réellement la courbe du troisième degré, en éprouvant une résistance toujours dirigée suivant la tangente, on aurait l'expression très simple

$$(2) \qquad U \cos\omega = \frac{V \cos\alpha}{\sqrt{1 + 3KV^2X}},$$

et la Table suivante ferait connaître immédiatement la valeur de $U \cos\omega$, d'où il serait facile de conclure celle de U :

KV^2X	$\dfrac{1}{\sqrt{1+3KV^2X}}$		KV^2X	$\dfrac{1}{\sqrt{1+3KV^2X}}$	
0,00	1,0000		1,25	0,4588	
		0,0675			0,0071
0,05	0,9325		1,30	0,4517	
		0,0554			0,0067
0,10	0,8771		1,35	0,4450	
		0,0466			0,0065
0,15	0,8305		1,40	0,4385	
		0,0399			0,0062
0,20	0,7906		1,45	0,4323	
		0,0347			0,0059
0,25	0,7559		1,50	0,4264	
		0,0304			0,0057
0,30	0,7255		1,55	0,4207	
		0,0271			0,0054
0,35	0,6984		1,60	0,4153	
		0,0242			0,0053
0,40	0,6742		1,65	0,4100	
		0,0219			0,0051
0,45	0,6523		1,70	0,4049	
		0,0198			0,0049
0,50	0,6325		1,75	0,4000	
		0,0182			0,0047
0,55	0,6143		1,80	0,3953	
		0,0167			0,0046
0,60	0,5976		1,85	0,3907	
		0,0154			0,0044
0,65	0,5822		1,90	0,3863	
		0,0142			0,0042
0,70	0,5680		1,95	0,3821	
		0,0133			0,0041
0,75	0,5547		2,00	0,3780	
		0,0124			
0,80	0,5423		2,10	0,3701	
		0,0116			
0,85	0,5307		2,20	0,3627	
		0,0108			
0,90	0,5199		2,30	0,3558	
		0,0103			
0,95	0,5096		2,40	0,3492	
		0,0096			
1,00	0,5000		2,50	0,3430	
		0,0091			
1,05	0,4909		3,00	0,3162	
		0,0087			
1,10	0,4822		4,00	0,2774	
		0,0082			
1,15	0,4740		5,00	0,2500	
		0,0078			
1,20	0,4662		10,00	0,1796	
		0,0074			
1,25	0,4588		∞	0,0000	

Exemple. — Obus ogivaux de 24^{cm} : $a = 0^m,242$, $\gamma = 41°42'$, $p = 120^{kg}$, $V = 470^m$.

Les valeurs de KV^2X, qui correspondent aux angles de 30°, 45° et 60°, ont été données dans le Chapitre V, § 4, ainsi que celles de ω. En en faisant usage, on obtient

Inclinaison du canon......	30°	45°	60°
Vitesse finale (mètres).....	267,5	293,8	298,1

Sans doute, l'hypothèse qui a servi de base à l'établissement de la formule (2) s'écarte beaucoup de la réalité, de sorte qu'on ne peut attacher *a priori* l'idée d'une bien grande approximation aux résultats qu'elle fournit. Cependant on verra dans le Chapitre suivant que ces résultats diffèrent peu de ceux que l'on obtient en calculant la trajectoire par approximation.

Lorsque l'inclinaison du canon est très faible, les cosinus des angles α et ω sont sensiblement égaux à l'unité, et la formule (2) devient

$$(3) \qquad U = \frac{V}{\sqrt{1 + 3KV^2 X}}.$$

Mais, quand on veut s'en servir en attribuant à K la valeur donnée par les formules (B), (B'), (B'') du Chapitre IV, § 17, on obtient des valeurs un peu différentes de celles que fournit le premier procédé, fondé sur l'emploi de la formule (1).

On a pu voir, dans le Chapitre IV, § 19, que les valeurs de K qui conviennent à de très faibles inclinaisons sont données approximativement par la formule

$$(C) \qquad K = \frac{b(2 + bX)}{3V^2},$$

où l'on attribue à b une valeur moyenne entre toutes celles que ce coefficient peut affecter quand la vitesse varie entre V et U.

Les nombres que l'on obtient ainsi pour K diffèrent de ceux que fournissent les formules (B), (B'), (B''); toutefois, quand il s'agit des portées, les différences sont de nature à être négligées.

Mais il est remarquable que, en introduisant dans la formule (3) les valeurs de K déduites de la formule (C), le désaccord entre les deux procédés disparaît à peu près complètement.

Exemple. — Même projectile que dans l'exemple précédent.

VITESSE INITIALE.	DISTANCES.	VITESSES FINALES CALCULÉES PAR		
		la formule (1).	la formule (3) et les formules (B), (B'), (B").	la formule (3) et la formule (C).
470ᵐ	500ᵐ 1000 1500	438,6ᵐ 408,8 382,8	433,3ᵐ 404,1 380,0	437,1ᵐ 409,0 384,7
360ᵐ	500 1000 1500	339,0 323,5 309,3	344,0 328,7 315,7	340,1 324,3 311,5

Il semble donc que, lorsqu'on attribue à K la valeur que ce coefficient doit avoir dans la formule des portées, l'équation (2) fournit une valeur très approchée de la vitesse finale. Elle permet ainsi d'apprécier, d'une manière suffisamment exacte, l'effet des projectiles aux grandes distances et de répondre, sans trop se hasarder, aux questions qu'on adresse souvent à ce sujet.

Mais, pour les petites portées, il sera toujours beaucoup plus simple de se servir du premier procédé (§ 1), fondé sur l'emploi de la formule

$$U = V e^{-bX}.$$

CHAPITRE VIII.

CALCUL APPROXIMATIF DE LA TRAJECTOIRE MOYENNE.

§ 1er. — Considérations générales. — Notations.

Une formule donnée dans le Chapitre III fait connaître la manière dont varie le rapport de la résistance de l'air au carré de la vitesse. Il est intéressant de rechercher si, à l'aide de cette formule et en supposant la résistance de l'air toujours dirigée suivant la tangente à la courbe, il ne serait pas possible d'établir une détermination approximative de la trajectoire. L'idée qui se présente tout d'abord est de partager la courbe en arcs d'une étendue assez faible pour permettre l'emploi de certains procédés d'approximation.

Considérant en particulier un de ces arcs, rien n'empêche de prendre son origine pour celle des coordonnées.

Soient

x l'abscisse horizontale,
y l'ordonnée verticale d'un point quelconque,
τ l'inclinaison de la tangente en ce point,
s la longueur de l'arc à partir de l'origine,
v la vitesse du mobile.

A l'origine, on a $x=0$, $y=0$, $s=0$; soient $\tau=\tau_0$, $v=v_0$.

Soient, à l'autre extrémité, $x=x_1$, $y=y_1$, $s=s_1$, $\tau=\tau_1$, enfin $v=v_1$.

Les valeurs de v_0 et de τ_0 sont toujours données; celle de τ_1 est prise arbitrairement. A l'aide de ces données, il faut calculer v_1, s_1, x_1, enfin y_1. Telle est la question à résoudre.

§ 2. — **Formules d'approximation.**

Si la différence $\tau_0 - \tau_1$ et, par suite, la longueur s_1 sont assez petites pour que le rapport de la résistance de l'air au carré de la vitesse n'éprouve, dans toute l'étendue de l'arc, que de légères variations, on peut regarder ce rapport comme constant en lui attribuant une valeur moyenne.

Faisant donc $n = 2$ et, par suite, $c = b$ dans les équations données (Ire Partie, Chapitre VI, § 5), on a

$$v^2 = \frac{v_0^2 \dfrac{\cos^2 \tau_0}{\cos^2 \tau}}{1 - \dfrac{2b}{g} v_0^2 \cos^2 \tau_0 \displaystyle\int_{\tau_0}^{\tau} \dfrac{d\tau}{\cos^3 \tau}}.$$

D'ailleurs

$$dx = -\frac{v^2}{g} d\tau,$$

$$dy = -\frac{v^2}{g} \tang \tau \, d\tau;$$

d'où il résulte

$$ds = \frac{v^2}{g} \frac{d\tau}{\cos \tau}$$

et, par suite,

$$ds = -\frac{\dfrac{v_0^2 \cos^2 \tau_0}{g} \dfrac{d\tau}{\cos^3 \tau}}{1 - \dfrac{2b}{g} v_0^2 \cos^2 \tau_0 \displaystyle\int_{\tau_0}^{\tau} \dfrac{d\tau}{\cos^3 \tau}}.$$

L'intégration donne immédiatement

$$s = \frac{1}{2b} l \frac{\dfrac{g}{2 b v_0^2 \cos^2 \tau_0} - \displaystyle\int_{\tau_0}^{\tau} \dfrac{d\tau}{\cos^3 \tau}}{\dfrac{g}{2 b v_0^2 \cos^2 \tau_0}},$$

la lettre l désignant un logarithme népérien.

CALCUL APPROXIMATIF DE LA TRAJECTOIRE MOYENNE. 291

Prenant τ_1 pour la seconde limite des intégrales, v devient v_1 et s devient s_1, de sorte que l'on a

$$v_1^2 = \frac{\dfrac{g}{2b\cos^2\tau_1}}{\dfrac{g}{2bv_0^2\cos^2\tau_0} + \displaystyle\int_{\tau_1}^{\tau_0}\dfrac{d\tau}{\cos^3\tau}};$$

$$s_1 = \frac{1}{2b} l \frac{\dfrac{g}{2bv_0^2\cos^2\tau_0} + \displaystyle\int_{\tau_1}^{\tau_0}\dfrac{d\tau}{\cos^3\tau}}{\dfrac{g}{2bv_0^2\cos^2\tau_0}}$$

ou

$$s_1 = \frac{2,30259}{2b} \log \frac{\dfrac{g}{2bv_0^2\cos^2\tau_0} + \displaystyle\int_{\tau_1}^{\tau_0}\dfrac{d\tau}{\cos^3\tau}}{\dfrac{g}{2bv_0^2\cos^2\tau_0}},$$

la caractéristique log désignant un logarithme vulgaire.

Or on a

$$\int_0^\tau \frac{d\tau}{\cos^3\tau} = \frac{\dfrac{\tang\tau}{\cos\tau} + l\left(\tang\tau + \dfrac{1}{\cos\tau}\right)}{2}$$

$$= \frac{\dfrac{\tang\tau}{\cos\tau} + l\tang\left(\dfrac{\pi}{4} + \dfrac{\tau}{2}\right)}{2},$$

d'où il est facile de conclure la Table suivante :

τ.	$\int_0^\tau \frac{d\tau}{\cos^3\tau}$.	τ.	$\int_0^\tau \frac{d\tau}{\cos^3\tau}$.	τ.	$\int_0^\tau \frac{d\tau}{\cos^3\tau}$.
0	0,00000	31	0,63527	62	2,69752
1	0,01746	32	0,66343	63	2,87490
2	0,03493	33	0,69253	64	3,07150
3	0,05243	34	0,72263	65	3,29040
4	0,06998	35	0,75382	66	3,53532
5	0,08760	36	0,78617	67	3,81083
6	0,10530	37	0,81977	68	4,12255
7	0,12309	38	0,85473	69	4,47744
8	0,14100	39	0,89114	70	4,88425
9	0,15904	40	0,92914	71	5,35408
10	0,17724	41	0,96884	72	5,90116
11	0,19560	42	1,01039	73	6,54405
12	0,21415	43	1,05395	74	7,30722
13	0,23290	44	1,09968	75	8,22357
14	0,25189	45	1,14779	76	9,33807
15	0,27112	46	1,19849	77	10,71366
16	0,29063	47	1,25201	78	12,44041
17	0,31043	48	1,30863	79	14,65110
18	0,33055	49	1,36863	80	17,54793
19	0,35102	50	1,43236	81	21,45123
20	0,37185	51	1,50020	82	26,89318
21	0,39309	52	1,57257	83	34,81136
22	0,41476	53	1,64995	84	46,93522
23	0,43690	54	1,73292	85	67,12291
24	0,45953	55	1,82207	86	104,1815
25	0,48269	56	1,91815	87	184,1162
26	0,50643	57	2,02199	88	412,2915
27	0,53078	58	2,13456	89	1643,690
28	0,55580	59	2,25697	90	∞
29	0,58151	60	2,39033		
30	0,60799	61	2,53678		

On a toujours

$$\int_{\tau_1}^{\tau_0} \frac{d\tau}{\cos^3\tau} = \int_0^{\tau_0} \frac{d\tau}{\cos^3\tau} - \int_0^{\tau_1} \frac{d\tau}{\cos^3\tau}.$$

Il est dès lors facile de calculer, à l'aide de la Table, les valeurs de l'intégrale qui entre dans les deux formules données ci-dessus.

CALCUL APPROXIMATIF DE LA TRAJECTOIRE MOYENNE. 293

La valeur de b est une moyenne entre toutes celles que ce coefficient peut affecter dans l'étendue de l'arc. En lui attribuant d'abord la valeur correspondant à la vitesse v_0, et qu'il est facile de calculer d'après la Table du Chapitre III, § 2, on trouvera pour la vitesse finale une valeur que l'on peut désigner par v'_1. On prendra ensuite une moyenne entre les valeurs de b, qui correspondent aux vitesses v_0 et v'_1, pour faire un nouveau calcul.

On serait dispensé de ce nouveau calcul si la vitesse v'_1 surpassait 400^m. Quoi qu'il en soit, la valeur de b étant connue, la détermination des quantités v_1 et s_1 n'offre plus aucune difficulté.

Mais il reste à obtenir x_1 et y_1.

x et y sont des fonctions de s. La dérivée $\dfrac{dx}{ds}$, toujours positive, est croissante dans la branche ascendante et décroissante dans la branche descendante, tandis que la dérivée $\dfrac{dy}{ds}$, toujours décroissante, est positive dans la branche ascendante et négative dans l'autre. On peut toujours supposer que l'un des points de division de la trajectoire se trouve au sommet de cette courbe; alors, dans toute l'étendue de chaque arc, chacune des dérivées conserve le même signe et reste constamment croissante ou constamment décroissante.

Le rapport $\dfrac{x}{s}$ est toujours compris entre les deux valeurs que prend la dérivée $\dfrac{dx}{ds}$ aux deux extrémités de l'arc s. On aura sans doute une approximation suffisante en lui attribuant une valeur égale à leur moyenne arithmétique, du moins si la différence $\tau_1 - \tau_0$ n'est pas trop considérable. On peut donc écrire

$$\frac{x}{s} = \frac{\cos\tau_0 + \cos\tau}{2} = \cos\frac{\tau_0 + \tau}{2}\cos\frac{\tau_0 - \tau}{2}.$$

Des considérations analogues conduisent à l'équation

$$\frac{y}{s} = \frac{\sin\tau_0 + \sin\tau}{2} = \sin\frac{\tau_0 + \tau}{2}\cos\frac{\tau_0 - \tau}{2},$$

de sorte que, en faisant $s = s_1$, on a

$$\frac{x_1}{s_1} = \cos \frac{\tau_0 + \tau_1}{2} \cos \frac{\tau_0 - \tau_1}{2},$$

$$\frac{y_1}{s_1} = \sin \frac{\tau_0 + \tau_1}{2} \cos \frac{\tau_0 - \tau_1}{2}.$$

La durée t_1 du trajet est donnée approximativement par la formule

$$t_1 = \frac{s_1}{\dfrac{v_0 + v_1}{2}}.$$

Lorsque l'arc que l'on considère a une certaine élévation au-dessus du sol, on peut tenir compte de la variation de densité de l'air à l'aide de la formule suivante, donnée par M. de Saint-Robert [1] :

$$\Delta' = \Delta(1 - 0,0008\,Z),$$

dans laquelle Δ désigne le poids du mètre cube d'air au niveau du sol et Δ' le poids du mètre cube d'air à la hauteur Z. On en a déduit la Table suivante, en supposant qu'au niveau du sol le poids du mètre cube d'air était égal à $1^{kg},208$:

z.	Δ'.	z.	Δ'.	z.	Δ'.	z.	Δ'.
m	kg	m	kg	m	kg	m	kg
0	1,208	1800	1,064	3600	0,920	5400	0,776
200	1,192	2000	1,048	3800	0,904	5600	0,760
400	1,176	2200	1,032	4000	0,888	5800	0,744
600	1,160	2400	1,016	4200	0,872	6000	0,728
800	1,144	2600	1,000	4400	0,856	6200	0,712
1000	1,128	2800	0,984	4600	0,840	6400	0,696
1200	1,112	3000	0,968	4800	0,824	6600	0,680
1400	1,096	3200	0,952	5000	0,808	6800	0,664
1600	1,080	3400	0,936	5200	0,792	7000	0,648

[1] *Mémoires scientifiques*, t. III, *Hypsométrie*. Turin, Vincent Bonna, 1874.

CALCUL APPROXIMATIF DE LA TRAJECTOIRE MOYENNE.

Il est clair que les valeurs finales de τ et de v dans un arc quelconque deviennent les valeurs initiales dans le calcul de l'arc suivant.

Quand on transporte l'origine des coordonnées au point de départ, l'extrémité du $n^{\text{ième}}$ arc a pour abscisse la somme des valeurs de x_1 qui correspondent aux n premiers arcs, et, de même, pour ordonnée la somme des valeurs de y_1. Le calcul s'arrête nécessairement quand cette dernière somme devient négative.

Les ordonnées extrêmes du dernier arc sont alors de signes contraires, et il faut déterminer approximativement le point où il rencontre l'arc des abscisses.

On peut toujours faire en sorte que cet arc n'ait qu'une faible grandeur, et alors, admettant que, dans toute son étendue, les variations de l'abscisse, de la vitesse et de tang τ sont sensiblement proportionnelles à celles de l'ordonnée, on obtiendra, avec une approximation suffisante, la portée, l'angle de chute et la vitesse finale.

§ 3. — Application numérique.

Obus de 24^{cm}.

$$a = 0^{\text{m}},242, \quad \gamma = 41°12',$$
$$p = 120^{\text{kg}},$$
$$V = 470^{\text{m}}, \quad \alpha = 30°.$$

L'accélération correspondant à la résistance de l'air étant représentée par bv^2, on a

$$b = \frac{a^2}{p} \sin\gamma \, \Delta \, \frac{f(v)}{\sin\gamma}$$

et, par suite, dans le cas actuel,

$$b = \frac{0,242^2}{120} \sin 41°12' \, \Delta \, \frac{f(v)}{\sin\gamma}$$
$$= 0,0003247 \, \Delta \, \frac{f(v)}{\sin\gamma}.$$

Premier arc : $\tau_0 = 30°$, $\tau_1 = 25°$, $v_0 = 474^m$.

Calcul de v'_1.

On a

$$v_1^2 = \frac{\dfrac{g}{2b\cos^2\tau_1}}{\dfrac{g}{2bv_0^2\cos^2\tau_0} + \displaystyle\int_{\tau_1}^{\tau_0}\frac{d\tau}{\cos^3\tau}}.$$

Prenant $\Delta = 1,208$ et attribuant à $\dfrac{f(v)}{\sin\gamma}$ la valeur $0,366$, qui, d'après la Table du Chapitre III, correspond à la vitesse 470^m, on a

$$b = 0,0003247 \times 1,208 \times 0,366 = 0,0001345,$$

$\log b = 0,15698 - 4$
$\log 2 = 0,30103$
$\log 2b = 0,45801 - 4$
$\log \dfrac{1}{2b} = 3,54199$
$\log g = 0,99167$
$\log \dfrac{1}{\cos\tau_1} = \log \dfrac{1}{\cos 25°} = 0,04272$ $\qquad \log \dfrac{g}{2b} = 4,53366$
$\log \dfrac{1}{\cos^2\tau_1} = 0,08544 \ldots\ldots\ldots\ 0,08544$
$\log \dfrac{g}{2b\cos^2\tau_1} \ldots\ldots\ldots\ 4,61910$
$\log v_0 = \log 470 = 2,67210$
$\log \dfrac{1}{\cos\tau_0} = \log \dfrac{1}{\cos 30°} = 0,06247$ $\qquad \log v_0^2 = 5,34420$
$\log \dfrac{1}{v_0^2} = 0,65580 - 6$
$\log \dfrac{1}{\cos^2\tau_0} = 0,12494 \ldots\ldots\ldots\ 0,12494$
$\log \dfrac{g}{2b} = 4,53366$
$\log \dfrac{g}{2bv_0^2\cos^2\tau_0} = 0,31440 - 1$

CALCUL APPROXIMATIF DE LA TRAJECTOIRE MOYENNE. 297

$$\int_0^{30°} \frac{d\tau}{\cos^3\tau} = 0,60799$$

$$\int_0^{25°} \frac{d\tau}{\cos^3\tau} = 0,48269 \qquad \frac{g}{2bv_0^2\cos^2\tau_0} = 0,20625$$

$$\int_{25°}^{30°} \frac{d\tau}{\cos^3\tau} = 0,12530 \ldots\ldots\ldots\ldots \quad 0,12530$$

$$\frac{g}{2bv_0^2\cos^2\tau_0} + \int_{25°}^{30°} \frac{d\tau}{\cos^3\tau} = 0,33155$$

$$\log \frac{g}{2b\cos^2\tau_1} = 4,61910$$

$$\log\left(\frac{g}{2b\cos^2\tau_1} + \int_{25°}^{30°} \frac{d\tau}{\cos^3\tau}\right) = 0,52054 - 1$$

$$\log v_1'^2 = 5,09856$$
$$\log v_1' = 2,54928$$
$$v_1' = 354^m,2$$

Calcul de v_1.

A la vitesse $v_1' = 354^m,2$ correspond une valeur de $\dfrac{f(v)}{\sin\gamma}$ égale à 0,3190. Adoptant pour valeur de $\dfrac{f(v)}{\sin\gamma}$, dans toute l'étendue de l'arc, la moyenne de celles qui correspondent à v_0 et v_1', on est conduit à prendre $\dfrac{f(v)}{\sin\gamma} = 0,3475$, et l'on trouve

$$b = 0,0003247 \times 1,208 \times 0,3475 = 0,0001363,$$

valeur qui doit être employée pour le calcul définitif :

$$\log b = 0,13445 - 4$$
$$\log 2 = 0,30103$$
$$\log 2b = 0,43548 - 4$$
$$\log \frac{1}{2b} = 3,56452$$

En continuant comme précédemment, on trouve successi-

298   TROISIÈME PARTIE. — CHAPITRE VIII.

vement

$$\log \frac{g}{2\,b v_0^2 \cos^2 \tau_0} = 0,33693 - 1$$

$$\log \frac{g}{2\,b \cos^2 \tau_1} = 4,64163$$

$$\log \left(\frac{g}{2\,b v_0^2 \cos^2 \tau_0} + \int_{25°}^{30°} \frac{d\tau}{\cos^3 \tau} \right) = 0,53471 - 1$$

$$\log v_1^2 = 5,10692$$
$$\log v_1 = 2,55346$$
$$v_1 = 357^m,6$$

Calcul de s_1.

Formule : $$s_1 = \frac{2,30259}{2\,b} \log \frac{\dfrac{g}{2\,b v_0^2 \cos^2 \tau_0} + \displaystyle\int_{\tau_1}^{\tau_0} \dfrac{d\tau}{\cos^3 \tau}}{\dfrac{g}{2\,b v_0^2 \cos^2 \tau_0}}.$$

$$\log \left(\frac{g}{2\,b v_0^2 \cos^2 \tau_0} + \int_{25°}^{30°} \frac{d\tau}{\cos^3 \tau} \right) = 0,53471 - 1$$

$$\log \frac{g}{2\,b v_0^2 \cos^2 \tau_0} = 0,33692 - 1$$

Différence $= 0,19778$
$\log 0,19778 = 0,29619 - 1$
$\log 2,30259 = 0,36222$
$\log \dfrac{1}{2\,b} = 3,56452$

$\log s_1 = 3,22293$

$s_1 = 1671^m$.

Calcul de x_1.

Formule : $x_1 = s_1 \cos \dfrac{\tau_0 + \tau_1}{2} \cos \dfrac{\tau_0 - \tau_1}{2}.$

On doit prendre

$$\frac{\tau_0+\tau_1}{2}=27°30', \quad \frac{\tau_0-\tau_1}{2}=2°30'.$$

$$\log s_1 = 3,22293$$
$$\log \cos 27°30' = 0,94793 - 1$$
$$\log \cos 2°30' = 0,99959 - 1$$
$$\log x_1 = 3,17045$$
$$x_1 = 1481^m.$$

Calcul de y_1.

Formule : $\quad y_1 = s_1 \sin\dfrac{\tau_0+\tau_1}{2} \cos\dfrac{\tau_0-\tau_1}{2}.$

$$\log s_1 = 3,22293$$
$$\log \sin 27°30' = 0,66441 - 1$$
$$\log \cos 2°30' = 0,99959 - 1$$
$$\log y_1 = 2,88693$$
$$y_1 = 770^m,8.$$

Calcul de t_1.

Formule : $\quad t_1 = \dfrac{s_1}{\dfrac{v_0+v_1}{2}},$

$$\frac{v_0+v_1}{2} = \frac{470+357,6}{2} = 413^m,8.$$

$$\log s_1 = 3,22293$$
$$\log \frac{v_0+v_1}{2} = 2,61679$$
$$\log t_1 = 0,60614$$
$$t_1 = 4^s,04.$$

Deuxième arc : $\tau_0 = 25°$, $\tau_1 = 20°$, $v_0 = 457,6$.

A la hauteur de $770^m,8$, qui est celle de l'origine de l'arc, la Table des poids du mètre cube d'air du paragraphe précédent donne $\Delta' = 1,146$. Attribuant d'abord à $\dfrac{f(v)}{\sin\gamma}$ la valeur qui correspond à v_0, savoir $0,3251$, on a

$$b = 0,0003247 \times 1,146 \times 0,3251 = 0,000121,$$

et un calcul semblable à celui qui a été fait pour le premier arc donne d'abord $v'_1 = 304^m,0$, puis $v_1 = 311^m,0$. On trouve ensuite sans difficulté $s_1 = 1068^m$, $x_1 = 987^m$, $y_1 = 408^m,6$, $t_1 = 3^s,19$.

Les calculs relatifs aux autres arcs ne donnent lieu à aucune observation nouvelle. Le Tableau suivant renferme l'ensemble des résultats :

τ_0	30,0°	25,0°	20,0°	10,0°	0,0°	−20,0°	−40,0°
τ_1	25,0	20,0	10,0	0,0	−20,0	−40,0	−42,0
v_0 (mètr.).	470,0	357,6	311,0	269,1	249,9	240,9	260,9
v_1 (mètr.).	357,6	311,0	269,1	249,9	240,9	260,9	264,1
s_1 (mètr.)	1671,0	1068,0	1534,0	1193,0	2141,0	2564,0	304,0
x_1 (mètr.).	1481,0	987,0	1476,0	1184,0	2077,0	2187,0	230,0
y_1 (mètr.).	770,8	408,6	395,4	103,6	−366,2	−1162,4	−199,5
t_1 (sec.)..	4,04	3,19	5,29	4,60	8,72	10,22	1,16

Lorsqu'on fait passer l'origine des coordonnées par le point de départ, on obtient l'abscisse et l'ordonnée de l'origine du septième arc en faisant la somme des six premières valeurs de x_1 et celle des six premières valeurs de y_1. Pour avoir les coordonnées de l'autre extrémité, il faut faire la somme de toutes les valeurs de x_1 et celle de toutes les valeurs de y_1 :

$$\text{Abscisses} \begin{cases} \text{de l'origine} \dots\dots\dots & 9392^m,0 \\ \text{de l'extrémité} \dots\dots\dots & 9622,0 \end{cases}$$

$$\text{Ordonnées} \begin{cases} \text{de l'origine} \dots\dots\dots & 49,8 \\ \text{de l'extrémité} \dots\dots\dots & -149,7 \end{cases}$$

Admettant alors que, dans toute l'étendue de ce petit arc, les valeurs de x, y, v, $\tang\tau$ et t varient proportionnellement, il est facile de calculer celles qui correspondent au

point de chute. Ainsi la portée est déterminée par la relation
$$\frac{X - 9392}{9622 - 9392} = \frac{49,8}{49,8 + 149,7},$$
d'où
$$X = 9453^m.$$

On trouve de la même manière la valeur de la vitesse finale
$$U = 261^m,7$$
et celle de l'angle de chute
$$\omega = 40°30'.$$

Enfin, en appliquant un calcul semblable à la variable t dans le temps que le projectile met à parcourir la portion du septième arc comprise entre son origine et le point de chute, et en y ajoutant la somme des six premières valeurs de t_1, on a la durée totale du trajet. On trouve ainsi
$$T = 36^s,36.$$

Comme le quatrième arc se termine au sommet de la trajectoire, la somme des quatre premières valeurs de x_1 donne l'abscisse du point culminant, et la somme des quatre premières valeurs de y_1 donne son ordonnée. On trouve
$$X_1 = 5132^m,$$
$$Y_1 = 1678^m,4.$$

Dans le Tableau suivant, les résultats que l'on vient d'obtenir sont comparés à ceux auxquels on est parvenu, dans les Chapitres précédents, soit en faisant usage de la formule des portées, soit en substituant une courbe du troisième degré à la trajectoire réelle.

	PORTÉE X.	X_1.	Y_1.	DURÉE du trajet T.	ANGLE de chute ω.	VITESSE finale U.
Procédé d'approximation.	9453^m	5132^m	1678,4^m	36,36^s	40.30${}^{o\ \prime}$	261,7^m
Courbe du troisième degré.	9669	5321	1769,0	37,13	40.52	267,5
Différences............	+216	+189	+90,6	+0,77	+0.22	+5,8

§ 4. — Conclusion.

Dans l'application qui précède, le procédé d'approximation a reproduit à très peu près la portée obtenue au moyen de la formule des portées dans laquelle le coefficient K était calculé par les formules (B), (B′) et (B″) du Chapitre IV. On sait que celles-ci ne font que régulariser les données des expériences.

Toutefois la valeur de X, fournie par la méthode d'approximation, est légèrement inférieure à celle que donne la formule des portées. Les valeurs de $\frac{f(v)}{\sin \gamma}$, fournies par la Table du Chapitre III, résultent d'expériences exécutées avec des projectiles qui n'étaient pas toujours parfaitement maintenus dans l'âme; peut-être doivent-elles être regardées comme un peu trop fortes.

Les différences que présentent les valeurs de X_1, Y_1, T, ω et U, calculées par les deux procédés, sont elles-mêmes assez faibles. Au reste, il convient de comparer la trajectoire fournie par la méthode d'approximation non avec la courbe du troisième degré, qui correspond à la portée 9669^m, mais à celle qui correspondrait à une portée égale à 9453^m. Pour obtenir les éléments de cette dernière, il suffit de calculer la valeur de K au moyen de la formule des portées

$$\frac{\sin 2\alpha}{gX} = \frac{1}{V^2} + KX,$$

en y faisant $\alpha = 30°$, $V = 470^m$, $X = 9453^m$. Formant ensuite le produit KV^2X, on trouve, au moyen des Tables des Chapitres V, VI et VII, de nouvelles valeurs de X_1, Y_1, T, ω et U, qui sont comparées ci-dessous à celles qui résultent du procédé d'approximation :

	Y_1.	Y_1.	DURÉE du trajet T	ANGLE de chute ω.	VITESSE finale U.
Procédé d'approximation.	5132^m	$1678^m,4$	$36^s,36$	$40°.30'$	$261^m,7$
Courbe du troisième degré.	5207	1734,0	36,79	41. 5	267,6
Différences.	+75	+55,6	+0,41	+0.35	+5,9

Les différences sont beaucoup réduites ; elles sont encore toutes positives, mais elles sont certainement assez faibles pour que l'on puisse les négliger dans la pratique.

L'accord de la vitesse finale avec l'expression indiquée dans le Chapitre VI est tout à fait digne de remarque et de nature à inspirer quelque confiance dans cette formule, pour laquelle on n'a d'ailleurs, jusqu'à présent, aucun autre moyen de vérification.

Le procédé d'approximation suppose évidemment que la loi de la résistance de l'air, qui n'a été vérifiée que jusqu'à une certaine distance, se maintient dans toute l'étendue de la trajectoire, et il faut pour cela que l'axe du projectile s'écarte peu de la tangente à la courbe. L'accord que l'on rencontre entre la portée calculée et celle que fournit l'expérience porte à supposer qu'il en est réellement ainsi. Il n'en serait sans doute pas de même si l'angle de départ se rapprochait de 90°; mais les besoins de la pratique ne s'étendent pas jusque-là.

§ 5. — Autre procédé.

L'hypothèse de la résistance de l'air proportionnelle au carré de la vitesse conduit à des formules très simples. Pour en faire usage, il suffirait de diviser la trajectoire en arcs assez peu étendus pour que, dans chacun d'eux, le rapport de la résistance de l'air à la vitesse, n'éprouvant que de légères variations, pût être considéré comme sensiblement constant. L'accélération r, due à la résistance de l'air, étant alors représentée par cv, les formules (8), (9), (10) et (11), données 1re Partie, Chap. VI, § 10, deviennent, en adoptant les notations du § 1er,

$$v_1 = \frac{v_0 \dfrac{\cos\tau_0}{\cos\tau_1}}{1 + \dfrac{c}{g} v_0 \cos\tau_0 (\tang\tau_0 - \tang\tau_1)},$$

$$x_1 = \frac{v_0 \cos\tau_0 - v_1 \cos\tau_1}{c},$$

$$t_1 = \frac{2,30259}{c} \log \frac{v_0 \cos\tau_0}{v_1 \cos\tau_1},$$

$$y_1 = x_1 \tang\tau_0 - \frac{g}{c}\left(t_1 - \frac{x_1}{v_0 \cos\tau_0}\right).$$

Toute la difficulté consiste à déterminer convenablement la valeur du coefficient c. Or on a

$$cv = bv^2;$$

donc

$$c = bv = \frac{\Delta a^2}{p} \sin\gamma \frac{f(v)}{\sin\gamma} v.$$

Cette formule permet de calculer c quand on connaît $f(v)$.

On prendra d'abord pour c la valeur qui correspond à la vitesse v_0 à l'origine de l'arc, et l'on pourra calculer une première valeur v'_1 de la vitesse à l'autre extrémité. Dans un deuxième calcul, on prendra pour c la moyenne des valeurs qui correspondent à v_0 et à v'_1; on trouvera une deuxième valeur de la vitesse finale, et l'on pourra continuer de cette manière jusqu'à ce que les deux dernières vitesses obtenues ne présentent plus qu'une différence insensible. La dernière valeur de c servira pour le calcul des quantités x_1, t_1 et y_1.

CHAPITRE IX.

DÉRIVATIONS DES PROJECTILES OGIVAUX.

§ 1ᵉʳ. — Observations générales.

Les dérivations offrent toujours de grandes discordances par suite de l'influence considérable que les agitations de l'atmosphère exercent sur la direction des projectiles. Les corrections qu'on leur fait subir afin de les dégager de cette influence sont insuffisantes pour faire disparaître ces irrégularités, vu l'impossibilité de connaître avec quelque exactitude la vitesse du vent dans les régions, toujours assez élevées, que parcourent les projectiles. Cette vitesse ne peut être observée qu'à quelques mètres au-dessus du sol; elle est d'ailleurs essentiellement variable, le vent ne se faisant le plus souvent sentir que par bouffées.

De là les difficultés qu'on éprouve dans la recherche des lois qui régissent les phénomènes. Quelles que soient les formules auxquelles on s'arrête, on doit s'attendre à les trouver souvent peu d'accord avec les faits qu'on aura occasion de recueillir plus tard. Les discordances au milieu desquelles on est parvenu à les établir ne manqueront pas, en effet, de se reproduire dans les nouvelles expériences.

§ 2. — Vérification et généralisation des formules obtenues dans le Chapitre V de la 2ᵉ Section.

La formule à laquelle on est parvenu dans le Chapitre V de la deuxième Section est la suivante :

$$D = h V^2 \sin^2 \alpha \frac{a^3}{p} \tang \theta \sin \gamma.$$

Elle ne se trouve vérifiée qu'autant que la vitesse V ne surpasse pas 330^m.

La question est de savoir si elle peut convenir encore lorsque la vitesse devient plus grande.

Le cas le plus simple est celui où les rayures ont toujours la même inclinaison, en sorte que $\tang \Theta$ devient une constante. Il doit en être de même du rapport $\dfrac{D}{V^2 \sin^2 \alpha \dfrac{a^3}{P} \sin \gamma}$.

Or il a été exécuté à Gâvre, sur des canons dans lesquels l'inclinaison finale des rayures était de $4°$, des expériences dont les résultats permettent d'établir le Tableau suivant :

CANON.	PROJECTILES.		VITESSE initiale V.	VALEURS DE	
	Espèces.	Poids.		$\dfrac{p}{a^3 \sin \gamma}$	$\dfrac{D}{\sin^2 \alpha \dfrac{a^3}{p} \sin \gamma}$
		kg	m		
24^{cm}	Obus.	100,000	533,400	9560	13580000
34	id.	350,000	505,000	12140	9900000
27	id.	180,000	504,800	12820	9220000
24	id.	100,000	504,000	9560	11450000
16	id.	38,250	500,000	11620	11500000
24	Obus.	120,000	490,200	11520	9980000
19	id.	62,500	485,000	12420	8050000
34	Boulet massif.	420,000	475,000	14630	11700000
32	Obus.	286,500	475,000	12200	5220000
24	id.	120,000	472,400	12440	6670000
27	id.	180,000	470,000	12820	8100000
24	Obus.	120,000	467,400	11520	8560000
16	id.	45,000	466,000	14660	10410000
24	Boulet massif.	144,000	453,800	13820	14590000
19	id.	75,000	448,000	13850	6840000
24	id.	144,000	432,000	13820	7170000
32	id.	350,000	418,000	14380	6430000
32	Obus.	286,500	360,000	12200	4320000
34	id.	350,000	351,000	12140	4220000
24	id.	120,000	342,000	12440	5290000
27	id.	180,000	328,000	12820	5290000

DÉRIVATIONS DES PROJECTILES OGIVAUX.

Les résultats compris dans ce Tableau sont partagés entre quatre groupes, dans chacun desquels les vitesses s'écartent peu les unes des autres. Cependant les valeurs correspondantes du rapport $\dfrac{D}{\sin^2\alpha \dfrac{a^3}{P}\sin\gamma}$ présentent parfois d'assez notables différences, dont ne s'étonneront pas sans doute ceux qui sont habitués à ce genre d'épreuves. Elles ne suivent d'ailleurs aucune loi.

En prenant dans chaque groupe la valeur moyenne des vitesses et celle des valeurs du rapport $\dfrac{D}{\sin^2\alpha \dfrac{a^3}{P}\sin\gamma}$, on obtient le Tableau suivant :

Vitesses (mètres)	509,4	477,9	447,6	345,3
Valeurs de $\dfrac{D}{\sin^2\alpha \dfrac{a^3}{p}\sin\gamma}$	1113,0	829,0	900,0	478,0

La valeur du rapport décroît avec la vitesse; toutefois, on rencontre une anomalie que l'on fait disparaître en faisant correspondre à la vitesse 462,7, moyenne de 477,9 et de 447,5, la moyenne des deux nombres 829 et 900, c'est-à-dire 864.

Divisant alors chaque valeur du rapport $\dfrac{D}{\sin^2\alpha \dfrac{a^3}{P}\sin\gamma}$ par le carré de la vitesse correspondante, on obtient les trois nombres suivants : 42,9, 40,4, 40,1, qui diffèrent peu les uns des autres et dont la moyenne est 41,1.

Ainsi, lorsque l'inclinaison des rayures reste la même, le rapport $\dfrac{D}{V^2\sin^2\alpha \dfrac{a^3}{P}\sin\gamma}$ est bien réellement constant.

Il ne reste qu'à examiner si, quand l'inclinaison des

rayures vient à changer, les différentes valeurs du rapport
$\dfrac{D}{V^2 \sin^2\alpha \dfrac{a^3}{p} \sin\gamma}$ sont proportionnelles à celles de $\tang\Theta$.

Les expériences faites à Gâvre avec les canons de 10^{cm}, 14^{cm}, 16^{cm} et le canon de 24^{cm} du Département de la Guerre, qui étaient tous munis de rayures dont l'inclinaison finale était de $7°$, ont donné les résultats suivants :

Vitesse initiale (mètres)...	458,7	468,2	474,0	504,5	533,5	543,0
Canon	14^{cm}	14^{cm}	24^{cm}(guerre)	10^{cm}	10^{cm}	16^{cm}
Poids du projectile (kilo.)	21	28	120	14	12	45
Valeur de $\dfrac{D}{V^2 \sin^2\alpha \dfrac{a^3}{p} \sin\gamma}$	64,57	66,19	82,79	51,22	50,99	63,52

Les valeurs du rapport présentent, comme toujours, de grandes irrégularités, mais elles ne suivent aucune loi. En prenant une moyenne, on a

$$\dfrac{D}{V^2 \sin^2\alpha \dfrac{a^3}{p} \sin\gamma} = 63,2.$$

Ainsi, aux inclinaisons finales des rayures $4°$ et $7°$, correspondent pour le rapport $\dfrac{D}{V^2 \sin^2\alpha \dfrac{a^3}{p} \sin\gamma}$ les valeurs $41,1$ et $63,2$. En divisant chacune de ces dernières par la tangente de l'inclinaison, on obtient les deux nombres 587 et 515.

Le dernier est inférieur au premier, mais il est à remarquer que les projectiles employés dans les deux séries d'expériences n'étaient pas semblables. Le rapport $\dfrac{l}{a}$ de la longueur au diamètre avait une valeur moyenne de $2,490$ lorsque l'inclinaison des rayures était de $4°$, et une valeur de $3,167$ lorsque cette inclinaison était de $7°$. On est donc conduit à admettre que, au moins jusqu'à une certaine limite, la dérivation décroît lorsque le rapport $\dfrac{l}{a}$ devient plus grand.

Dans l'état actuel des choses, de pareilles variations sont de peu d'importance, et l'on peut se dispenser d'y avoir égard. En prenant la moyenne des deux nombres, on a la formule définitive suivante :

$$D = 551 \frac{a^3}{p} \sin\gamma \tang\Theta\, V^2 \sin^2\alpha.$$

Le coefficient 551 est notablement plus petit que celui qui a été donné dans la deuxième Section pour les projectiles à tenons employés avant 1870, savoir 736; mais, pour ces derniers, la valeur moyenne du rapport $\dfrac{l}{a}$ était beaucoup plus faible que pour les projectiles employés dans les nouvelles expériences.

§ 3. — Tirs sous les angles supérieurs à 45°.

Les expériences exécutées en 1869 sur un canon de 16^{cm} et un canon de 14^{cm}, sous des inclinaisons supérieures à 45°, et dont il a été rendu compte dans le Chapitre IV, § 20, fournissent quelques indications sur la manière dont varie la dérivation sous ces grands angles. L'inclinaison finale des rayures était égale à 6°.

Les résultats des expériences sont renfermés dans le Tableau suivant :

CANON et projectiles.	ANGLE α.	DÉRIVATION D.	VALEUR de $\dfrac{D}{V^2 \sin^2 \alpha}$.
Canon de 16^{cm}. Obus ogivaux. $p = 31^{kg},490$. $V = 323^{m}$.	45° 60 70 75 80	386, gauche. 562, id. 715, id. 328, droite. 290, id.	0,00742 0,00726 0,00774 » »
Canon de 14^{cm}. Obus ogivaux. $p = 18^{kg},650$. $V = 320^{m}$.	45 60 70 75	352, gauche. 423, id. 484, id. 254, droite.	0,00683 0,00517 0,00532 »

La dérivation a changé de sens presque brusquement pour un angle compris entre 70° et 80°. Des expériences exécutées en 1869 au camp de Châlons avec un canon de 12 de siège, et qui n'ont pas encore été publiées, ont donné des résultats analogues.

Il est très remarquable que la valeur de $\dfrac{D}{V^2 \sin^2 \alpha}$ paraît rester sensiblement constante jusqu'à 70°, et que, par suite, les formules ordinaires sont applicables jusque dans le voisinage de l'angle pour lequel la dérivation change de sens.

De nouvelles expériences sous de grandes inclinaisons ont été exécutées en 1881 avec un canon de 10^{cm} muni de rayures dont l'inclinaison finale était de 7°. Les projectiles, pesant les uns 12^{kg}, les autres 14^{kg}, ont été décrits dans le Chapitre IV, § 15.

Obus de 12^{kg}. Vitesse initiale, 535^m,5.			Obus de 14^{kg}. Vitesse initiale, 504^m,5.		
Angle α.	Dérivation D.	Valeur de $\dfrac{D}{\sin^2\alpha}$.	Angle α.	Dérivation D.	Valeur de $\dfrac{D}{\sin^2\alpha}$.
42.4	525,9, gauche.	1171	42.4	430,2, gauche.	958
57.4	533,9, id.	758	59.4	421,5, id.	573
69.4	829,0, id.	950	69.4	640,8, id.	734
80.4	365,0, droite.	»	80.4	420,3, droite.	»

La dérivation change encore de sens pour une inclinaison comprise entre 70° et 80°; mais, tant que l'inclinaison ne dépasse pas 70°, le rapport $\dfrac{D}{\sin^2\alpha}$ se montre sensiblement constant, ou du moins n'éprouve que des variations du même ordre que celles que l'on rencontre dans les tirs exécutés sous les inclinaisons inférieures.

L'expérience a fait reconnaître que, dans les tirs où la dérivation changeait de sens, c'était par le culot que les projectiles atteignaient le sol, de sorte que, dans la branche descendante, le culot se trouvait en avant. Si l'on admet que, dans ces conditions, la direction de la résistance de l'air rencontrait l'axe des projectiles en arrière du centre de gravité, la rapidité avec laquelle s'opère le changement dans le sens de la dérivation s'explique tout naturellement.

Il est clair qu'alors la méthode développée dans le Chapitre VIII cesse d'être applicable; d'ailleurs, les circonstances du mouvement étant tout à fait modifiées, on ne peut plus compter sur l'exactitude des formules données pour le calcul du coefficient K, ni de celles que l'on obtient en substituant la courbe du troisième degré à la trajectoire réelle.

§ 4. — Application numérique.

Obus ogival de 24^{cm}.

$$a = 0^m,242, \quad p = 120^{kg}, \quad \gamma = 41°42', \quad V = 470^m.$$

L'inclinaison des rayures du canon étant supposée égale à $4°$, on obtient, par l'application de la formule du § 5,

$$D = 668,7 \sin^2 \alpha,$$

et par suite :

Angle α	30°	45°	60°
Dérivation, mètres..	159,7	334,4	501,5

CHAPITRE X.

DÉVIATIONS LATÉRALES DES PROJECTILES.

§ 1. — Formule.

Dans les expériences antérieures à 1865, il a été reconnu qu'entre la déviation latérale moyenne q, la vitesse initiale V, l'angle de départ α et l'écart angulaire initial latéral moyen ε, il existait la relation

$$q = \frac{2 V^2 \sin \alpha}{g} \tang \varepsilon,$$

comme si le mouvement avait lieu dans le vide.

Mais alors le projectile était maintenu dans la bouche à feu par des tenons placés autour du centre de gravité et engagés dans les rayures, et la vitesse initiale ne surpassait pas 320^m. La valeur de ε restait toujours comprise entre $3'$ et $4'$.

Il est nécessaire d'examiner si la même relation peut encore être admise quand les tenons sont remplacés par des ceintures et que les vitesses initiales atteignent et dépassent 500^m.

S'il en est ainsi, on doit obtenir pour ε des valeurs sensiblement égales lorsque, la vitesse initiale restant la même, on introduit dans l'équation les divers couples de valeurs de q et de α qui proviennent des expériences.

§ 2. — Résultats des expériences.

Canon de 34^{cm} (Chap. IV, § 6).

Obus ogivaux de 350^{kg}. Vitesse initiale, 505^m.

Angle α	15°	26°	38°
Valeur de ε	0′29″	0′23″	0′42″

Valeur moyenne, ε = 0′31″.

Obus ogivaux de 350^{kg}. Vitesse initiale, 351^m.

Angle α	17°	23°	27°	35°
Valeur de ε	1′39″	1′4″	0′58″	2′48″

Valeur moyenne, ε = 1′37″.

Boulets ogivaux de 420^{kg}. Vitesse initiale, 485^m.

Angle α	15°	26°
Valeur de ε	0′40″	1′0″

Valeur moyenne, ε = 0′50″.

Canon de 32^{cm} (Chap. IV, § 7).

Obus ogivaux de 286^{kg},500. Vitesse initiale, 475^m.

Angle α	15°	20°	25°	40°
Valeur de ε	3′58″	3′5″	2′25″	2′50″

Valeur moyenne, ε = 3′3″.

Obus ogivaux de 286^{kg},500. Vitesse initiale, 360^m.

Angle α	20°	25°	29°30′
Valeur de ε	2′19″	1′20″	3′27″

Valeur moyenne, ε = 1′55″.

DÉVIATIONS LATÉRALES DES PROJECTILES.

Canon de 27^{cm} (Chap. IV, § 8).

Obus ogivaux de 180^{kg}. Vitesse initiale, 470^m.

Angle α......	3°	15°	20°	22°	25°	28°	30°
Valeur de ε...	0'57"	0'41"	0'52"	1'19"	0'57"	1'59"	1'38"

Valeur moyenne, $\varepsilon = 1'10''$.

Obus ogivaux de 180^{kg}. Vitesse initiale, 328^m.

Angle α.......	3°	10°	18°	20°	29°	35°
Valeur de ε....	2'44"	1'56"	2'37"	1'37"	1'52"	1'50"

Valeur moyenne, $\varepsilon = 2'6''$.

Canon de 24^{cm}. Expériences de 1873 (Chap. IV, § 9).

Obus ogivaux de 100^{kg}. Vitesse initiale, 504^m.

Angle α.......	5°	12°	14°	20°	30°	35°
Valeur de ε....	0'59"	0'58"	0'54"	0'12"	2'37"	1'13"

Valeur moyenne, $\varepsilon = 1'10''$.

Obus ogivaux de 100^{kg}. Vitesse initiale, $533^m,4$.

Angle α...	5°	12°	14°	20°	30°	32°	35°	39°	40°	43°
Valeur de ε.	1'26"	1'11"	1'25"	3'29"	1'15"	2'0"	0'33"	1'42"	1'14"	0'48"

Valeur moyenne, $\varepsilon = 1'25''$.

Obus ogivaux de 120^{kg}. Vitesse initiale, $467^m,4$.

Angle α.......	5°	12°	14°	20°	30°	35°
Valeur de ε....	0'57"	1'8"	0'55"	1'19"	0'59"	0'36"

Valeur moyenne, $\varepsilon = 0'59''$.

Obus ogivaux de 120^{kg}. Vitesse initiale, 490^m,2.

Angle α	5°	12°	14°	20°	30°	32°	35°	40°
Valeur de ε	3'33"	1'57"	0'57"	0'51"	1'19"	1'30"	0'49"	1'6"

La valeur de ε qui correspond à l'angle de 5° paraît exagérée; en n'y ayant pas égard, on trouve pour la moyenne ε = 1'21".

Boulets ogivaux de 144^{kg}. Vitesse initiale, 432^m.

Angle α	5°	8°	10°	12°	14°	20°	30°	35°
Valeur de ε	1'2"	0'33"	1'3"	1'44"	1'11"	0'53"	0'28"	1'22"

Valeur moyenne, ε = 1'2".

Boulets ogivaux de 144^{kg}. Vitesse initiale, 453^m,8.

Angle α	5°	12°	14°	20°	30°	32°	35°	39°	40°	43°
Valeur de ε	1'54"	2'9"	1'20"	0'55"	1'2"	1'30"	1'2"	0'59"	1'8"	1'0"

Valeur moyenne, 1'24".

Canon de 24^{cm} *de la Guerre* (Chap. IV, § 11).

Obus ogivaux de 120^{kg}. Vitesse initiale, 474^m.

Angle α	0'28"	2°6'	3°41'40"	5°13'	10°6'
Valeur de ε	1'10"	0'39"	0'56"	0'36"	0'53"
Angle α	15°6'	20°6'	25°6'	28°6'	45°6'
Valeur de ε	0'37"	0'45"	0'30"	0'36"	0'58"

Valeur moyenne, ε = 0'46".

DÉVIATIONS LATÉRALES DES PROJECTILES.

Canon de 19^{cm} (Chap. IV, § 12).

Obus ogivaux de $62^{kg},500$. Vitesse initiale, 485^m.

Angle α......	14°	20°	25°	30°	35°
Valeur de ε...	0'58"	0'47"	0'43"	0'51"	1'30"
Angle α......	37°	40°	42°	45°	48°
Valeur de ε...	1'22"	1'39"	0'50"	0'58"	0'53"

Valeur moyenne, $\varepsilon = 1'3''$.

Obus ogivaux de $62^{kg},500$. Vitesse initiale, 346^m.

Angle α......	10°	20°	25°	30°	35°
Valeur de ε...	2'1"	1'1"	0'55"	1'20"	2'49"

Valeur moyenne, $\varepsilon = 1'37''$.

Boulets ogivaux de 75^{kg}. Vitesse initiale, 448^m.

Angle α......	14°	20°	25°	30°	37°
Valeur de ε...	0'57"	0'56"	0'54"	1'15"	3'12"

La valeur de ε obtenue sous l'inclinaison de 37° paraît exagérée. En n'y ayant pas égard, on trouve

Valeur moyenne, $\varepsilon = 1'$.

Canon de 16^{cm} (Chap. IV, § 13).

Obus ogivaux de 45^{kg}. Vitesse initiale, 543^m.

Angle α	15°	25°	35°
Valeur de ε	1'4"	1'9"	1'43"

Valeur moyenne, $\varepsilon = 1'19''$.

Cette valeur moyenne doit être exagérée, attendu que l'âme du canon était en assez mauvais état, de sorte qu'à certains coups les ceintures étaient presque complètement rasées.

Canon de 14^{cm} (Chap. IV, § 14).

Obus ogivaux de 21^{kg}. Vitesse initiale 458^m,7.

| Angle α....... | 7°3' | 11°3' | 17°3' | 23°3' | 28°3' | 40°3' |
| Valeur de ε.... | 1'21" | 1'0" | 1'40" | 1'4" | 1'25" | 1'25" |

Valeur moyenne, ε = 1'19".

Obus ogivaux de 21^{kg}. Vitesse initiale, 468^m,2.

| Angle α....... | 6°13' | 9°13' | 15°13' | 20°13' | 25°13' | 40°13' |
| Valeur de ε ... | 2'6" | 1'25" | 1'9" | 0'36" | 0'59" | 1'40" |

Valeur moyenne, 1'19".

§ 3. — Conclusion.

Dans les expériences que l'on vient de rapporter, la valeur de ε déduite de l'équation $q = \dfrac{2 V^2 \sin α}{g} \tang ε$ n'a guère éprouvé que des variations irrégulières et qui semblent indépendantes de l'angle α. Si, dans quelques séries d'expériences, elle se montre légèrement croissante, dans d'autres, au contraire, elle paraît décroissante.

Il en résulte qu'il n'y a jusqu'à présent aucune raison de penser que la valeur de ε varie avec l'angle α.

A la vérité, dans certains cas, les tirs exécutés sous des inclinaisons voisines de 45° ont donné pour ε des valeurs qui surpassent toutes les autres; mais les bouches à feu étaient alors placées sur des affûts à échantignolles et le pointage en direction était fort pénible. Ce n'était qu'au prix de grandes difficultés qu'on pouvait faire glisser ces affûts sur les plates-formes. Des canons d'un aussi grand poids devraient toujours être montés sur des affûts à châssis munis de galets à l'arrière.

Dans le Tableau suivant, on a rapproché les valeurs de ε fournies par les différents canons :

CANON de	PROJECTILES.	VITESSE initiale.	VALEUR de ε.
34 cm	Obus de 350^{kg}...	505,0 m	0'.31"
	id.	351,0	1.37
	Boulet de 420^{kg}...	485,0	0.50
32	Obus de 286^{kg},5...	475,0	3. 3
	id.	360,0	1.55
27	Obus de 180^{kg}...	470,0	1.10
	id.	328,0	2. 6
	Obus de 100^{kg}...	533,4	1.25
	id.	504,0	1.10
24	Obus de 120^{kg}...	490,2	1.21
	id.	467,4	0.59
	Boulet de 144^{kg}...	453,8	1.24
	id.	432,0	1. 2
24 guerre	Obus de 120^{kg}...	474,0	0.46
19	Obus de 62^{kg},5...	485,0	1. 3
	id.	346,0	1.37
	Boulet de 75^{kg}...	448,0	1. 0
16	Obus de 45^{kg}...	543,0	1.19
14	Obus de 21^{kg}...	458,7	1.19
	Obus de 28^{kg}...	468,2	1.19

La valeur de ε qui correspond à l'obus de 32^{cm}, animé de la vitesse de 485^m, paraît exagérée. Les tirs du canon de 32^{cm} ont tous été exécutés avec un affût à échantignolles qui donnait lieu à de grandes difficultés pour le pointage en direction.

Faisant donc abstraction des résultats fournis par le canon de 32^{cm}, et prenant la moyenne des valeurs de ε qui correspondent à des vitesses supérieures à 400^m, on trouve $\varepsilon = 1'5''$. Pour les vitesses inférieures à 400^m, la valeur moyenne de ε est $1'46''$.

De là on est porté à conclure que la valeur de ε décroît légèrement quand la vitesse diminue.

320   TROISIÈME PARTIE. — CHAPITRE X.

Quoi qu'il en soit, les valeurs précédentes de ε ne peuvent convenir qu'à des tirs exécutés avec une précision sur laquelle on ne pourrait jamais compter dans la pratique.

Il est à remarquer que, dans les tirs où le nombre de coups tirés est considérable, les déviations latérales extrêmes sont sensiblement égales au triple des déviations latérales moyennes.

§ 4. — Tir sous les angles supérieurs à 45°.

Dans les expériences exécutées en 1881 avec le canon de 10^{cm}, et rapportées Chapitre IV, § 15, l'inclinaison de la bouche à feu s'est élevée jusqu'à 80°. En appliquant aux déviations obtenues la formule du § 1, on trouve :

1° Obus de 12^{kg}. Vitesse initiale, $535^m,5$.

Angle α	5°4′	12°4′	19°4′	31°4′	32°4′
Valeur de ε	1′42″	1′22″	0′54″	1′25″	2′20″
Angle α	42°4′	57°4′	69°4′	80°4′	
Valeur de ε	1′51″	1′31″	1′30″	1′21″	

Moyenne de toutes les valeurs de ε, 1′33″.

Moyenne des valeurs de ε qui correspondent à des inclinaisons inférieures à 45°, 1′36″.

2° Obus de 14^{kg}. Vitesse initiale, $504^m,5$.

Angle α	5°4′	12°4′	19°4′	31°4′	32°4′
Valeur de ε	1′36″	1′19″	0′37″	0′58″	1′36″
Angle α	42°4′	59°4′	69°4′	80°4′	
Valeur de ε	0′31″	0′34″	1′18″	1′32″	

Moyenne de toutes les valeurs de ε, 1′13″.

Moyenne des valeurs de ε qui correspondent à des inclinaisons inférieures à 45°, 1′16″.

DÉVIATIONS LATÉRALES DES PROJECTILES.

Dans l'un et l'autre cas, les valeurs de ε n'éprouvent que des variations irrégulières, de sorte que la formule se trouve applicable jusqu'à 80°, c'est-à-dire jusqu'à une inclinaison bien supérieure à toutes celles que l'on peut réaliser dans la pratique.

Les expériences exécutées en 1869 avec des projectiles à tenons de 16^{cm} et de 14^{cm} ont donné les résultats suivants :

Canon de 16^{cm}.

Obus de 31^{kg},490. Vitesse initiale, 323^m.

Angle α	45°	60°	70°	75°	80°
Valeur de ε	5′57″	7′0″	5′19″	5′15″	3′23″

Canon de 14^{cm}.

Obus de 18^{kg},650. Vitesse initiale, 320^m.

Angle α	45°	60°	70°	75°
Valeur de ε	2′17″	3′55″	3′48″	5′4″

Les valeurs de ε qui correspondent aux obus de 16^{cm} sont assez fortes; mais elles ne paraissent pas dépendre de l'inclinaison du canon. Quant aux valeurs de ε fournies par les obus de 14^{cm}, la dernière seule surpasse la moyenne de celles que l'on obtenait d'ordinaire avec les projectiles à tenons. La formule se trouve donc encore applicable, même sous ces grandes inclinaisons.

Toutefois, il est clair que, dans le voisinage de l'angle pour lequel la dérivation change de signe et qui paraît compris entre 70° et 80° (Chap. IX, § 3), les déviations latérales peuvent devenir très considérables, par suite de la rapidité avec laquelle varie la dérivation. Ce fait a d'ailleurs été mis en évidence par les expériences exécutées en 1869 au camp de Châlons avec un canon de 12 de siège.

CHAPITRE XI.

DÉVIATIONS LONGITUDINALES DES PROJECTILES.

§ 1. — Observations générales.

Dans le Chapitre VII de la deuxième Section, on a conclu des faits observés jusqu'alors qu'entre la déviation longitudinale moyenne Q, l'écart angulaire initial moyen ε et l'angle de départ α, on pouvait établir la relation

$$Q^2 = \left(\frac{2V^2 \cos 2\alpha}{g}\right)^2 \tan^2\varepsilon + \left(\frac{2V \sin 2\alpha}{g}\right)^2 \xi^2,$$

ξ désignant une quantité indépendante de α.

Il importe de rechercher si les résultats des expériences exécutées depuis 1870 permettent de conserver cette équation.

Si Q_1, Q_2, ..., Q_n représentent les déviations longitudinales moyennes obtenues dans des tirs exécutés avec les mêmes projectiles et les mêmes charges de poudre sous les angles α_1, α_2, ..., α_n, on doit avoir

$$Q_1^2 = \left(\frac{2V^2 \cos 2\alpha_1}{g}\right)^2 \tan^2\varepsilon + \left(\frac{2V \sin 2\alpha_1}{g}\right)^2 \xi^2,$$

$$Q_2^2 = \left(\frac{2V^2 \cos 2\alpha_2}{g}\right)^2 \tan^2\varepsilon + \left(\frac{2V \sin 2\alpha_2}{g}\right)^2 \xi^2,$$

$$\dots\dots\dots\dots\dots\dots\dots\dots\dots\dots\dots\dots\dots\dots\dots,$$

$$Q_n^2 = \left(\frac{2V^2 \cos 2\alpha_n}{g}\right)^2 \tan^2\varepsilon + \left(\frac{2V \sin 2\alpha_n}{g}\right)^2 \xi^2.$$

Faisant la somme de ces équations, on obtient

$$Q_1^2 + Q_2^2 + \ldots + Q_n^2$$
$$= \left(\frac{2V^2 \tan\varepsilon}{g}\right)^2 (\cos^2 2\alpha_1 + \cos^2 2\alpha_2 + \ldots + \cos^2 2\alpha_n)$$
$$+ \left(\frac{2V}{g}\right)^2 (\sin^2 2\alpha_1 + \sin^2 2\alpha_2 + \ldots + \sin^2 2\alpha_n) \xi^2.$$

DÉVIATIONS LONGITUDINALES DES PROJECTILES. 323

L'écart angulaire initial moyen ε étant donné par les déviations latérales, cette équation permet de calculer la valeur de ξ.

Portant les valeurs de ε et de ξ dans la formule, on peut, à l'aide de cette dernière, calculer les déviations correspondant aux angles α_1, α_2, ..., α_n, et comparer ensuite ces déviations aux données de l'expérience Q_1, Q_2, ..., Q_n. Cette comparaison permettra d'apprécier la convenance de la formule.

Il faut cependant s'attendre à rencontrer quelquefois de graves discordances. Il arrive souvent, en effet, que des tirs, nécessairement bornés à un nombre de coups assez restreints, présentent, quoique exécutés dans des circonstances en aprence identiques, des déviations fort différentes.

Le paragraphe suivant présente une suite de tirs où l'on a comparé les déviations longitudinales obtenues par l'expérience avec celles qui résultent de la formule. Pour déterminer ces dernières, on a pris les valeurs de ε indiquées par l'étude des déviations latérales et rapportées dans le Chapitre X, § 2.

§ 2. — Résultats des expériences.

Canon de 34^{cm} (Chap. IV, § 6).

Obus ogivaux de 350^{kg}. Vitesse initiale, 505^m.

$$\varepsilon = 0'31'', \quad \xi = 0^m,263.$$

Angle α	15°	26°	38°
Valeurs de Q { l'expérience (mètres)	11,9	17,1	31,1
données par { la formule (mètres)	16,1	22,0	26,4
Différences (mètres)	−4,2	−4,9	−4,7

324 TROISIÈME PARTIE. — CHAPITRE XI.

Obus ogivaux de 350^{kg}. Vitesse initiale, 351^m.

$\varepsilon = 1'37''$, $\xi = 0^m,294$.

Angle α	17°	23°	27°	35°
Valeurs de Q { l'expérience (mètres) ...	9,6	9,0	26,2	22,4
données par { la formule (mètres) ...	15,4	17,2	18,3	22,5
Différences (mètres)	+ 5,8	+ 8,2	— 7,9	+ 0,1

Boulets ogivaux de 420^{kg}. Vitesse initiale 485^m.

$\varepsilon = 0'50''$, $\xi = 0^m,205$.

Angle α	15°	26°
Valeurs de Q { l'expérience (mètres)...	11,0	21,0
données par { la formule (mètres)...	14,3	15,9
Différences (mètres)	+ 3,3	— 5,1

Canon de 27^{cm} (Chap. IV, § 8).

Obus ogivaux de 180^{kg}. Vitesse initiale, 470^m.

$\varepsilon = 1'10''$, $\xi = 0^m,582$.

Angle α	3°	15°	20°	25°	28°	30°
Valeurs de Q { l'expérience (mètr.).	20,4	13,7	32,3	55,7	38,7	54,0
données par { la formule (mètr.).	16,3	30,9	37,7	43,8	47,0	48,9
Différences (mètr.)..	+4,1	—17,2	—5,4	—11,9	+8,3	—5,1

Obus ogivaux de 180^{kg}. Vitesse initiale 328^m.

$\varepsilon = 2'6''$, $\xi = 0^m,951$.

Angle α	3°	10°	12°	20°	29°	35°
Valeurs de Q { l'expérience (mètr.).	18,7	24,5	36,0	40,0	47,0	69,0
données par { la formule (mètr.).	14,9	25,1	38,9	42,1	55,5	59,9
Différences (mètr.)..	—3,8	+0,6	+2,9	+2,1	+8,5	—9,1

DÉVIATIONS LONGITUDINALES DES PROJECTILES.

Canon de 24^{cm}. *Expériences de* 1873 (Chap. IV, § 9).

Obus ogivaux de 100^{kg}. Vitesse initiale, 500^m.

$\varepsilon = 1'10''$, $\xi = 0^m,484$.

Angle α	5°	12°	14°	20°	30°	35°
Valeurs de Q (l'expérience (mètr.).	18,6	14,8	24,5	31,6	42,2	56,8
données par (la formule (mètr.).	19,4	25,9	28,0	34,7	44,0	47,2
Différences (mètr.)..	+0,8	+11,1	+3,5	+3,1	+1,8	—9,6

Obus ogivaux de 100^{kg}. Vitesse initiale, $533^m,4$.

$\varepsilon = 1'25''$, $\xi = 0^m,504$.

Angle α	5°	12°	14°	20°	30°
Valeurs de Q (l'expérience (mètres).	22,9	23,7	22,0	42,4	52,9
données par (la formule (mètres).	25,5	31,3	34,0	38,9	49,6
Différences (mètres)....	+2,6	+7,6	+12,0	—3,5	—3,3

Angle α	32°	35°	39°	40°	42°
Valeurs de Q (l'expérience (mètres)	27,5	75,1	68,4	56,2	27,9
données par (la formule (mètres).	50,4	52,2	53,9	54,2	54,6
Différences (mètres)....	+22,9	—22,9	—15,5	—2,0	+26,7

Obus ogivaux de 120^{kg}. Vitesse initiale, $467^m,4$.

$\varepsilon = 0'59''$, $\xi = 0^m,555$.

Angle α	5°	12°	14°	20°	30°	35°
Valeurs de Q (l'expérience (mètr.).	23,7	16,9	39,8	31,3	37,6	40,3
données par (la formule (mètr.).	15,7	24,5	27,3	35,4	46,3	49,9
Différences (mètr.)..	—8,0	+7,6	—12,5	+4,1	+8,7	+9,6

Obus ogivaux de 120^{kg}. Vitesse initiale, 490^m,2.

$\varepsilon = 1'21''$, $\xi = 0^m,538$.

Angle α	5°	14°	20°	30°	32°	35°	40°
Valeurs de Q (l'expérience (mètr.)	35,3	20,6	25,8	38,1	35,4	56,0	69,0
données par (la formule (mètr.)	26,7	31,0	36,2	47,6	49,1	51,0	52,9
Différences (mètr.)	— 8,6	+11,6	+10,4	+ 9,5	—13,7	— 5,0	—16,1

Boulets ogivaux de 144^{kg}. Vitesse initiale, 432^m.

$\varepsilon = 1'2''$, $\xi = 0^m,778$.

Angle α	5°	8°	10°	12°
Valeurs de Q (l'expérience (mètres)	25,9	11,9	32,8	19,5
données par (la formule (mètres)	16,6	21,9	25,9	29,8
Différences (mètres)	— 9,3	+10,0	— 6,9	+10,3

Angle α	14°	20°	30°	35°
Valeurs de Q (l'expérience (mètres)	27,8	22,4	79,3	56,0
données par (la formule (mètres)	30,5	44,7	59,7	64,5
Différences (mètres)	2,7	—22,3	—19,6	+ 8,5

Boulets ogivaux de 144^{kg}. Vitesse initiale, 453^m,8.

$\varepsilon = 1'24''$, $\xi = 0^m,625$.

Angle α	5°	12°	14°	20°	30°
Valeurs de Q (l'expérience (mètres)	36,9	18,0	38,2	38,0	31,4
données par (la formule (mètres)	19,7	28,4	31,8	39,4	50,8
Différences (mètres)	—17,2	+10,4	— 6,4	+ 1,4	+19,4

Angle α	32°	35°	39°	40°	43°
Valeurs de Q (l'expérience (mètres)	46,5	81,6	49,8	39,4	58,7
données par (la formule (mètres)	52,9	54,7	56,6	56,9	57,6
Différences (mètres)	+ 6,4	—26,9	— 6,8	—17,5	— 1,1

Canon de 24ᶜᵐ de la guerre (Chap. IV, § 11).

Obus ogivaux de 120^{kg}. Vitesse initiale, 474^m.

$\varepsilon = 0'46''$, $\xi = 0^m,295$.

Angle α............................	2°6′	3°42′	5°13′	10°6′
Valeurs de Q ⎰ l'expérience (mètres)..	8,4	12,3	10,5	17,9
données par ⎱ la formule (mètres)..	10,4	10,8	11,3	13,8
Différences (mètres)......	+ 2,0	− 1,5	+ 0,8	− 4,1
Angle α............................	15°6′	20°6′	25°6′	28°6′
Valeurs de Q ⎰ l'expérience (mètres)..	16,0	22,4	25,7	16,4
données par ⎱ la formule (mètres)..	16,8	20,0	22,8	24,3
Différences (mètres)......	+ 0,8	2,4	− 2,9	+ 7,9

Sous l'angle de 45°, un tir de douze coups a fourni une valeur de Q égale à 69^m,8; mais l'une des portées obtenues s'écartait beaucoup de toutes les autres; en n'y ayant pas égard, la valeur de Q se réduit à 22^m,1. La formule donne 28^m,5.

Canon de 19ᶜᵐ (Chap. IV, § 12).

Obus ogivaux de 62^{kg},500. Vitesse initiale, 485^m.

$\varepsilon = 1'3''$, $\xi = 0^m,788$.

Angle α............................	14°	20°	25°	30°	35°
Valeurs de Q ⎰ l'expérience (mètres).	26,3	41,7	67,4	60,9	53,7
données par ⎱ la formule (mètres).	39,3	52,1	61,1	68,6	74,3
Différences (mètres)...	+13,0	−10,4	− 6,3	+ 7,7	+20,6
Angle α............................	37°	40°	42°	45°	48°
Valeurs de Q ⎰ l'expérience (mètres).	63,7	87,2	70,4	95,6	91,9
données par ⎱ la formule (mètres).	75,0	77,7	78,1	78,8	78,4
Différences (mètres)...	+11,3	− 9,5	+ 7,7	−16,8	−13,5

328 TROISIÈME PARTIE. — CHAPITRE XI.

Obus ogivaux de $62^{kg},500$. Vitesse initiale, 346^m.

$\varepsilon = 1'37''$, $\xi = 0^m,938$.

Angle α	10°	20°	25°	30°	35°
Valeurs de Q { l'expérience (mètres).	30,6	30,5	66,9	60,8	48,0
données par { la formule (mètres).	25,1	43,4	51,2	57,6	62,3
Différences (mètres)...	— 5,5	+12,9	—15,7	— 3,2	+14,3

Boulets ogivaux de 75^{kg}. Vitesse initiale, 448^m.

$\varepsilon = 1'$, $\xi = 0^m,800$.

Angle α	14°	20°	25°	30°	37°
Valeurs de Q { l'expérience (mètres)	22,2	47,5	43,7	62,6	84,6
données par { la formule (mètres).	35,8	47,8	56,5	63,5	70.3
Différences (mètres)...	+13,6	— 0,3	+12,8	+ 0,9	—14,3

Canon de 16^{cm} (Chap. IV, § 13).

Obus ogivaux de 45^{kg}. Vitesse initiale, 543^m.

$\varepsilon = 1'19''$, $\xi = 0^m,236$.

Angle α	15°	25°	35°
Valeurs de Q { l'expérience (mètres)....	23,8	21,4	28,8
données par { la formule (mètres)....	23,9	24,7	25,8
Différences (mètres)........	+0,1	+3,3	—3,0

Canon de 14^{cm} (Chap. IV, § 14).

Obus ogivaux de 21^{kg}. Vitesse initiale, $458^m,7$.

$\varepsilon = 1'19''$, $\xi = 0^m,606$.

Angle α	7°3'	11°3'	17°3'	23°3'	28°3'	40°3'
Valeurs de Q { l'expérience (mètres).....	7,7	29,7	26,0	22,2	58,2	62,4
données par { la formule (mètres).....	21,1	24,4	34,6	42,4	48,0	55,9
Différences (mètres)........	+13,4	— 5,3	+ 8,6	+20,2	—10,2	— 6,5

Obus ogivaux de 28^{kg}. Vitesse initiale, 468^m,2.

$\varepsilon = 1'19''$, $\xi = 0^m,464$.

Angle α	6°13'	9°13'	15°13'	20°13'	25°13'	40°13'
Valeurs de Q (l'expérience (mètres)	9,9	12,7	26,0	14,7	47,2	48,7
données par (la formule (mètres)	19,2	21,4	26,8	31,5	35,9	43,8
Différences (mètres)	+9,3	+8,7	+0,8	+16,8	−11,3	−4,9

§ 3. — Conséquences des expériences précédentes.

Les différences que, dans les paragraphes précédents, on remarque entre les résultats du calcul et ceux de l'expérience, sont inhérentes à ce genre de recherches et on les rencontrera toujours, quelle que soit l'expression à laquelle on donne la préférence. L'ordre dans lequel elles se présentent n'indique pas d'ailleurs la nécessité de faire varier ξ avec l'angle α. On peut donc se servir de la formule en y traitant ξ comme une quantité indépendante de cet angle.

CANON.	PROJECTILE		VITESSE initiale.	VALEUR de ξ.
	espèce.	poids.		
cm		kg	m	m
34	Obus.	350,000	505,0	0,263
34	id.	350,000	351,0	0,294
34	Boulet.	420,000	485,0	0,205
27	Obus.	180,000	470,0	0,582
27	id.	180,000	328,0	0,951
24	id.	100,000	504,0	0,484
24	id.	100,000	533,0	0,504
24	id.	120,000	467,4	0,533
24	id.	120,000	490,2	0,538
24	Boulet.	144,000	432,0	0,778
24	id.	144,000	453,8	0,625
24 (guerre)	Obus.	120,000	474,0	0,295
19	id.	62,500	485,0	0,788
19	id.	62,500	346,0	0,938
19	Boulet.	75,000	448,0	0,800
16	Obus.	45,000	543,0	0,236
14	id.	21,000	458,7	0,606
14	id.	28,000	468,2	0,464

La valeur de ξ semble décroître lorsque la vitesse initiale et le calibre augmentent.

En différentiant l'expression de Q^2, on a

$$\frac{d(Q^2)}{d\alpha} = \frac{16 V^2}{g^2} \sin 4\alpha (\xi^2 - V^2 \tang^2 \varepsilon).$$

Dans les faits recueillis jusqu'à ce jour, la valeur de ξ s'est toujours montrée supérieure à celle de $V \tang \varepsilon$, de sorte que le dernier facteur s'est toujours montré positif. Le signe du second membre est donc le même que celui de $\sin 4\alpha$. La déviation longitudinale moyenne croîtrait donc avec l'angle α tant que celui-ci serait inférieur à $45°$.

Que l'on conçoive une courbe ayant pour abscisse les valeurs de α et pour ordonnées celles de Q^2. Lorsque $\alpha = 0$, la tangente est parallèle à l'axe des abscisses et la valeur de Q^2 est $\left(\frac{2V^2}{g} \tang \varepsilon\right)^2$, ce qui, vu la petitesse de ε, revient à $\left(\frac{V^2}{g} \sin 2\varepsilon\right)^2$ ou $Q = \frac{V^2 \sin 2\varepsilon}{g}$. La valeur de Q n'est donc autre chose que la portée correspondant au petit angle ε.

La courbe tournerait d'abord sa convexité vers l'axe des abscisses, puis présenterait un point d'inflexion pour $\alpha = 22° 30'$; elle deviendrait ensuite concave vers l'axe des abscisses et, pour $\alpha = 45°$, la tangente serait redevenue parallèle à l'axe. C'est donc dans le voisinage de $22° 30'$ que les variations de la déviation longitudinale moyennes seraient le plus sensibles.

La valeur de Q atteindrait son maximum lorsque α serait égal à $45°$. Cet angle venant à augmenter, elle décroîtrait, et il est clair qu'à deux valeurs de α, l'une supérieure, l'autre inférieure à $45°$, mais s'écartant également de ce dernier angle, correspondraient des valeurs égales de la déviation longitudinale moyenne.

Si la valeur de ξ était égale à l'écart moyen des vitesses δ, les déviations longitudinales moyennes des projectiles ogivaux sous un angle donné seraient les mêmes dans l'air que dans le vide.

Mais la quantité ξ paraît inférieure à la valeur de δ que fournissent les expériences relatives à la détermination des vitesses initiales; elle dépendrait donc de la densité de l'air. Toujours inférieure à δ, elle s'en rapprocherait de plus en plus à mesure que la densité de l'air deviendrait moindre.

Cette augmentation de la valeur de ξ à mesure que la densité de l'air s'amoindrit paraît d'abord fort singulière; mais il faut remarquer que cette diminution de densité entraîne une forte augmentation de portée.

D'après la formule, la déviation longitudinale moyenne serait sensiblement constante dans le voisinage de 45°, tandis que certaines considérations conduisent à penser que c'est près de l'angle qui donne la plus grande portée que cette constance doit se manifester. Les portées moyennes sont alors à peu près les mêmes; les variations des portées particulières doivent donc peu différer et leurs valeurs moyennes ne peuvent présenter que de très légères différences.

Mais, dans l'état actuel des choses, l'angle qui donne la plus grande portée s'éloigne peu de 45°, comme on a pu le voir précédemment, et, dans des recherches dont la nature ne comporte pas une très grande précision, il est permis de faire abstraction de l'intervalle qui les sépare.

Dans des tirs suffisamment prolongés, les déviations longitudinales extrêmes sont sensiblement égales au triple des déviations longitudinales moyennes.

Une remarque identique a été faite dans le Chapitre X au sujet des déviations latérales. Il en résulte que tous les points de chute sont compris dans un rectangle dont la largeur est égale à $6q$ et la longueur à $6Q$. La surface de ce rectangle est donc égale à $36qQ$, c'est-à-dire à 36 fois le produit qu'on obtient en multipliant l'une par l'autre les deux déviations moyennes, l'une latérale, l'autre longitudinale.

§ 4. — Influence de la position des ceintures sur les déviations longitudinales.

L'influence que la position de la ceinture exerce sur la grandeur des portées se manifeste encore dans les variations de ces dernières, bien qu'elles n'affectent pas sensiblement la déviation latérale. Les expériences déjà mentionnées dans le Chapitre IV, § 16, ne laissent aucun doute à cet égard. Elles ont montré que la déviation longitudinale variait notablement avec la position de la ceinture, tandis que la déviation latérale en était à peu près indépendante.

Dans ce qui va suivre, on ne s'occupera que de déviations longitudinales.

Canon de 10^{cm}. Inclinaison finale des rayures, $\Theta = 7°$.

Obus de 12^{cm}. Vitesse initiale, 485^m. $\alpha = 20°$.

Distance de la ceinture au culot (millim.).	16	30	40	50	60
Déviation longitudinale moyenne Q (mètr.).	55,0	36,1	34,2	58,2	55,4

Le minimum de la valeur de Q paraît correspondre à la ceinture placée à 40^{mm} du culot.

Canon de 14^{cm}. Inclinaison finale des rayures, $\Theta = 4°$.

Obus de 21^{kg}. Vitesse initiale, 455^m. $\alpha = 20°$.

Distance de la ceinture au culot (millim.).	15	20	30	40	50
Déviation longitudinale moyenne Q (mètr.).	49,7	55,5	29,8	31,1	57,9

Le minimum de la valeur de Q paraît avoir lieu quand la distance de la ceinture au culot est comprise entre 30^{mm} et 40^{mm}.

Canon de 16^{cm}. $\Theta = 4°$.

Obus de 45^{kg}. Vitesse initiale, 455^m. $\alpha = 20°$.

Distance de la ceinture au culot (millim.).	18	40	50
Déviation longitudinale moyenne Q (mètr.).	53,1	22,6	50,2

Canon de 16^{cm}. $\Theta = 8°$.

Obus de 45^{kg}. Vitesse initiale 466^m. $\alpha = 20°$.

Distance de la ceinture au culot (millim.).	18	40	50
Déviation longitudinale moyenne Q (mètr.).	31,5	19,1	25,4

Le minimum de la valeur de Q a lieu dans les deux canons quand la ceinture est à 40^{mm} du culot; mais la déviation longitudinale est beaucoup moins affectée par le déplacement de la ceinture dans le canon rayé à 8° que dans le canon rayé à 4°.

Canon de 24^{cm}. Inclinaison finale des rayures, $\Theta = 4°$.

Obus de 120^{kg}. Vitesse initiale, 474^m. $\alpha = 20°$.

Distance de la ceinture au culot (millim.).	16	24	42	55	70	80
Déviation longitudinale moyenne Q (mètr.).	58,5	34,7	22,2	32,1	25,9	39,2

Obus de 120^{kg}. Vitesse initiale 474^m. $\alpha = 30°$.

Distance de la ceinture au culot (millim.).	16	42	55
Déviation longitudinale moyenne Q (mètr.).	82,8	25,3	57,6

Obus de 120^{kg}. Vitesse initiale, 506^m. $\alpha = 20°$.

Distance de la ceinture au culot (millim.)	16	42
Déviation longitudinale moyenne Q (mètr.).	34,7	25,1

Boulet ogival de 144^{kg}. Vitesse initiale, 440^m. $\alpha = 20°$.

Distance de la ceinture au culot (millim.)	24	40	50
Déviation longitudinale moyenne Q (mètr.).	38,9	17,1	25,8

Pour les obus de 24^{cm}, le minimum de la valeur de Q paraît correspondre à la ceinture placée à 42^{mm} du culot. On peut remarquer que l'influence de la position de la ceinture est beaucoup moins sensible avec la vitesse de 506^m qu'avec celle de 474^m.

On voit combien les déviations longitudinales peuvent être modifiées par un simple déplacement de la ceinture. Ce déplacement paraît d'ailleurs avoir d'autant moins d'importance que l'inclinaison des rayures et la vitesse initiale sont plus considérables.

Les considérations développées au commencement du Chapitre IV, § 16, portent à croire que l'influence de la position de la ceinture doit diminuer aussi quand le calibre augmente. Ce fait n'est pas mis nettement en évidence par les expériences que l'on vient de rapporter; mais, dans d'autres exécutées en 1879 avec des projectiles de 27^{cm} munis de ceintures placées à deux distances différentes du culot, on n'a pu remarquer aucune différence appréciable dans les déviations longitudinales.

§ 5. — Ricochets des projectiles.

Lorsqu'un projectile lancé par un canon rayé ricoche en rencontrant le sol, il change brusquement de direction. Il s'écarte à gauche ou à droite, suivant que sa partie supérieure tourne de droite à gauche ou de gauche à droite. L'explication est facile; tandis que la partie supérieure conserve toute sa vitesse de rotation, celle de la partie inférieure est fortement amoindrie ou même annulée par le frottement contre le sol.

Ce fait a d'importantes conséquences. On sait, en effet, que les anciens boulets sphériques lancés par les canons rayés pouvaient, tout en éprouvant une suite de ricochets, parcourir toute la longueur d'une face d'un ouvrage fortifié. Un boulet lancé par un canon rayé venant à ricocher sur le terre-plein est immédiatement chassé hors de l'ouvrage.

CHAPITRE XII.

BOULETS CYLINDRIQUES LANCÉS PAR LES CANONS RAYÉS.

§ 1. — Résistance de l'air.

Dans les boulets cylindriques qu'emploie la Marine, le rapport de la longueur au diamètre est compris entre 1,935 et 1,984. L'arrière est plan; l'avant est formé par une calotte sphérique de 20^{mm} de flèche, de sorte qu'il n'y a pas une similitude exacte entre les boulets des différents calibres.

Les principales expériences exécutées à Gâvre ont été faites sur des boulets du diamètre de $237^{mm},4$, portant deux ceintures, l'une en cuivre à l'arrière, l'autre en zinc à l'avant; la première seule était entamée par les rayures. Les vitesses ont varié entre 230^m et 424^m.

D'autres expériences ont été exécutées en Angleterre par M. Bashforth; elles ont porté sur des boulets de 165^{mm} de diamètre dont l'avant était plan aussi bien que l'arrière. Les vitesses ont varié entre 463^m et 570^m. L'auteur anglais comparait toujours la résistance de l'air au cube de la vitesse; mais, des résultats qu'il a obtenus, il a été facile de déduire la valeur de $f(v)$, comme on l'a expliqué au Chapitre III.

La présence de la calotte sphérique très aplatie placée à l'avant des boulets employés à Gâvre ne paraît pas avoir exercé d'influence sensible sur la résistance de l'air, car les résultats des deux séries d'expériences ont pu être représentés par une seule et même formule, savoir

$$f(v) = 0,580 - \frac{0,368}{10^{0,0021\left(\frac{v}{100}\right)^4}}.$$

BOULETS CYLINDRIQUES LANCÉS PAR LES CANONS RAYÉS.

Le point d'inflexion de la courbe, lieu géométrique de l'équation $y = f(v)$, a lieu pour $v = 353^m$.

La vérification a lieu dans le Tableau suivant :

	VITESSE.	VALEURS DE $f(v)$ DONNÉES PAR	
		l'expérience.	la formule.
Expériences de Gâvre	230^m	0,267	0,259
	300	0,350	0,331
	341	0,425	0,388
	397	0,463	0,469
	424	0,488	0,513
Expériences de M. Bashforth	476^m	0,511	0,549
	503	0,540	0,563
	530	0,564	0,572
	558	0,578	0,577

Quelques expériences ont été faites à Gâvre avec des boulets d'autres calibres. Voici les résultats obtenus :

	VITESSE.	VALEURS DE $f(v)$ DONNÉES PAR		
		l'expérience.	la formule.	Différences.
Boulets de 16^{cm}	307^m	0,360	0,341	— 0,019
	369	0,461	0,430	— 0,031
	424	0,467	0,503	+ 0,036
	437	0,477	0,517	+ 0,040
Boulets de 19^{cm}	413	0,490	0,490	0,000
Boulets de 27^{cm}	403	0,485	0,477	— 0,008

Aux grandes vitesses, les nombres correspondant aux boulets de 16^{cm} sont un peu inférieurs à ceux que donne la formule; par suite de la diminution du calibre, l'influence de la calotte sphérique commence sans doute à se faire sentir. Les autres différences sont insignifiantes.

De la formule on a conclu la Table suivante, qui facilitera les applications :

Table des valeurs de $f(v)$ pour les projectiles cylindriques.

VITESSE.	VALEURS DE $f(v)$.	VITESSE.	VALEURS DE $f(v)$.
100^m	0,214	350^m	0,402
120	0,216	360	0,417
140	0,219	370	0,431
160	0,223	380	0,446
180	0,230	390	0,460
200	0,239	400	0,473
210	0,245	410	0,486
220	0,251	420	0,498
230	0,258	430	0,510
240	0,267	440	0,520
250	0,275	450	0,529
260	0,285	460	0,538
270	0,295	470	0,545
280	0,307	480	0,552
290	0,319	490	0,557
300	0,331	500	0,562
310	0,345	520	0,569
320	0,358	540	0,574
330	0,372	560	0,577
340	0,387	580	0,578
350	0,402	600	0,579

La résistance peut être regardée comme proportionnelle au carré de la vitesse : 1° lorsque celle-ci ne surpasse pas 200^m; dans ce cas, $f(v) = 0,212$; 2° quand la vitesse est supérieure à 500^m; alors $f(v) = 0,580$. La seconde valeur est presque égale au triple de la première, comme cela a lieu pour les boulets sphériques et les projectiles ogivaux.

Il est assez naturel de comparer entre elles les valeurs de $f(v)$ relatives, les unes aux boulets sphériques, les autres aux boulets cylindriques. On trouve alors que le rapport des premières aux secondes est égal en moyenne à $\frac{3}{4}$. Quand la vitesse varie, ce rapport n'éprouve du reste que d'assez faibles variations, qui peuvent être négligées si l'on ne prétend pas à beaucoup d'exactitude. On obtiendrait alors la Table des valeurs de $f(v)$ relatives aux boulets cylindriques en multipliant par $\frac{4}{3}$ les nombres de la Table donnée 1re Partie, Chapitre II, § 9.

Afin de faciliter le calcul des pertes de vitesse éprouvées par un projectile cylindrique dans une portion de trajectoire sensiblement horizontale, on a construit la Table suivante, dont le mode d'emploi est le même que pour la Table du Chapitre III, § 12. Elle correspond au boulet cylindrique pesant 1^{kg} et ayant pour diamètre 1^{m}, lorsque le poids du mètre cube d'air est égal à 1^{kg},208, de sorte qu'elle donne, en fonction des vitesses, les espaces parcourus horizontalement par un semblable projectile.

Table pour le calcul des pertes de vitesse des boulets cylindriques.

VITESSES v.	PARCOURS x.		VITESSES v.	PARCOURS x.	
m	m		m	m	
700	0,0000		350	1,0897	
		0,0206			0,0608
690	0,0206		340	1,1505	
		0,0208			0,0650
680	0,0414		330	1,2155	
		0,0211			0,0698
670	0,0625		320	1,2853	
		0,0214			0,0749
660	0,0839		310	1,3602	
		0,0218			0,0802
650	0,1007		300	1,4404	
		0,0222			0,0862
640	0,1279		290	1,5266	
		0,0225			0,0928
630	0,1504		280	1,6194	
		0,0228			0,1000
620	0,1732		270	1,7194	
		0,0232			0,1078
610	0,1964		260	1,8272	
		0,0236			0,1161
600	0,2200		250	1,9431	
		0,0240			0,1247
590	0,2440		240	2,0678	
		0,0245			0,1340
580	0,2685		230	2,2018	
		0,0249			0,1443
570	0,2934		220	2,3461	
		0,0254			0,1553
560	0,3188		210	2,5014	
		0,0258			0,1669
550	0,3446		200	2,6683	
		0,0264			0,1791
540	0,3710		190	2,8474	
		0,0270			0,1921
530	0,3980		180	3,0395	
		0,0277			0,2075
520	0,4257		170	3,2470	
		0,0284			0,2241
510	0,4541		160	3,4711	
		0,0291			0,2411
500	0,4832		150	3,7122	
		0,0299			0,2591
490	0,5131		140	3,9713	
		0,0308			0,2815
480	0,5439		130	4,2528	
		0,0317			0,3053
470	0,5756		120	4,5581	
		0,0328			0,3350
460	0,6084		110	4,8931	
		0,0341			0,3687
450	0,6425		100	5,2618	
		0,0355			0,4095
440	0,6780		90	5,6713	
		0,0370			0,4599
430	0,7150		80	6,1312	
		0,0386			0,5214
420	0,7536		70	6,6526	
		0,0405			0,6011
410	0,7941		60	7,2537	
		0,0426			0,7119
400	0,8368		50	7,9656	
		0,0448			0,8713
390	0,8816		40	8,8369	
		0,0474			1,1234
380	0,9290		30	9,9603	
		0,0503			1,5832
370	0,9793		20	11,5435	
		0,0535			2,7066
360	1,0328		10	14,2501	
		0,0569			∞
350	1,0897		0	∞	

§ 2. — Portées, dérivations, déviations des boulets cylindriques.

Les expériences relatives aux portées, aux dérivations et aux déviations des boulets cylindriques ont été fort peu nombreuses. Les principales ont été exécutées à Gâvre en 1873 avec le canon de 24^{cm}. Les boulets étaient conformes à ceux que l'on a employés dans les expériences relatives à la résistance de l'air (§ 1). La vitesse initiale était égale à $428^m,8$.

ANGLE α.	PORTÉE X.	VALEUR de 10^{10} K.	DÉRIVATION moyenne D.	DURÉE du trajet T.	DÉVIATION MOYENNE latérale.	DÉVIATION MOYENNE longitudinale.	VALEUR de ε.	VALEUR de ξ.	NOMBRE de coups.
2.14.50″	1224	8,52	0,15 G	2,86	0,42	8,11	0.58″	1,184	14
3. 1.20	1560	8,87	2,28 D	4,21	0,64	3,86	1. 7	1,126	75
5. 1.20	2290	9,40	11,03 D	6,75	1,51	12,00	1.34	0,787	10
8. 0.35	3154	10,60	15,00 G	10,12	1,50	16,30	0.59	0,674	15
10. 1.20	2636	10,20	18,10 G	12,90	2,70	23,40	1.24	0,780	10
12. 1.20	4119	11,21	33,60 G	15,20	6,30	48,10	3.30	1,351	15
15. 1.20	4675	12,50	8,20 G	18,32	24,30	96,90	8.36	2,214	25
18. 1.20	5174	11,13	37,90 D	21,40	51,70	87,30	15.19	1,697	15

Les tirs n'offrent plus aucune justesse quand l'inclinaison devient considérable; il suffit, dans la pratique, de s'occuper des angles inférieurs à 5°. Les formules données dans les Chapitres précédents pour les déviations latérales et longitudinales peuvent alors être appliquées sans inconvénient.

Quant au coefficient K, le rapport $\dfrac{dx}{ds}$ étant alors très voisin de l'unité, la valeur de ce coefficient peut être calculée très approximativement par la formule

$$K = \frac{b(2 + bX)}{3V^2}$$

(Chap. IV, § 19). C'est ce qu'il est, en effet, facile de vérifier en comparant les résultats que donne cette formule avec ceux qui résultent des expériences précédentes.

PORTÉE.	FORMULE.		EXPÉRIENCE.	
	Valeur de $10^{10}K$.	Angle α correspondant.	Valeur de $10^{10}K$.	Angle α correspondant.
1224^m	9,8	2°.15'.30"	8,52	2°.14'.50"
1560	8,3	2.54.30	8,87	3. 1.20
2290	8,6	4.44.00	9,40	5. 1.20

Les différences sont tantôt positives et tantôt négatives, et, vu la difficulté de déterminer l'angle α sous les faibles inclinaisons, la concordance paraît satisfaisante.

La dérivation moyenne des boulets cylindriques est sensiblement nulle.

§ 3. — Influence qu'un appendice en forme de cornet placé à l'avant des boulets cylindriques exerce sur la résistance de l'air.

On croit devoir mentionner une expérience curieuse exécutée à Gâvre en 1860, sur la demande du colonel Treuille de Beaulieu.

Le canon était du calibre de 16^{cm} et muni de douze rayures hélicoïdales. Les projectiles étaient cylindriques et du diamètre de 160^{mm},7. A l'avant se trouvait un tronc de cône dont la hauteur était de 70^{mm}; diamètre de la petite base, 144^{mm},7; en avant du tronc de cône, une calotte sphérique de 20^{mm} de flèche. Deux rangées de douze tenons en zinc étaient disposées, l'une à l'avant, l'autre à l'arrière de la partie cylindrique. Ces boulets étaient au nombre de quarante.

Vingt d'entre eux portaient à l'avant un appendice en tôle en forme de cornet, c'est-à-dire d'un tronc de cône ayant sa grande base à l'avant et ouvert à sa partie antérieure (*fig.* 41), terminé dans sa partie postérieure par une tige vissée au centre de la calotte sphérique.

Diamètre de la tige, 40^{mm}; hauteur du cornet, 70^{mm}; diamètre de la partie antérieure, 70^{mm}; poids moyen des boulets

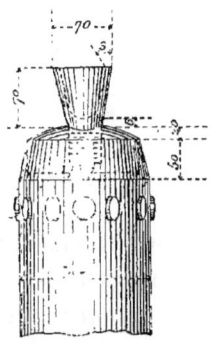

Fig. 41.

sans cornet, $44^{kg},760$; poids moyen des boulets à cornet, $44^{kg},868$.

Les premières expériences ont eu pour objet la mesure de la résistance de l'air. Les vitesses étaient mesurées à 38^m et à 400^m au moyen de l'appareil Navez. Comme on ne disposait que d'un seul instrument, à chaque coup on ne pouvait mesurer qu'une vitesse. Poids du mètre cube d'air, $1^{kg},21$.

PROJECTILES.	VITESSES MOYENNES		VALEUR correspondante de $f(v)$.
	à 38^m.	à 400^m.	
Sans cornet........	409,2	379,0	0,3034
A cornet...........	409,5	382,1	0,2746

On voit que l'adjonction de l'appareil a pour effet de diminuer la résistance de l'air.

Les résultats fournis par deux tirs comparatifs exécutés sous les inclinaisons de $3°$ et $4°$ confirment cette conclusion. Les moyennes étaient prises sur dix coups.

INCLINAISON.	PORTÉES MOYENNES		DIFFÉRENCES.
	des boulets sans cornet	des boulets à cornet	
3°............	1635 m	1742 m	107 m
4.............	1942	2134	192

§ 4. — Projectiles cylindro-coniques. Résistance de l'air.

Des expériences déjà anciennes, mais qui se recommandent le nom et l'autorité de leurs auteurs, ont été exécutées en vue de déterminer la résistance que l'air oppose à des projectiles mus circulairement. C'est ainsi que Borda et Hutton, comparant les résistances relatives à la demi-sphère et à la sphère entière, ont trouvé que le rapport de la première à la seconde était égal à 0,99. La différence entre ce nombre et l'unité est probablement fort au-dessous des erreurs relatives à ce genre d'épreuves; ainsi la suppression de l'hémisphère postérieur n'avait apporté aucune variation réellement appréciable dans la grandeur de la résistance, en sorte que cette dernière ne dépendait que de la forme de la partie antérieure: la vitesse, d'ailleurs, ne surpassait pas 5^m.

De là, il est naturel de conclure qu'un projectile cylindro-conique ou ogival, soumis au même mouvement, éprouverait à peu près la même résistance, soit que l'on conservât sa partie cylindrique, soit qu'on la lui enlevât. Il en serait ainsi d'un cylindre que l'on réduirait à sa base circulaire; la résistance qu'il éprouverait ne varierait pas sensiblement.

Plusieurs expériences ont été faites sur des cônes dont on exposait tour à tour la pointe et la base circulaire au choc de l'air.

Soient R la résistance que, dans le premier cas, l'air opposait à la surface conique, R_1 celle que, dans le second cas, subissait la base; le cône se trouvait alors à l'arrière; mais, d'après ce qui précède, la présence de ce corps n'avait pas d'influence sensible sur la valeur de R_1. Soit encore γ l'angle que fait la génératrice du cône avec l'axe ; 2γ est alors l'angle au sommet du cône.

Dans le Tableau suivant, les valeurs de $\dfrac{R}{R_1}$ et celles de $\sin\gamma$ sont mises en regard. Les auteurs des expériences ne paraissent pas avoir songé à ce rapprochement, qui paraît cependant naturel.

ANGLE au sommet du cône, 2γ.	VALEUR DE $\dfrac{R}{R_1}$ donnée par l'expérience.	VALEUR DE $\sin\gamma$.
90.00	0,691	0,707
60.00	0,543	0,500
51.24	0,433	0,433

Les nombres correspondants de la troisième et de la quatrième colonne ne présentent que de très légères différences. On peut donc poser l'équation

$$\frac{R}{R_1} = \sin\gamma.$$

Ainsi, lorsque l'on compare la résistance exercée sur la surface conique à celle que subit un cercle égal à sa base, on trouve que le rapport de la première à la seconde est égal à $\sin\gamma$.

Le rapport des résistances qu'éprouvent de la part de l'air des projectiles ogivaux de constructions différentes, mais animés de la même vitesse, ne varie pas sensiblement avec cette dernière ; c'est, du moins, ce qui résulte de toutes les expériences. D'après cela, le rapport des résistances que l'air oppose à des projectiles, les uns cylindro-coniques, les autres cylindriques, de même diamètre et animés de la même vitesse, peut être regardé comme indépendant de cette dernière.

Il suffit donc d'en obtenir la valeur dans un cas particulier. Or, lorsque la vitesse est très faible, ce rapport reste le même si l'on réduit les mobiles à leurs surfaces antérieures, savoir : le projectile cylindro-conique à la surface conique, le projectile cylindrique à sa base circulaire. Les expériences rapportées plus haut en donnent alors la valeur, savoir $\sin\gamma$.

Si donc R et R_1 désignent respectivement les résistances que l'air oppose à des projectiles, les uns cylindro-coniques, les autres cylindriques, de même diamètre et animés de la même vitesse, on peut encore, comme ci-dessus, poser l'équation suivante

$$\frac{R}{R_1} = \sin\gamma.$$

La valeur de R_1 étant connue d'après le § 1, il est facile de calculer R.

On ne fait pas usage de boulets cylindro-coniques; mais ils peuvent être l'objet de quelques propositions, et il est bon de prévoir ce que l'on peut en attendre.

CHAPITRE XIII.

VITESSES INITIALES DES PROJECTILES.

§ 1. — Observations générales.

La vitesse du projectile est mesurée à une certaine distance du canon. Soient

x cette distance,
V la vitesse initiale,
v la vitesse observée.

L'axe du canon est à peu près horizontal et il ne s'agit que d'un faible parcours pendant lequel le coefficient b de la formule $r = bv^2$ est sensiblement constant. On peut donc poser l'équation

$$V = v e^{bx} \quad \text{ou} \quad \log V = \log v + 0,4343\, b x.$$

On prend pour b la valeur correspondant à v et que l'on trouve à l'aide de la formule établie précédemment (Chapitre III, § 2).

A la vérité, cette manière d'opérer suppose dans l'atmosphère un calme qui n'y règne pas toujours; mais, comme il ne s'agit que d'un très faible trajet, l'erreur qui en résulte peut être considérée comme négligeable.

On obtient plus d'exactitude lorsque, comme il arrive dans les recherches relatives à la résistance de l'air, la vitesse est mesurée en deux points de la trajectoire, peu distants d'ailleurs de la bouche à feu. Les données immédiates de l'expérience fournissent une valeur de b qui, calculée sans avoir égard à l'influence du vent, est celle qui convient à l'état plus ou moins agité de l'atmosphère. C'est cette valeur qu'il faut introduire dans l'expression de V.

Il y a cependant une remarque à faire relativement à deux circonstances auxquelles, pour le moment, on ne peut guère songer à avoir égard : dans le voisinage de la bouche à feu, le mouvement des gaz se communique nécessairement à l'air ambiant; de plus, rien ne prouve que l'action des gaz sur le projectile cesse à l'instant où ce dernier sort de l'âme. On peut donc dire qu'il existe toujours une petite incertitude relativement à la grandeur absolue de la vitesse initiale.

§ 2. — Formule des vitesses initiales.

Lorsque la poudre reste la même et que le calibre ne varie pas, la vitesse dont le projectile est animé en sortant de la bouche à feu dépend du poids p de ce mobile, du poids ϖ de la charge, de la capacité totale de l'âme C, et enfin de la capacité C′ comprise entre le fond de l'âme et le culot du boulet.

Il est bon de rappeler que, d'après le mode de chargement adopté par la marine, la longueur de la gargousse est toujours égale à celle de la capacité C′, de sorte que, lorsque cette dernière reste la même, le carré du diamètre du mandrin est proportionnel à la charge.

Dans tout ce qui va suivre, le diamètre A du cercle équivalant à la section transversale de l'âme rayée est exprimé en décimètres, les capacités C et C′ en décimètres cubes, les poids p et ϖ en kilogrammes, enfin la vitesse V en mètres.

Les résultats moyens des nombreuses expériences exécutées à Gâvre sont consignés dans les Tableaux ci-après. L'examen qu'on a fait de ces résultats a conduit aux conséquences suivantes :

La vitesse V est en raison inverse de la puissance $\frac{4}{10}$ du poids du projectile, et proportionnelle à la puissance $\frac{6}{10}$ de la charge, ainsi qu'à une fonction du rapport $\frac{C'}{C}$ représentée par l'expression $10^{-\theta\left(\frac{C'}{C}\right)^{\frac{1}{2}}}$, θ désignant un nombre constant, en sorte qu'on peut poser l'équation

$$V = H \frac{\varpi^{\frac{6}{10}}}{p^{\frac{4}{10}}} 10^{-\theta\left(\frac{C'}{C}\right)^{\frac{1}{2}}},$$

le coefficient H dépendant à la fois du calibre et de la poudre employée.

L'examen des Tableaux renfermés dans les paragraphes suivants confirme cette conclusion.

§ 3. — **Poudre à grains de Wetteren, dite à grains, de 13 à 16^{mm}.**

Épaisseur moyenne de la galette, 10^{mm}; nombre moyen de grains au kilogramme, 600; densité du grain, 1,794; densité gravimétrique, 1,080.

350 TROISIÈME PARTIE. — CHAPITRE XIII.

Canon de 10^{cm}.

$A = 1^{dm},021.$

CAPACITÉ C'.	CAPACITÉ C.	RAPPORT $\dfrac{C'}{C}$.	POIDS du projectile p.	POIDS de la charge ϖ.	VITESSE initiale V.	VALEUR de $\dfrac{V}{\varpi^{\frac{6}{10}}}$	MOYENNES.	VALEUR de $\dfrac{Vp^{\frac{4}{10}}}{\varpi^{\frac{6}{10}}}$	MOYENNES.
dc 2,293	dc 21.920	0,1046	kg 12,0	kg 1,429	m 327,2	264,1		716,5	716,5
»	»	»	»	1,828	382,7	266,5	265,2		
»	»	»	»	2,293	436,2	265,2			
2,760	21.920	0,1259	12,0	2,293	419,7	255,1	255,1	689,2	689,2
»	»	»	»	2,760	469,0	255,1			
3,228	21,920	0,1473	12,0	1,429	305,0	246,2		665,2	665,2
»	»	»	»	2,293	406,6	247,2	246,3		
»	»	»	»	2,574	435,0	246,7			
»	»	»	»	3,228	494,8	245,0			
3,680	21,920	0,1679	12,0	2,293	393,1	240,9	237,8	642,5	642,5
»	»	»	»	3,680	517,4	236,8			
4,148	21,920	0,1892	12,0	2,293	378,0	229,7	228,4	617,1	617,1
»	»	»	»	4,148	533,2	227,1			
4,434	21,920	0,2023	11,5	2,100	359,2	230,1		606,4	
»	»	»	»	2,750	415,5	226,5	228,3		
»	»	»	»	3,400	474,7	227,8			
»	»	»	»	4,050	529,3	228,7			
»	»	»	14,0	2,100	328,3	210,3		605,5	604,9
»	»	»	»	2,750	386,1	210,4	210,7		
»	»	»	»	3,400	441,4	211,8			
»	»	»	»	4,050	486,8	210,3			
4,434	21,920	0,2023	16,5	2,100	304,5	195,1		602,7	
»	»	»	»	2,750	361,0	196,7	196,4		
»	»	»	»	3,400	410,4	196,9			
»	»	»	»	4,050	455,5	196,8			

VITESSES INITIALES DES PROJECTILES.

CAPACITÉ C'.	CAPACITÉ C.	RAPPORT $\dfrac{C'}{C}$	POIDS du projectile p.	POIDS de la charge ϖ.	VITESSE initiale V.	VALEUR de $\dfrac{V}{\varpi^{\frac{6}{10}}}$	MOYENNES.	VALEUR de $\dfrac{V p^{\frac{4}{10}}}{\varpi^{\frac{6}{10}}}$	MOYENNES.
dc 4,614	dc 21,920	0,2105	kg 12,0	kg 1,429	m 273,7	220,9		598,7	
»	»	»	»	2,293	366,8	222,9	221,6		598,7
»	»	»	»	3,680	486,7	222,7			
»	»	»	»	4,615	550,5	219,9			
4,654	22,235	0,2093	10,0	4,650	595,5	236,8	236,8	594,9	
»	»	»	12,0	4,600	550,7	219,0	219,0	591,7	593,3
4,654	20,615	0,2258	10,0	4,650	580,5	230,8	230,8	579,9	
»	»	»	12,0	4,650	541,4	215,3	215,3	581,7	580,8
4,654	18,995	0,2450	10,0	4,650	563,9	224,2	224,2	563,3	
»	»	»	12,0	4,650	529,6	210,6	210,6	569,0	566,1
4,654	17,375	0,2679	10,0	4,650	549,5	218,5	218,5	548,9	
»	»	»	12,0	4,650	513,4	204,2	204,2	551,0	549,9
4,654	15,756	0,2954	10,0	4,650	536,6	213,4	213,4	536,0	
»	»	»	12,0	4,650	502,2	199,7	199,7	539,6	537,8
4,654	13,326	0,3492	10,0	4,650	494,9	196,8	196,8	494,4	
»	»	»	12,0	4,650	470,7	182,9	182,9	494,2	494,3
4,654	10,897	0,4271	10,0	4,650	457,9	182,1	182,1	457,4	
»	»	»	12,0	4,650	428,6	170,4	170,4	460,5	458,9

Tant que C et C' ne varient pas, les deux rapports $\dfrac{V}{\varpi^{\frac{6}{10}}}$ et $\dfrac{V p^{\frac{4}{10}}}{\varpi^{\frac{6}{10}}}$ se montrent très sensiblement constants.

La dernière colonne renferme quatorze nombres qui, si la

formule est exacte, sont autant de valeurs de $H.10^{-\theta\left(\frac{C'}{C}\right)^{\frac{1}{2}}}$. On les reproduit à très peu près en prenant $\theta = 0,6$ et $H = 1125$.

VALEURS DE $\frac{C'}{C}$.	VALEURS DE $H.10^{-\theta\left(\frac{C'}{C}\right)^{\frac{1}{2}}}$ DONNÉES PAR		DIFFÉRENCES.
	l'expérience.	la formule.	
0,1046	716,5	719,6	+ 3,1
0,1259	689,2	689,1	− 0,1
0,1473	665,2	662,0	− 3,2
0,1679	642,5	638,7	− 3,8
0,1892	617,1	616,8	− 0,3
0,2023	604,9	604,3	− 0,6
0,2105	598,7	596,8	− 1,9
0,2093	593,3	597,9	+ 4,6
0,2258	580,8	583,5	+ 2,7
0,2450	566,1	567,9	+ 1,8
0,2679	549,9	550,4	+ 0,5
0,2954	537,8	530,9	− 6,9
0,3492	494,3	497,3	+ 3,0
0,4271	458,9	456,1	− 2,8

La concordance est d'autant plus remarquable que les expériences ont été exécutées sur plusieurs canons à des époques fort différentes.

2° Canon de 14^{cm} (Expériences de 1874-1879).

$$A = 1^{dm},404.$$

CAPACITÉ C'.	CAPACITÉ C.	RAPPORT $\dfrac{C'}{C}$.	POIDS du projectile p.	POIDS de la charge ϖ.	VITESSE initiale V.	VALEUR de $\dfrac{V}{\varpi^{\frac{6}{10}}}$.	MOYENNES.	VALEUR de $\dfrac{Vp^{\frac{4}{10}}}{\varpi^{\frac{6}{10}}}$.	MOYENNES.
dc 3,138	dc 46,080	0,0681	kg 18,650	kg 2,500	m 372,9	215,2	216,1	696,5	696,5
»	»	»	»	3,000	419,6	217,1			
3,656	46,080	0,0793	18,650	2,500	360,2	207,9	208,9	673,3	673,3
»	»	»	»	3,000	404,6	209,3			
»	»	»	»	3,500	444,0	209,4			
4,174	46,080	0,0906	18,650	3,000	391,6	202,6	204,1	657,9	
»	»	»	»	3,500	432,1	203,8			
»	»	»	»	4,000	472,8	205,8			
»	»	»	20,900	3,000	378,8	195,9	195,8	660,3	661,2
»	»	»	»	3,500	416,0	196,2			
»	»	»	»	4,000	449,0	195,4			
»	»	»	23,300	3,000	366,1	189,4	189,2	665,4	
»	»	»	»	3,500	400,5	188,9			
»	»	»	»	4,000	434,7	189,2			
4,174	43,980	0,0949	18,650	3,000	387,9	200,7	201,6	649,8	649,8
»	»	»	»	3,500	426,6	201,2			
»	»	»	»	4,000	466,6	203,0			
4,174	41,730	0,1000	18,650	3,000	383,5	198,4	198,4	639,5	639,5
»	»	»	»	3,500	424,0	195,4			
»	»	»	»	4,000	462,9	201,5			
4,174	39,730	0,1051	18,650	3,000	378,4	195,7	196,8	634,4	634,4
»	»	»	»	3,500	413,7	195,1			
»	»	»	»	4,000	458,3	199,5			
4,174	37,510	0,1113	18,650	3,000	375,9	194,4	196,2	632,4	632,4
»	»	»	»	3,500	414,6	195,5			
»	»	»	»	4,000	456,2	198,6			
5,897	45,645	0,1292	21,000	4,800	458,7	179,0	179,0	604,9	603,9
»	»	»	28,000	6,050	468,2	159,0	159,0	602,9	

354 TROISIÈME PARTIE. — CHAPITRE XIII.

Les valeurs de $\dfrac{V}{\varpi^{\frac{6}{10}}}$ et de $\dfrac{V p^{\frac{4}{10}}}{\varpi^{\frac{6}{10}}}$ sont encore sensiblement constantes tant que C' et C restent les mêmes. Cette circonstance se reproduisant dans tous les autres cas, on se dispensera, à l'avenir, d'en faire l'observation, et l'on se bornera à mentionner, pour chaque valeur du rapport $\dfrac{C'}{C}$, la moyenne des valeurs de $V \dfrac{p^{\frac{4}{10}}}{\varpi^{\frac{6}{10}}}$.

En adoptant pour θ la valeur 0,6 fournie par les expériences exécutées sur le canon de 10^{dm}, on trouve pour H huit valeurs, peu différentes les unes des autres, dont la moyenne est 995,8.

Rapport $\dfrac{C'}{C}$				0,0681	0,0793	0,0906	0,0949
Valeurs de $H.10^{-\theta\left(\frac{C'}{C}\right)^{\frac{1}{2}}}$ données par		l'expérience		696,5	673,3	661,2	649,8
		la formule		695,3	674,8	657,0	650,7
		différence		—1,2	+1,5	—4,2	+0,9
Rapport $\dfrac{C'}{C}$				0,1000	0,1051	0,1113	0,1292
Valeurs de $H.10^{-\theta\left(\frac{C'}{C}\right)^{\frac{1}{2}}}$ données par		l'expérience		639,5	634,4	632,4	603,9
		la formule		643,4	636,3	628,0	606,0
		différence		+3,9	+1,9	—4,4	+2,1

Les différences sont insignifiantes.

3° *Canon de* 16^{cm} (Gâvre, 1876-1879).

$$A = 1^{dm},661.$$

CAPACITÉ C'.	CAPACITÉ C.	RAPPORT $\frac{C'}{C}$.	VALEUR de $\frac{Vp^{\frac{4}{10}}}{\varpi^{\frac{6}{10}}}$.	VALEUR de $H = \frac{Vp^{\frac{4}{10}}}{\varpi^{\frac{6}{10}}} 10^{0,6} \left(\frac{C'}{C}\right)^{\frac{1}{2}}$.		OBSERVATIONS.
de 9,260	de 68,366	0,1354	567,8	944,1		Expér. de 1876.
12,780	76,208	0,1667	520,3	916,1		Expér. de 1879.
12,810	76,208	0,1681	514,9	907,2	913,1	Id.
14,996	76,257	0,1966	496,5	916,0		Id.

Le poids des projectiles a varié entre 30^{kg} et 45^{kg}; le poids de la charge entre 5^{kg} et 12^{kg},600.

Les expériences de 1879 ont été exécutées avec un canon dont l'âme était en assez mauvais état; de là sans doute l'affaiblissement de la valeur de H. En prenant une moyenne entre les valeurs de H fournies par les expériences de 1876 et de 1879, on trouve

$$H = 928,1.$$

4° *Canon de* 19^{cm} (Gâvre, 1875).

$$A = 1^{dm},960.$$

La capacité C' était égale à 17^{dc},305, la capacité C à 116^{dc},817; rapport, $\frac{C'}{C} = 0,1481$; le poids des projectiles était tantôt de 62^{kg},500, tantôt de 75^{kg}; le poids de la charge était compris entre 8^{kg} et 15^{kg}. On a obtenu

$$\frac{Vp^{\frac{4}{10}}}{\varpi^{\frac{6}{10}}} = 502,4, \quad H = 855,0.$$

La valeur de H a été calculée, comme précédemment, en prenant $\theta = 0,6$.

5° *Canon de* 24^{cm} (Gâvre, 1873).

$$A = 2^{dm},42.$$

CAPACITÉ C'.	CAPACITÉ C.	RAPPORT $\frac{C'}{C}$.	VALEUR de $\dfrac{Vp^{\frac{4}{10}}}{\varpi^{\frac{6}{10}}}$.	VALEUR de H.
dc 35,996	dc 218,538	0,1647	433,5	759,4
35,092	192,097	0,1827	422,3	762,3

Le poids des projectiles a varié de 98^{kg} à 144^{kg}; celui de la charge, de 8^{kg} à 30^{kg}. Les valeurs de H ont été calculées en faisant $\theta = 0,6$. En prenant une moyenne, on a

$$H = 760,8.$$

§ 4. — **Poudre de Wetteren, dite à grains, de 20 à 25^{mm}.**

Épaisseur moyenne de la galette, 16^{mm}; nombre de grains au kilogramme, 110; densité du grain, 1,787; densité gravimétrique, 1,10.

Les résultats moyens fournis par cette poudre sont résumés ci-après. On s'est borné à mentionner, pour chaque valeur du rapport $\dfrac{C'}{C}$, la valeur moyenne de $\dfrac{Vp^{\frac{4}{10}}}{\varpi^{\frac{6}{10}}}$, et l'on en a déduit celle du coefficient $H = \dfrac{Vp^{\frac{4}{10}}}{\varpi^{\frac{6}{10}}} 10^{\theta \left(\frac{C'}{C}\right)^{\frac{1}{2}}}$, en faisant $\theta = 0,6$.

1° *Canon de* 10^{cm} (Gâvre, 1880).

$$A = 1^{dm},021.$$

$$C' = 4^{dc},856, \quad C = 21^{dc},619, \quad \frac{C'}{C} = 0,2246.$$

Valeur moyenne de $\dfrac{Vp^{\frac{4}{10}}}{\varpi^{\frac{6}{10}}}$, 563,0.

$$H = 1083.$$

VITESSES INITIALES DES PROJECTILES.

Les projectiles pesaient 12^{kg}; le poids de la charge était tantôt de $4^{kg},500$, tantôt de $5^{kg},150$.

2° *Canon de* 16^{cm} (Gâvre, 1879-1880).

$$A = 1^{dm},661.$$

CAPACITÉ C'.	CAPACITÉ C.	RAPPORT $\dfrac{C'}{C}$.	VALEUR de $\dfrac{V p^{\frac{4}{10}}}{\varpi^{\frac{6}{10}}}$.	VALEUR de H.
de 12,736	de 76,208	0,1671	516,2	908,1
14,895	76,367	0,1950	485,5	899,0
16,193	76,570	0,2115	479,0	904,3
18,900	76,631	0,2466	456,0	907,7

Le poids des projectiles était toujours égal à 45^{kg}; quant au poids de la charge, il a varié depuis $12^{kg},1$ jusqu'à 17^{kg}.

Les valeurs de H n'offrent que de légères différences; en prenant une moyenne, on a

$$H = 904,7.$$

3° *Canon de* 19^{cm} (Gâvre, 1879-1882).

$$A = 1^{dm},960.$$

CAPACITÉ C'.	CAPACITÉ C.	RAPPORT $\dfrac{C'}{C}$.	VALEUR de $\dfrac{V p^{\frac{4}{10}}}{\varpi^{\frac{6}{10}}}$.	VALEUR de H.
de 17,234	de 116,817	0,1475	497,4	846,7
23,952	116,923	0,2049	447,4	836,2
23,893	107,564	0,2221	438,9	841,7
27,717	117,060	0,2368	426,1	834,7

Les projectiles pesaient les uns $62^{kg},500$, les autres 75^{kg}. Le poids de la charge a varié entre 15^{kg} et $24^{kg},800$. En prenant la moyenne des quatre valeurs de H, on trouve

$$H = 839,8.$$

4° *Canon de* 24^{cm} (Gâvre, 1878-1880).

$$A = 2^{dm},42.$$

CAPACITÉ C	CAPACITÉ C'.	RAPPORT $\dfrac{C'}{C}$.	VALEUR de $V\dfrac{p^{\frac{4}{10}}}{\varpi^{\frac{6}{10}}}$.	VALEUR de H.
de 35,314	de 211,677	0,1668	435,9	766,3
35,395	212,065	0,1669	436,6	767,7
46,335	211,948	0,2186	402,4	767,7

Les projectiles pesaient 144^{kg}; le poids de la charge a varié entre $28^{kg},100$ et $37^{kg},930$.

Les valeurs de H n'offrent que des différences insignifiantes; en prenant la moyenne, on a

$$H = 767,2.$$

5° *Canon de* 27^{cm} (Gâvre, 1878-1879).

$$A = 2^{dm},766.$$

CAPACITÉ C'.	CAPACITÉ C.	RAPPORT $\dfrac{C'}{C}$.	VALEUR de $V\dfrac{p^{\frac{4}{10}}}{\varpi^{\frac{6}{10}}}$.	VALEUR de H.
de 54,520	de 325,660	0,1674	403,9	710,9
55,086	298,260	0,1847	399,6	723,4

Poids des projectiles, 216^{kg}; la charge pesait tantôt 42^{kg}, tantôt 47^{kg}. Les deux valeurs de H présentent une différence qui doit être attribuée en partie à ce que les lots de poudre employés dans les deux séries d'expériences n'étaient pas identiques.

Valeur moyenne, $H = 717,1$.

6° *Canon de* 32^{cm} (Gâvre, 1874).

$$A = 3^{dm},220.$$

$$C' = 83^{dc},140, \quad C = 426^{dc},220, \quad \frac{C'}{C} = 0,1950.$$

Valeur moyenne de $\dfrac{Vp^{\frac{4}{10}}}{\varpi^{\frac{6}{10}}}$, $361,6$.

$$H = 664,6.$$

Les projectiles pesaient les uns $286^{kg},500$, les autres 350^{kg}; le poids de la charge était tantôt de 61^{kg}, tantôt de 63^{kg}.

§ 5. — Poudre de Wetteren, dite à grains, de 25 à 30^{mm}.

Épaisseur de la galette, 20^{mm}; nombre moyen de grains au kilogramme, 57; densité du grain, $1,809$; densité gravimétrique, $1,14$.

Pour le calcul des coefficients H, on a encore supposé $\theta = 0,6$.

1° *Canon de* 10^{cm} (Gâvre, 1881).

$$A = 1^{dm},021.$$

$$C' = 4^{dc},856, \quad C = 21^{dc},619, \quad \frac{C'}{C} = 0,2246.$$

Valeur moyenne de $\dfrac{Vp^{\frac{4}{10}}}{\varpi^{\frac{6}{10}}}$, $558,4$.

$$H = 1075.$$

Le poids des projectiles était de 12^{kg}, celui de la charge de $4^{kg},500$.

2° *Canon de* 16^{cm} (Gâvre, 1880).

$$A = 1^{dm}, 661.$$

$$C' = 18^{dc}, 855, \quad C = 76^{dc}, 631, \quad \frac{C'}{C} = 0,2466.$$

Valeur moyenne de $\dfrac{V p^{\frac{4}{10}}}{\varpi^{\frac{6}{10}}}$, 428,1.

$$H = 850,2.$$

3° *Canon de* 19^{cm} (Gâvre, 1879-1880).

$$A = 1^{dm}, 960.$$

CAPACITÉ C'.	CAPACITÉ C.	RAPPORT $\dfrac{C'}{C}$.	VALEUR de $V\dfrac{p^{\frac{4}{10}}}{\varpi^{\frac{6}{10}}}$.	VALEUR de H.
dc 23,893	dc 107,564	0,2221	408,2	782,7
27,780	117,060	0,2373	404,0	791,8

Les projectiles pesaient, les uns $62^{kg}, 500$, les autres 75^{kg}; le poids de la charge a varié entre $24^{kg}, 200$ et 28^{kg}.

Valeur moyenne, $H = 787, 2$.

4° *Canon de* 24^{cm} (Gâvre, 1880-1882).

$$A = 2^{dm}, 420.$$

CAPACITÉ C'.	CAPACITÉ C.	RAPPORT $\dfrac{C'}{C}$.	VALEUR de $V\dfrac{p^{\frac{4}{10}}}{\varpi^{\frac{6}{10}}}$.	VALEUR de H.
dc 35,110	dc 212,065	0,1656	426,1	747,5
47,145	196,082	0,2404	374,1	736,6
56,489	213,704	0,2643	363,1	738,9
56,809	213,704	0,2658	358,8	731,3

Poids des projectiles, 144^{kg}. Le poids de la charge variait entre 29^{kg} et 50^{kg}.

VITESSES INITIALES DES PROJECTILES. 361

Le coefficient H semble légèrement décroître à mesure que le rapport $\frac{C'}{C}$ augmente; mais les résultats fournis par le canon de 19^{dm} conduiraient à une conclusion inverse, de sorte que ces variations doivent sans doute être attribuées aux irrégularités que présentent nécessairement les expériences, et qui se manifestent souvent dans des tirs exécutés avec les mêmes charges et les mêmes projectiles. En prenant une moyenne, on obtient

$$H = 738,7.$$

5° *Canon de* 27^{cm} (Gâvre, 1878-1879).

$$A = 2^{dm},766.$$

CAPACITÉ C'.	CAPACITÉ C.	RAPPORT $\frac{C'}{C}$.	VALEUR de $V \frac{p^{\frac{4}{10}}}{\varpi^{\frac{6}{10}}}$.	VALEUR de H.
de 54,520	de 325,660	0,1674	400,7	705,2
54,936	298,260	0,1842	390,3	706,1
65,170	328,190	0,1986	374,5	693,5

Parmi les projectiles, les uns pesaient 180^{kg}, d'autres 216^{kg}, enfin d'autres pesaient 252^{kg}. Le poids de la charge variait entre 45^{kg} et 60^{kg}.

Valeur moyenne, $H = 701,6$.

6° *Canon de* 32^{cm} (Gâvre, 1877).

$$A = 3^{dm},220.$$

CAPACITÉ C'.	CAPACITÉ C.	RAPPORT $\frac{C'}{C}$.	VALEUR de $V \frac{p^{\frac{4}{10}}}{\varpi^{\frac{6}{10}}}$.	VALEUR de H.
de 87,286	de 502,953	0,1736	360,2	640,5
81,619	425,102	0,1920	351,5	644,0

Certains projectiles pesaient $286^{kg},500$, les autres 345^{kg}; le poids de la charge était tantôt de 67^{kg}, tantôt de 69^{kg}.

Valeur moyenne, $H = 642,2$.

§ 6. — Poudre de Wetteren, dite à grains, de 30 à 38^{mm}.

Épaisseur de la galette, 28^{mm}; nombre moyen de grains dans 10^{kg}, 169; densité du grain, 1,793; densité gravimétrique, 1,129.

1° *Canon de* 24^{cm} (Gâvre, 1880).

$$A = 2^{dm},420.$$

$$C' = 56^{dc},651, \quad C = 213^{dc},704, \quad \frac{C'}{C} \; 0,2651.$$

Valeur moyenne de $\dfrac{V p^{\frac{4}{10}}}{\varpi^{\frac{6}{10}}}$, $357,6$.

$$H = 728,3.$$

Poids des projectiles, 144^{kg}; le poids de la charge était tantôt de 46^{kg}, tantôt de 47^{kg}.

2° *Canon de* 27^{cm} (Gâvre, 1880).

$$A = 2^{dm},766.$$

CAPACITÉ C'.	CAPACITÉ C.	RAPPORT $\dfrac{C'}{C}$.	POIDS de la charge ϖ.	VALEUR de $\dfrac{V p^{\frac{4}{10}}}{\varpi^{\frac{6}{10}}}$.	VALEUR de H.
dc	dc		kgr		
54,875	298,260	0,1840	43,0	390,2	705,8
55,067	298,260	0,1846	43,0	390,8	707,5
67,140	286,617	0,2342	50,0	359,2	700,9
67,458	286,617	0,2354	58,0	353,8	691,5
73,740	302,700	0,2436	66,500	345,7	683,6
88,633	333,672	0,2656	77,0	333,6	679,8

Parmi les projectiles, les uns pesaient 180^{kg}, les autres 216^{kg}.

La valeur du rapport $\dfrac{V p^{\frac{4}{10}}}{\varpi^{\frac{6}{10}}}$ décroît lorsque la charge augmente, et l'ensemble des résultats fournis par cette poudre montre que la vitesse croît un peu moins rapidement que la puissance $\frac{6}{10}$ de la charge. L'exposant qu'il faudrait attribuer à ϖ serait à peu près 0,55. C'est cette circonstance qui explique la décroissance que présente la suite des valeurs de H renfermées dans le Tableau précédent.

Toutefois, dans la plupart des cas, il n'y aura pas grand inconvénient à conserver dans la formule des vitesses la valeur $\frac{6}{10}$ pour l'exposant de ϖ. Prenant donc une moyenne entre les six valeurs de H, on obtient

$$H = 694,8.$$

3° *Canon de* 32^{cm} (Gâvre, 1880-1881).

$$A = 3^{\text{dm}},220.$$

CAPACITÉ C'.	CAPACITÉ C.	RAPPORT $\dfrac{C'}{C}$.	POIDS de la charge ϖ.	VALEUR de $\dfrac{V p^{\frac{4}{10}}}{\varpi^{\frac{6}{10}}}$.	VALEUR de H.
dc 86,284	dc 507,118	0,1701	kgr 78,0	360,2	636,6
107,745	508,312	0,2120	89,5	336,6	635,8

Le poids des projectiles était de 345^{kg}.

Valeur moyenne, $H = 636,2.$

§ 7. — Conséquences des expériences précédentes.

Les expériences précédentes prouvent que la vitesse initiale peut être représentée par la formule

$$V = H \, \dfrac{\varpi^{\frac{6}{10}}}{p^{\frac{4}{10}}} \, 10^{-0,6 \left(\frac{C'}{C}\right)^{\frac{1}{2}}},$$

le coefficient H dépendant à la fois du calibre et de la nature de la poudre.

Si la similitude pouvait être admise, la vitesse initiale resterait la même quand les rapports $\dfrac{\varpi}{A^3}$, $\dfrac{p}{A^3}$ et $\dfrac{C'}{C}$ conserveraient les mêmes valeurs ; la formule générale serait donc

$$V = H_1 \frac{\left(\dfrac{\varpi}{A^3}\right)^{\frac{6}{10}}}{\left(\dfrac{p}{A^3}\right)^{\frac{4}{10}}} 10^{-0,6\left(\frac{C'}{C}\right)^{\frac{1}{2}}}$$

ou

$$V = \frac{H_1}{A^{\frac{6}{10}}} \frac{\varpi^{\frac{6}{10}}}{p^{\frac{4}{10}}} 10^{-0,6\left(\frac{C'}{C}\right)^{\frac{1}{2}}} ;$$

le coefficient H_1 serait alors constant. Dans tous les cas, sa valeur est liée à celle de H par la relation

$$H_1 = H A^{\frac{6}{10}}.$$

Mais, pour que la constance du coefficient H_1 se réalisât, il faudrait que, toutes les autres propriétés de la poudre demeurant les mêmes, les dimensions des grains variassent proportionnellement au calibre. En d'autres termes, si l'on représente par ε l'épaisseur de la galette, le coefficient H_1 doit être regardé comme une fonction du rapport $\dfrac{\varepsilon}{A}$, cette fonction pouvant d'ailleurs varier avec la nature de la poudre.

Dans le Tableau suivant, on a inscrit, pour les diverses poudres dont il a été question plus haut, les diverses valeurs des coefficients H et H_1 en regard des valeurs de $\dfrac{\varepsilon}{A}$ auxquelles elles correspondent.

POUDRE.	CANON.	VALEUR de A.	RAPPORT $\frac{\varepsilon}{A}$.	VALEUR de H.	VALEUR de H_1.
	cm	dm			
Poudre de Wetteren à grains de 13 à 16^{mm}, $\varepsilon = 0^{dm},10$.	10	1,021	0,098	1125	1139
	14	1,404	0,071	995,8	1220
	16	1,662	0,060	928,1	1258
	19	1,960	0,051	855,0	1280
	24	2,420	0,041	760,8	1293
Poudre de Wetteren à grains de 20 à 25^{mm}, $\varepsilon = 0^{dm},16$.	10	1,021	0,157	1083	1097
	16	1,662	0,097	904,7	1227
	19	1,960	0,082	839,8	1258
	24	2,420	0,066	767,2	1304
	27	2,766	0,058	717,1	1320
	32	3,220	0,050	664,6	1340
Poudre de Wetteren à grains de 25 à 30^{mm}, $\varepsilon = 0^{dm},20$.	10	1,021	0,196	1075	1088
	16	1,662	0,120	850,5	1153
	19	1,960	0,102	787,2	1179
	24	2,420	0,083	738,8	1256
	27	2,766	0,072	701,6	1292
	32	3,220	0,062	642,2	1295
Poudre de Wetteren à grains de 30 à 38^{mm}. $\varepsilon = 0^{dm},28$.	24	2,420	0,116	728,3	1238
	27	2,766	0,101	694,8	1279
	32	3,220	0,087	636,2	1283

Pour chaque poudre, on voit le coefficient H_1 croître à mesure que le rapport $\frac{\varepsilon}{A}$ diminue; les variations finissent d'ailleurs par devenir très lentes, de sorte que le coefficient H_1 paraît converger, dans chaque cas, vers une certaine limite.

Mais, quand on passe d'une poudre à une autre, on reconnaît qu'à deux valeurs égales de $\frac{\varepsilon}{A}$ correspondent généralement des valeurs fort différentes du coefficient H_1. Il faut nécessairement en conclure que les diverses poudres fabriquées par une même poudrerie n'ont pas des propriétés identiques, bien qu'on se soit attaché à leur donner, à très peu près, la même densité et à conserver aux grains des formes semblables.

Ces variations s'expliquent aisément par les difficultés que l'on rencontre lorsqu'on cherche à obtenir des galettes homogènes. Ces difficultés croissent avec l'épaisseur et finissent par devenir presque insurmontables. Les galettes très épaisses sont donc constituées par des couches dont la densité varie de l'extérieur à l'intérieur. On sait, du reste, que ce n'est qu'à la suite de longs et pénibles tâtonnements que les poudreries finissent par entrer en fabrication courante lorsqu'elles étudient des poudres nouvelles.

Quoi qu'il en soit, il ne faut pas songer à représenter par une seule et même formule les résultats fournis par les différentes poudres; mais on peut chercher à employer des expressions de même nature, sauf à modifier convenablement les coefficients numériques.

L'expression

$$H_1 = H_2\left[1 - 0,23 \times 10^{-\lambda\left(\frac{A}{\varepsilon}\right)^2}\right]$$

permet, quand on attribue, pour chaque poudre, aux constantes H_2 et λ des valeurs convenables, de reproduire très approximativement les valeurs de H_1 qui ont été données plus haut.

1° *Poudre de Wetteren, à grains de 13 à 16^{mm}.*

$$\varepsilon = 0^{dm},10.$$

Formule $H_1 = 1300\left[1 - 0,23 \times 10^{-0,0028\left(\frac{A}{\varepsilon}\right)^2}\right].$

Valeurs de A (décimètres)...	1,021	1,404	1,662	1,980	2,420
Valeurs de H_1 { l'expérience...	1139	1220	1258	1280	1293
données par { la formule....	1147	1216	1249	1275	1294
Différences........	+ 8	— 4	— 9	— 5	+ 1

2° *Poudre de Wetteren, à grains de* 20 *à* 25^{mm}.

$$\varepsilon = 0^{dm},16.$$

Formule $\quad H_1 = 1350\left[1 - 0,23 \times 10^{-0,0033\left(\frac{A}{\varepsilon}\right)^2}\right].$

Valeurs de A (décimètres)........	1,021	1,662	1,960	2,420	2,766	3,220
Valeurs de H_1 { l'expérience......	1097	1227	1258	1304	1320	1340
données par { la formule........	1123	1214	1262	1296	1318	1336
Différences............	+26	−13	+4	−8	−2	−4

3° *Poudre de Wetteren, à grains de* 25 *à* 30^{mm}.

$$\varepsilon = 0^{dm},20.$$

Formule $\quad H_1 = 1310\left[1 - 0,23 \times 10^{-0,0049\left(\frac{A}{\varepsilon}\right)^2}\right].$

Valeurs de A (décimètres)........	1,021	1,662	1,960	2,420	2,766	3,220
Valeurs de H_1 { l'expérience......	1088	1153	1179	1256	1292	1295
données par { la formule........	1084	1170	1206	1250	1274	1293
Différences............	−4	+17	+27	−5	−18	−2

4° *Poudre de Wetteren, à grains de* 30 *à* 38^{mm}.

$$\varepsilon = 0^{dm},28.$$

Formule $\quad H_1 = 1300\left[1 - 0,23 \times 10^{-0,0102\left(\frac{A}{\varepsilon}\right)^2}\right].$

Valeurs de A (décimètres).......	2,420	2,766	3,220
Valeurs de H_1 { l'expérience.....	1238	1279	1283
données par { la formule......	1248	1261	1286
Différences............	+10	−18	+3

Les valeurs du coefficient H_2 ne subissent, d'une poudre à l'autre, que de faibles irrégularités, qui d'ailleurs ne suivent aucune loi. La valeur moyenne est égale à 1320. Quant aux valeurs de λ, elles croissent très rapidement en même temps que l'épaisseur de la galette.

De là il résulte que, quand tous les rapports $\dfrac{C'}{C}$, $\dfrac{C}{A^3}$, $\dfrac{p}{A^3}$, $\dfrac{\varpi}{A^3}$ et $\dfrac{\varepsilon}{A}$ conservent la même valeur, c'est-à-dire quand toutes les conditions de la similitude mécanique paraissent remplies, la vitesse initiale croît avec la valeur de ε ou avec le calibre A. Cette circonstance peut être expliquée en remarquant que, dans l'état actuel de la fabrication, l'homogénéité des grains diminue à mesure que l'épaisseur de la galette devient plus grande; bien que leur densité reste à peu près la même, leur combustion est plus rapide et l'action sur le boulet est augmentée.

Lorsque les rapports $\dfrac{C'}{C}$, $\dfrac{p}{A^3}$, $\dfrac{\varpi}{A^3}$ demeurent invariables et que la poudre reste la même, en sorte que les quantités λ et ε conservent les mêmes valeurs, les vitesses se montrent croissantes avec le calibre; mais il est permis de penser que cet accroissement disparaîtrait, et ferait même place à un décroissement, si le calibre dépassait certaines limites, en sorte qu'il y aurait, pour chaque poudre, un calibre dans lequel elle donnerait un maximum d'effet. C'est ainsi que les poudres de l'ancienne artillerie, qui produisent à peu près les mêmes effets dans les canons de 12, de 24 et de 30, en donnent de moindres dans le canon de 50, comme on a pu le voir dans le Tome I; elles deviennent d'ailleurs très faibles dans les fusils.

On s'est borné, dans ce qui précède, à examiner les résultats obtenus à Gâvre, au moyen des poudres fabriquées par l'usine de Wetteren, sur lesquelles les expériences ont été de beaucoup les plus nombreuses. D'ailleurs les poudres françaises qu'emploie actuellement la marine fournissent des vitesses très sensiblement identiques à celles que donnent les poudres similaires de Wetteren. Ainsi la poudre française à grains de 13 à 20^{mm} équivaut à la poudre de Wetteren à grains de 13 à 16^{mm}; la poudre française à grains de 26 à 34^{mm} à la poudre de Wetteren à grains de 25 à 30^{mm}, etc.

La formule définitive des vitesses initiales est

$$V = H_2 \left[1 - 0,23 \times 10^{-\lambda \left(\frac{A}{\epsilon}\right)^\epsilon}\right] \frac{\left(\frac{\varpi}{A^3}\right)^{\frac{6}{10}}}{\left(\frac{p}{A^3}\right)^{\frac{4}{10}}} 10^{-0,6\left(\frac{C'}{C}\right)^{\frac{1}{2}}}.$$

Pour l'appliquer à une poudre déterminée, il faut déterminer convenablement les coefficients H_2 et λ.

§ 8. — Restrictions à l'emploi de la formule.

La formule reproduit tous les résultats de l'expérience avec une approximation satisfaisante; cependant il ne faudrait pas lui attribuer une généralité qu'elle ne saurait avoir, et l'on ne peut pas s'en servir avec sécurité hors des limites entre lesquelles elle a été vérifiée. C'est pourquoi il est utile de résumer les valeurs extrêmes entre lesquelles, dans les expériences précédentes, ont varié les diverses quantités qui exercent de l'influence sur les vitesses initiales.

	VALEURS EXTRÊMES.	
A, décim..........	1,021	3,220
$\frac{C}{A^3}$..........	10,239	20,891
$\frac{C'}{C}$..........	0,0681	0,4271
$\frac{p}{A^3}$..........	6,739	15,503
$\frac{\varpi}{A^3}$..........	0,564	4,839
$\frac{\varpi}{C}$..........	0,065	0,427
$\frac{\epsilon}{A}$..........	0,098	0,116

D'après la formule, la moindre charge suffirait pour opérer le déplacement du projectile; cependant il n'en est pas ainsi, car il faut que l'effet de cette charge soit assez fort pour vaincre les frottements et la résistance que les cloisons opposent à la ceinture. Ainsi, lorsque la charge est faible, la formule donne pour la vitesse une valeur un peu trop forte.

Quand la capacité de l'âme croît indéfiniment, la poudre donne dans la bouche à feu toute la force vive qu'elle est capable de produire; les exposants dont sont affectés ϖ et p cessent d'être constants et convergent vers $\frac{1}{2}$ (t. I, p. 26).

Lorsque C' diffère peu de C, la partie antérieure de la charge est atteinte tardivement par l'inflammation; une partie des grains échappe même à la combustion. Il est clair qu'alors la formule doit donner pour la vitesse une valeur trop forte.

Lorsque, dans un canon d'une capacité déterminée, le poids du projectile et le diamètre de la gargousse restent les mêmes, la vitesse initiale ne varie plus qu'avec la capacité C', et il est intéressant de rechercher quelle grandeur il convient d'attribuer à cette dernière si l'on veut obtenir le maximum de vitesse

Le rapport $\frac{\varpi}{C'}$ est alors constant, et, en le désignant par θ, on peut, dans l'équation, remplacer ϖ par $\theta C'$. Prenant ensuite la valeur de $\frac{dV}{dC'}$ et l'égalant à zéro, on obtient, toutes réductions faites,

$$\frac{C'}{C} = 0,93.$$

Ainsi, d'après la formule, il faudrait, pour obtenir le maximum de vitesse, attribuer à la capacité C' une valeur égale aux $\frac{93}{100}$ de la capacité totale C.

Ce résultat, tout à fait improbable, tient, comme on vient de le dire, à ce que la formule finit par donner pour V une valeur trop forte lorsque C' se rapproche de C.

§ 9. — Maximum des effets de la poudre.

Lorsque, A conservant la même valeur, la capacité C croît indéfiniment, les exposants dont sont affectées les quantités $\frac{\varpi}{A^3}$ et $\frac{A^3}{p}$, au lieu de rester constants, convergent l'un et l'autre vers $\frac{1}{2}$, ainsi qu'on l'a fait remarquer au paragraphe précédent. En outre, la combustion devenant complète, l'épaisseur de la galette cesse d'exercer quelque influence; il faut donc que le second facteur $1 - 0,23 \times 10^{-\lambda\left(\frac{A}{t}\right)^2}$ de la formule générale disparaisse de l'équation. C'est une condition à laquelle il sera toujours facile de satisfaire en donnant à l'exposant de 10 un facteur fonction de $\frac{A^3}{C}$, qui, tout en conservant une valeur sensiblement constante entre les limites indiquées par les expériences précédentes, deviendrait infini en même temps que la capacité C.

Considérant que, dans ce cas, le dernier facteur $10^{-0,6\left(\frac{C'}{C}\right)^{\frac{1}{2}}}$ devient égal à l'unité, on voit que, la capacité C devenant infinie et $V_{\prime\prime}$ désignant alors ce que devient la vitesse, la formule se réduit à

$$V_{\prime\prime} = H_2 \left(\frac{\varpi}{p}\right)^{\frac{1}{2}}.$$

La valeur de H_2 est, en moyenne, égale à 1320 (§ 7).

Les expériences, exécutées à l'aide du pendule balistique avec la poudre du Ripault, avaient conduit à l'expression tout à fait analogue

$$V_{\prime\prime} = 1240 \left(\frac{\varpi}{p}\right)^{\frac{1}{2}}$$

(t. I, p. 95); les coefficients sont très peu différents.

Il n'est pas inutile de rappeler que le capitaine Noble avait conclu de ses recherches que, dans le cas d'une combustion complète, toutes les poudres en usage produiraient à peu près les mêmes effets.

La valeur

$$V_{\prime\prime} = 1320 \left(\frac{\varpi}{p}\right)^{\frac{1}{2}}$$

est évidemment une limite dont on est encore fort éloigné dans la pratique.

D'après cette équation, le maximum de force vive qu'une charge de poids égal à ϖ peut communiquer à un projectile de poids égal à p est

$$\frac{p V_{\prime\prime}^2}{g} = \frac{1320^2 \varpi}{g}.$$

Le mètre étant l'unité de longueur et le kilogramme l'unité de poids, $g = 9,81$; par suite, la valeur du maximum devient

$$\frac{p V_{\prime\prime}^2}{g} = 177600\,\varpi.$$

§ 10. — Sur les mesures des pressions exercées par les gaz.

Il serait intéressant de connaître les pressions que le tir fait subir aux parois de l'âme. Depuis quelques années, on les apprécie à l'aide du procédé suivi par MM. Noble et Abel, et décrit dans le Tome I, pages 11 et 12. Des petits cylindres en cuivre, de dimensions déterminées, sont logés dans la culasse ou dans l'épaisseur du renfort, de telle sorte que leurs bases seules reçoivent l'action des gaz. On mesure les réductions de longueur que le tir leur fait subir. Une Table, construite d'après des données expérimentales, indique les pressions qui ont pu produire ces réductions.

Mais cette Table varie suivant la manière dont on procède aux expériences qui servent à la construire. Ordinairement, lorsqu'on veut connaître la dépression produite par une pression P, on place le cylindre sur un appui inébranlable, et l'action est exercée à l'aide d'un appareil à levier; la pression peut d'abord être fort légère et ne devenir égale à P qu'à la fin du mouvement, ou bien avoir cette même valeur dès l'origine. Les résultats sont alors fort différents; ainsi la dépression du cylindre dépend non seulement de la grandeur finale de la pression, mais encore de la manière dont cette dernière a varié antérieurement.

Dans le tir des bouches à feu, la pression est d'abord très rapidement croissante; elle atteint bientôt sa valeur maximum, puis décroît; mais la loi de la variation est tout à fait inconnue. Les circonstances peuvent donc être fort différentes de celles dans lesquelles se sont accomplies les expériences qui ont servi à l'établissement de la Table. En outre, la durée du phénomène est si courte qu'il est fort douteux que la pression maximum ait produit tout l'effet dont elle est susceptible.

Ce n'est donc qu'avec une extrême réserve que l'on doit accueillir les valeurs que le procédé précédent assigne aux pressions supportées par les bouches à feu.

CHAPITRE XIV.

PASSAGE DES PROJECTILES A TRAVERS LES MURAILLES CUIRASSÉES.

§ 1. — Considérations générales.

Lorsqu'un projectile traverse une muraille homogène, il est naturel de comparer le vide qu'il y forme à la force vive qui a assuré son passage.

Soient

p le poids du projectile en kilogrammes;
a son diamètre en mètres;
ε l'épaisseur de la muraille, en mètres;
W la vitesse strictement nécessaire à la perforation.

La grandeur du vide est à peu près proportionnelle à $a^2\varepsilon$. Au moment du choc, la force vive est proportionnelle à pW^2. Le rapport de la force vive au vide peut donc être représenté par $\dfrac{pW^2}{a^2\varepsilon}$; mais il est bien clair que ce rapport doit varier, en général, avec la valeur de la fraction $\dfrac{\varepsilon}{a}$, en sorte qu'on peut poser

$$pW^2 = Ha^2\varepsilon\,\varphi\left(\frac{\varepsilon}{a}\right).$$

L'hypothèse la plus simple consiste à prendre

$$\varphi\left(\frac{\varepsilon}{a}\right) = \left(\frac{\varepsilon}{a}\right)^n,$$

de sorte que la formule devient

$$pW^2 = Ha^2\varepsilon\left(\frac{\varepsilon}{a}\right)^n.$$

Il reste à déterminer dans chaque cas la valeur de l'exposant n.

Lorsque, conservant toujours la même unité de poids, on fait varier l'unité de longueur, la formule précédente ne peut être considérée comme homogène que si l'on traite $\frac{1}{H}$ comme une longueur. Or cette homogénéité est nécessaire, attendu que la formule doit convenir, quelle que soit l'unité de longueur.

Ainsi $\frac{1}{H}$, W, a, ε varient en raison inverse de cette unité.

§ 2. — Plaques de fer forgé isolées (Expériences anglaises 1864) [1].

Les projectiles étaient massifs et en acier; il y en avait de deux sortes, les uns sphériques, les autres cylindriques à avant hémisphérique; les premiers lancés par des canons lisses, les autres par des canons rayés.

La bouche à feu était placée à $91^m,4$ des plaques. La vitesse du projectile était toujours mesurée à une petite distance, au moyen de l'appareil Navez, et l'on en déduisait celle qu'il devait avoir au moment du choc.

Les boulets, après avoir traversé les plaques, étaient reçus dans une butte en terre.

1° *Première expérience.*

L'objet de cette première expérience étant d'examiner si des projectiles de même diamètre, mais de poids différents, produisent toujours les mêmes effets lorsqu'ils sont animés de la même force vive.

$$\text{Épaisseur des plaques} \dots \dots \varepsilon = 0^m,1397$$
$$\text{Diamètre des boulets} \dots \dots a = 0^m,1580$$

---

[1] Le Rapport de la Commission anglaise, rédigé par le capitaine Noble, a été traduit par M. Aloncle, chef d'escadron d'artillerie de la marine, et inséré dans la *Revue maritime de* 1867.

FORME DES BOULETS.	POIDS des boulets p.	VITESSE au choc W.	VALEUR de $W\sqrt{p}$	NOMBRE de coups.	PÉNÉTRATION moyenne dans la butte en terre.
Sphérique...........................	kgr 15,84	m 576,5	2295	3	m 0,705
Cylindrique, l'avant ⎫ long. 0ᵐ,2294	30,94	417,4	2321	3	1,000
hémisphérique... ⎭ long. 0ᵐ,3418	48,407	338,6	2356	3	1,000

Les effets sont fort peu différents; toutefois la force vive nécessaire à la perforation croît légèrement avec le poids du projectile. Ce fait s'explique facilement en remarquant que les parties de la plaque directement atteintes ne sont pas les seules dont la résistance modifie le mouvement du projectile. Tout autour il se produit une altération dont l'étendue est d'autant plus grande que le mouvement est moins rapide.

Toutefois, les différences sont tellement légères que, dans la pratique, on peut se dispenser d'y avoir égard. En prenant une moyenne, on a

$$W\sqrt{p} = 2324.$$

2° *Deuxième expérience.* — *Influence du diamètre du projectile.*

Épaisseur des plaques......... $\varepsilon = 0^{\mathrm{m}},1397$

FORME DES BOULETS.	DIAMÈTRE des boulets a.	POIDS des boulets p.	VITESSE au choc W.	VALEUR de $W\sqrt{\dfrac{p}{a}}$	NOMBRE de coups.	PÉNÉTRATION moyenne dans la butte en terre.
Sphérique.........	m 0,2253	kgr 47,73	m 382,2	5563	2	m 0,99
Cylindrique, l'avant⎫ hémisphérique...⎭	0,1753	47,70	338,9	5590	2	0,61
Sphérique.........	0,1580	16,13	557,5	5635	1	0,46

Les trois valeurs de $W\sqrt{\dfrac{p}{a}}$ sont très peu différentes; la valeur moyenne est

$$W\sqrt{\frac{p}{a}} = 5596.$$

Ces derniers résultats ne peuvent s'accorder avec la formule établie à la fin du § 1 qu'autant qu'on y fait $n = 1$. Cette expression devient alors

$$pW^2 = Ha\varepsilon^2.$$

C'est cette formule qui a été adoptée par les auteurs des expériences qui la déduisaient de considérations fort différentes ([1]); mais elle suppose essentiellement que la qualité des plaques reste la même, quelle que soit leur épaisseur.

L'expérience suivante a été faite pour en vérifier l'exactitude.

3° Troisième expérience.

Épaisseur des plaques........ $\varepsilon = 0^m,1143$
Diamètre des boulets......... $a = 0^m,1580$

FORME DES BOULETS.	POIDS de boulets p.	VITESSE au choc W.	VALEUR de $W\sqrt{p}$.	NOMBRE de coups.	OBSERVATIONS.
Sphérique........	kgr 16,125	m 449,8	1806	3	Les boulets ne possédaient que la vitesse strictement nécessaire pour leur passage.
Cylindrique, l'avant hémisphérique...	28,960	329,8	1779	3	
	48,375	261,8	1821	3	

Ainsi que dans la première expérience, les boulets avaient le même diamètre; les trois valeurs de $W\sqrt{p}$ n'offrent que de légères différences.

([1]) Ils regardaient probablement à chaque instant la résistance comme proportionnelle au contour du boulet et à l'épaisseur qui lui reste encore à traverser.

Valeur moyenne :
$$W\sqrt{p} = 1802.$$

Il reste à examiner si les trois expériences s'accordent à donner à peu près la même valeur pour le coefficient H. Leurs résultats sont rassemblés dans le Tableau suivant :

	ÉPAISSEUR DES PLAQUES ε.	VALEUR DE $H = \dfrac{W}{\varepsilon}\sqrt{\dfrac{p}{a}}$.
Première expérience...	0,1397 m	40060 ⎫
Deuxième expérience...	0,1397	41850 ⎬ 40955
Troisième expérience...	0,1143	39650 ⎭

Les valeurs de $\dfrac{W}{\varepsilon}\sqrt{\dfrac{p}{a}}$ sont assez peu différentes l'une de l'autre pour que la formule semble justifiée.

Comme on l'a dit plus haut, elle ne peut convenir que si la qualité des plaques reste la même, quelle que soit l'épaisseur. On verra plus loin que, d'après les procédés de fabrication en usage, cette qualité décroît quand l'épaisseur augmente.

Cette observation n'a pas échappé aux auteurs des expériences anglaises, qui s'expriment de la manière suivante :

« La formule n'est vraie que lorsque les plaques sont de la même qualité. Il est bien reconnu qu'il est plus facile de faire une bonne plaque mince qu'une épaisse et qu'une plaque de cette dernière espèce est sujette à un soudage imparfait de ses mises dans l'opération du passage au laminoir. »

§ 3. — Expériences de Gâvre. — Murailles. Projectiles.

Les murailles sur lesquelles on a opéré à Gâvre étaient ordinairement en chêne et massives ; elles avaient 6^m de hauteur et 12^m de largeur horizontale. La membrure était composée de poutres verticales et jointives, ayant ordinairement $0^m,35$ d'équarrissage; quatre dés cylindriques, en chêne comprimé, réunissaient les poutres en contact; leur diamètre, égal à leur longueur, était de $0^m,12$.

Des pièces horizontales formaient le bordé et le vaigrage. L'épaisseur totale était ordinairement de $0^m,80$ à $0^m,84$. Des boulons et des chevilles en fer reliaient entre elles les trois parties du système. Un grillage établi sur le sol recevait et fixait la partie inférieure de la membrure. De nombreux arcs-boutants placés du côté du vaigrage maintenaient la muraille.

Les plaques en fer, formant la cuirasse, étaient fixées sur le bordé par de longues vis à bois, disposées en quinconce. La longueur horizontale de ces plaques était ordinairement de $3^m,20$ et leur hauteur de $0^m,80$.

Les projectiles ogivaux massifs qu'emploie la Marine sont à peu près semblables et peuvent être considérés comme tels dans les recherches dont il s'agit.

Rapport moyen au diamètre.	de la longueur de l'ogive.........	1,171
	du rayon de l'arc ogival.........	1,624
	de la longueur totale............	2,238 ou 2,441 [1]

[1] Suivant que le projectile est en fonte ou en acier.

La pointe de l'ogive n'est jamais arrondie ou tronçonnée.

Lorsque les boulets en acier traversent les plaques, leur partie antérieure éprouve une dépression et leur diamètre s'agrandit un peu, principalement vers la naissance de l'ogive.

Les boulets en fonte durcie, dont on fait aussi usage, sont moins exposés aux déformations, mais alors les ruptures deviennent plus fréquentes; il est vrai qu'elles s'opèrent le plus souvent assez tard pour que la pénétration n'en soit pas beaucoup affectée, la séparation des parties ne s'opérant qu'après la sortie de la muraille.

Le Tableau suivant fait connaître les diamètres et les poids attribués aux projectiles dans les calculs ultérieurs :

Boulets ogivaux massifs de..	16cm	19cm	24cm	27cm	32cm	34cm
Diamètre (mètres).........	0,1623	0,1915	0,2374	0,2718	0,3170	0,3370
Poids (kilogrammes).......	45	75	144	216	345	420

Il est clair que, pour apprécier la résistance des plaques, il faut préalablement connaître sous quelles conditions les projectiles traversent la muraille, lorsqu'elle n'est pas cuirassée.

§ 4. — Passage des projectiles ogivaux à travers les murailles en bois non cuirassées.

Des expériences ont été faites à Gâvre, en 1878, avec un canon revolver de 47^{mm}. La muraille en bois était formée d'un bordé et d'une membrure; son épaisseur a varié dans le cours des expériences. Les projectiles étaient creux :

$$a = 0^m,0467,$$
$$p = 1^{kg},10$$

On a obtenu les résultats suivants :

	m	m	m
Épaisseur de la muraille E................	0,30	0,40	0,50
Vitesse U strictement nécessaire au passage du projectile à travers la muraille......	185,0	220,0	252,0
Valeur de $\dfrac{U}{E^{0,6}}$.....................	381	387	382

Le rapport $\dfrac{U}{E^{0,6}}$ est très sensiblement constant; sa valeur moyenne est 381. On a donc

$$U^2 = 145160\, E^{1,2}.$$

Ce résultat ne peut s'accorder avec la formule établie au § 1 qu'en y faisant $n = 0,2$. On trouve ainsi

$$U = 6200\, E^{0,6} \frac{a^{0,9}}{p^{0,5}}.$$

Une autre expérience a été faite avec un canon de 14^{dm} placé à 80^m d'une muraille en bois dont l'épaisseur était égale à $0^m,79$. Les boulets étaient creux; $a = 0,1366$, $p = 18^{kg},65$.

Les boulets n'ont traversé la muraille que lorsque leur vitesse, au moment du choc, s'est trouvée au moins égale à 202^m. En faisant, dans la formule ci-dessus, $a = 0,1366$, $p = 18,65$, $E = 0,79$, on trouve $U = 205^m$, nombre peu supérieur au précédent.

La formule paraît donc admissible.

On en a déduit les vitesses que devraient posséder les différents boulets ogivaux de la Marine pour traverser une muraille en bois de $0^m,84$ d'épaisseur.

Boulets ogivaux massifs de......	16^{cm}	19^{cm}	24^{cm}	27^{cm}	32^{cm}	34^{cm}
Valeurs de U (mètres).........	162,0	145,7	127,5	117,7	106,9	102,4

La facilité avec laquelle un projectile traverse le bois dépend évidemment de sa forme antérieure, et si l'on appliquait la formule précédente à des boulets sphériques, on devrait s'attendre à trouver pour U des valeurs trop faibles.

D'après une expérience rapportée dans la première Partie, Chapitre III, il a fallu à deux boulets sphériques de $0^m,1596$ de diamètre, et pesant $15^{kg},1$, une vitesse de 478^m pour traverser un massif en chêne de $1^m,50$ d'épaisseur, tandis que, d'après la formule précédente, une vitesse de 390^m serait suffisante.

§ 5. — Passage des projectiles ogivaux à travers les murailles en bois cuirassées.

Lorsqu'un projectile ogival, animé d'une vitesse V, après avoir traversé une muraille, conserve à sa sortie une vitesse V_1, il est clair que la différence $pV^2 - pV_1^2$ représente la perte de force vive occasionnée par son passage. Cette différence n'est pas tout à fait indépendante de la vitesse V, car on a déjà fait remarquer qu'elle est d'autant plus faible que le mouvement s'opère avec plus de rapidité; elle atteint ainsi son maximum lorsque la vitesse V est égale à celle qu'exige strictement la perforation, et qui a été représentée plus haut par W.

A Gâvre, les plaques étaient constamment appuyées sur un matelas en chêne. On déterminait expérimentalement le minimum de vitesse que devait posséder le projectile pour traverser le système.

Supposant d'abord qu'un certain intervalle sépare la plaque en fer du matelas en bois et représentant, comme précédemment, par U la vitesse strictement nécessaire pour traverser le bois, la force vive absorbée par le passage à travers le fer est représentée par $p(V^2 - U^2)$, quantité qui, d'après ce qui a été dit plus haut, est un peu supérieure à la force vive pW^2, strictement nécessaire pour traverser la plaque supposée isolée.

Les mêmes considérations sont encore applicables lorsque, supprimant tout intervalle entre la cuirasse et la muraille, on les met en contact sans établir de nouvelles liaisons dans le système, car par là on n'introduit aucune force nouvelle. Les choses cependant se passent un peu différemment, vu que, pendant un certain temps, le mobile agit à la fois sur la plaque et sur le bois.

En déterminant W par les relations

$$V^2 = W^2 + U^2,$$

d'où

$$W^2 = V^2 - U^2,$$

PASSAGE DES PROJECTILES A TRAVERS LES MURAILLES CUIRASSÉES. 383

on serait donc porté à considérer la valeur obtenue comme étant un peu trop faible.

Mais, d'un autre côté, les plaques sont maintenues sur la muraille à l'aide de vis à bois. L'existence de ces liaisons doit un peu augmenter la résistance de l'ensemble du système. Il y a donc ici deux erreurs de sens opposés, et l'on est conduit à penser que la valeur de W est suffisamment approximative.

On a réuni dans le Tableau suivant les divers résultats obtenus à Gâvre dans la perforation des murailles cuirassées. On y a joint quelques expériences exécutées sur des plaques en tôle de faible épaisseur, qui n'étaient appuyées sur aucun matelas.

Pour chaque expérience, on indique la valeur de la vitesse W nécessaire à la perforation de la plaque supposée isolée.

CANON.	ÉPAISSEUR		VITESSE nécessaire à la perforation V.	VALEUR de $W = \sqrt{V^2 - U^2}$.	OBSERVATIONS.
	de la plaque.	du matelas.			
	m	m	m	m	
34	0,40	0,84	397,6	384,2	
32	0,44	0,50	440,5	432,0	Le matelas était renforcé par deux tôles de 0^m,018 d'épaisseur.
	0,30	0,84	346,0	329,1	
27	0,25	0,84	357,0	337,0	
	0,24	0,84	400,0	379,1	
24	0,22	0,84	378,0	355,8	
	0,20	0,84	360,0	336,7	
19	0,15	0,84	372,6	342,9	
	0,12	0,84	314,3	278,5	
16	0,06	0,00	180,0	180,0	
Mitrailleuse Nordenfelt.	0,02	0,00	338,0	338,0	Projectiles en acier. diamètre.. 0^m,021 poids...... 0^{kg},230
Fusil mod. 1874.	0,0118	0,00	405,0	405,0	Balles en acier. diamètre.. 0^m,019 poids...... 0^{kg},024

Pour calculer la valeur de W relative à la plaque de 0^m,44, il a fallu tenir compte de la présence des deux tôles de

$0^m,018$ d'épaisseur qui renforçaient le matelas. Attendu que cette épaisseur était très faible et qu'il ne s'agissait que d'une très petite correction, on a pu admettre que la vitesse W_1, nécessaire pour traverser chaque tôle, était donnée par la formule

$$W_1 = H\varepsilon\sqrt{\frac{a}{p}}.$$

Pour avoir le coefficient H, on s'est servi des résultats de l'expérience faite à l'aide de la mitrailleuse Nordenfelt sur la tôle de $0^m,02$ d'épaisseur. On a trouvé ainsi

$$H = 48020, \quad W_1 = 26^m,2.$$

On a pris alors

$$W^2 = V^2 - U^2 - 2W_1^2.$$

Ainsi qu'on l'a déjà fait observer, la formule

$$W = H\varepsilon\sqrt{\frac{a}{p}}$$

ne peut être admise qu'autant que la qualité des plaques est indépendante de leur épaisseur. Mais cette condition n'est jamais remplie, par suite de la difficulté que présente la fabrication des plaques de grandes dimensions, et la qualité décroît quand l'épaisseur augmente. On a égard à cette circonstance en donnant à ε un exposant inférieur à l'unité; mais, lorsque la valeur de ε est très faible, les difficultés de la fabrication sont fort atténuées, et l'exposant doit se rapprocher beaucoup de l'unité. On est ainsi conduit à considérer l'exposant de ε comme une fonction décroissante de cette quantité, dont la valeur devient égale à 1 lorsque $\varepsilon = 0$.

La valeur de cet exposant ne saurait d'ailleurs devenir inférieure à $\frac{1}{2}$, car, si elle atteignait cette limite, une plaque d'épaisseur 2ε n'offrirait pas plus de résistance que l'ensemble de deux plaques simplement superposées et ayant chacune l'épaisseur ε. Les choses se passeraient comme s'il n'existait aucune liaison entre les parties constituantes.

Ainsi l'exposant de ε peut être considéré comme une fonction décroissante de cette quantité, qui, égale à l'unité lorsque $\varepsilon = 0$, a une limite inférieure au moins égale à $\frac{1}{2}$.

Soit n cet exposant. Si l'on pose

$$W = h\varepsilon^n \sqrt{\frac{a}{p}},$$

la formule n'est plus homogène. On rétablit l'homogénéité en introduisant une longueur L et en faisant

$$W = H\varepsilon \left(\frac{L}{\varepsilon}\right)^{1-n} \sqrt{\frac{a}{p}}$$

ou

(1) $$W = HL^{1-n}\varepsilon^n \sqrt{\frac{a}{p}}.$$

Si l'exposant n était constant, il en serait de même du produit HL^{1-n}, de sorte que la formule pourrait être mise sous la forme

(2) $$W = h\varepsilon^n \sqrt{\frac{a}{p}};$$

mais il n'en est pas de même quand n est fonction de ε.

Considérant donc la formule (1), la question est de trouver pour n une expression satisfaisant aux conditions énoncées ci-dessus, et telle que les valeurs de H et de L puissent être regardées comme constantes.

Des expériences exécutées sur des plaques d'épaisseurs différentes ε_1 et ε_2 fournissent deux équations, telles que

$$W_1 = HL^{1-n_1}\varepsilon_1^{n_1} \sqrt{\frac{a_1}{p_1}}.$$

$$W_2 = HL^{1-n_2}\varepsilon_2^{n_2} \sqrt{\frac{a_2}{p_2}},$$

en désignant par n_1 et n_2 les valeurs de n qui correspondent respectivement à ε_1 et ε_2.

Les variations de l'exposant étant fort lentes, on pourra,

si les épaisseurs sont peu différentes, remplacer n_1 et n_2 par leur moyenne $\frac{n_1 + n_2}{2}$; et, par l'élimination de $HL^{1-\frac{n_1+n_2}{2}}$ entre les deux équations précédentes, on obtiendra la valeur de l'exposant, qui correspond à peu près à $\frac{\varepsilon_1 + \varepsilon_2}{2}$.

L'application de ce procédé aux résultats inscrits dans le Tableau qui précède fournit les valeurs suivantes :

Valeur de ε (mètres).	0,420	0,350	0,275	0,245	0,230	0,210
Valeur de n.	0,530	0,770	0,732	0,425	0,729	0,579
Valeur de ε (mètres).	0,175	0,135	0,090	0 040	0,0156	
Valeur de n.	0,697	0,932	0,879	0,978	1,008	

Les valeurs de n sont, comme on pouvait s'y attendre, assez irrégulières. Un certain nombre d'entre elles ont d'ailleurs été obtenues en comparant des expériences exécutées sur des plaques dont les épaisseurs étaient très peu différentes, et il est bien clair qu'alors les erreurs commises dans la détermination de la vitesse nécessaire à la perforation prennent une grande importance. Néanmoins l'ensemble des résultats montre que la valeur de n croît à mesure que ε diminue et se rapproche de plus en plus de l'unité, lorsque l'épaisseur devient voisine de zéro. Même la dernière valeur de n qui correspond à l'épaisseur de $0^m,0156$ est légèrement supérieure à l'unité, contrairement à ce qui a été dit plus haut. Mais les expériences exécutées sur les tôles de $0^m,018$ et $0^m,020$ sont sujettes à beaucoup d'incertitude, vu la difficulté de déterminer exactement les épaisseurs. En outre, la vitesse strictement nécessaire à la perforation n'est jamais déterminée très exactement; et, dans le cas actuel, une très faible modification de cette vitesse suffirait pour faire disparaître l'anomalie.

Afin d'atténuer les irrégularités, on a partagé les valeurs de n en trois groupes, dans chacun desquels on a pris des moyennes, le premier groupe comprenant cinq valeurs de n, les autres chacun trois. Pour former les moyennes, on a multiplié chaque valeur de n par la différence $\varepsilon_1 - \varepsilon_2$ correspondante; on a fait la somme des produits et on l'a divisée par la somme des quantités $\varepsilon_1 - \varepsilon_2$. Faisant enfin correspondre chaque valeur ainsi obtenue à la moyenne des épaisseurs des plaques, on a :

| Valeur de ε (mètres)...... | 0,330 | 0,170 | 0,065 |
| Valeur de n.................. | 0,697 | 0,744 | 0,927 |

La croissance du coefficient n se trouve ainsi mise nettement en évidence. On reproduit assez approximativement les valeurs précédentes au moyen de la formule

$$n = \tfrac{2}{3} + \tfrac{1}{3} 10^{-3,2\varepsilon}$$

qui fait varier l'exposant entre $\tfrac{2}{3}$ et l'unité.

Il reste à déterminer les coefficients H et L. Calculant, au moyen de la formule précédente, les valeurs de n qui répondent à chacune des épaisseurs portées dans le Tableau général des expériences, on obtient, dans chaque cas, une valeur du produit HL^{1-n}. On reproduit, du reste, à très peu près ces valeurs en prenant

$$H = 47540, \quad L = 0,1163.$$

De là résulte la formule générale

(1) $$W = 47540 (0,1163)^{1-n} \varepsilon^n \sqrt{\frac{a}{p}},$$

où

$$n = \tfrac{2}{3} + \tfrac{1}{3} 10^{-3,2\varepsilon}.$$

Le Tableau suivant fait voir qu'elle reproduit avec une approximation très suffisante les résultats des expériences.

CANON.	PROJECTILES.		ÉPAISSEUR ε.	VALEURS DE W DÉDUITES		DIFFÉRENCES.	VALEURS de n.
	Diamètre a.	Poids p.		de l'expérience.	de la formule.		
cm	m	kg	m	m	m	m	
32	0,3170	345,0	0,44	432,0	429,7	− 2,3	0,6797
34	0,3370	420,0	0,40	384,2	365,0	−19,2	0,6842
32	0,3170	345,0	0,30	329,1	326,3	− 2,8	0,7032
27	0,2718	216,0	0,25	337,0	340,1	+ 3,1	0,7195
24	0,2374	144,0	0,24	379,1	379,2	+ 0,1	0,7235
24	0,2374	144,0	0,22	355,8	358,1	+ 2,3	0,7326
24	0,2374	144,0	0,20	336,7	335,9	− 0,8	0,7430
19	0,1916	75,0	0,15	342,9	340,5	− 2,4	0,7770
19	0,1916	75,0	0,12	278,5	286,5	+ 8,0	0,8043
16	0,1623	45,0	0,06	180,0	185,3	+ 5,3	0,8809
Mitrailleuse Nordenfelt.	0,0251	0,230	0,02	338,0	340,5	+ 2,5	0,9543
Fusil m^{le} 1874.	0,0109	0,024	0,0118	405,0	402,9	− 2,1	0,9722

La plupart des différences sont très faibles, la seule qui présente quelque importance est celle qui est relative à la plaque de $0^m,40$ d'épaisseur. Mais le tir était exécuté au moyen de boulets de 34^{cm} dont la fabrication a présenté de grandes difficultés, de sorte que la qualité de ces boulets laissait beaucoup à désirer, circonstance qui a dû augmenter la vitesse nécessaire à la perforation.

Dans les recherches relatives à la perforation des cuirasses, on exprime fréquemment les épaisseurs et les diamètres en décimètres. Dans ce cas, la formule (1) doit être écrite de la manière suivante :

$$W = 1504 \times (1,163)^{1-n} \varepsilon^n \sqrt{\frac{a}{p}},$$

et l'on doit faire

$$n = \tfrac{2}{3} + \tfrac{1}{3} 10^{-0,32\varepsilon}.$$

Les calculs auxquels conduit l'emploi de la formule (1) nécessitent une grande attention, et il est à remarquer que, lorsque l'épaisseur ε reste comprise entre $0^m,15$ et $0^m,44$, on peut se contenter de l'approximation donnée par la formule suivante :

(2) $$W = 25180\, \varepsilon^{0,7} \sqrt{\frac{a}{p}}$$

ou, si l'on exprime les épaisseurs et les diamètres en décimètres,

$$W = 1585\, \varepsilon^{0,7} \sqrt{\frac{a}{p}}.$$

On s'en convaincra en comparant les valeurs de $W\sqrt{\dfrac{p}{a}}$ données par les deux expressions.

Épaisseur ε (mètres)...............	0,44	0,40	0,30	0,25
Valeurs de $W\sqrt{\dfrac{p}{a}}$ données par { la formule (1)..	13900	13070	10770	9590
{ la formule (2)..	14100	13230	10820	9520
Différences...............	+240	+160	+50	−70
Épaisseur de ε (mètres)...............	0,24	0,22	0,20	0,15
Valeurs de $W\sqrt{\dfrac{p}{a}}$ données par { la formule (1)..	9338	8820	8273	6894
{ la formule (2)..	9253	8706	8144	6658
Différences...............	−85	−114	−129	−236

Il ne faut d'ailleurs pas s'attendre à ce que les indications de la formule soient constamment d'accord avec les faits qu'on aura occasion d'observer. La qualité des plaques n'est pas toujours la même, et les boulets des diverses provenances éprouvent des déformations fort différentes. De là des variations qu'il n'est pas possible d'éviter.

On n'est d'ailleurs en droit d'appliquer ces formules qu'à des projectiles dont les formes sont à peu près semblables à celles des boulets adoptés par la Marine.

§ 6. — Plaques superposées.

Quelquefois, la cuirasse se compose de plusieurs plaques superposées.

Soient

ε', ε'', ε''', ... les épaisseurs des plaques;

W', W'', W''', ... les vitesses avec lesquelles les projectiles les traverseraient isolément;

W la vitesse que devrait avoir le projectile pour qu'il traversât tout le système.

En admettant qu'alors la force vive se trouve égale à la somme de celles qui assurent son passage à travers les diverses plaques, on aurait l'équation

$$W^2 = W'^2 + W''^2 + W'''^2 + \ldots,$$

les vitesses W', W'', W''', ... étant calculées au moyen des formules du paragraphe précédent.

Mais cette expression doit donner pour W une valeur trop faible, attendu qu'il n'est pas tenu compte des liaisons que l'on établit toujours entre les parties.

On a fait, à Gâvre, en se servant du canon de 32^{cm}, des expériences comparatives sur une plaque de $0^m,44$ d'épaisseur et sur le système de deux plaques de $0^m,22$, reliées l'une à l'autre par un assemblage de boulons. Largeur des plaques 4^m; hauteur $2^m,50$; elles étaient appliquées sur un matelas en chêne d'une épaisseur de $0^m,5$, renforcé par deux tôles ayant une épaisseur de $0^m,018$. Des boulons d'acier, au nombre de 14, disposés sur deux rangs horizontaux, reliaient entre elles toutes les parties du système. Deux autres rangées semblables reliaient la plaque intérieure au matelas et aux tôles, mais n'augmentaient en rien la liaison des deux plaques. L'expérience a fait reconnaître qu'une vitesse de 420^m suffisait pour assurer le passage du projectile à travers tout le système.

Le matelas ne différait pas sensiblement de celui sur lequel était appuyée la plaque de $0^m,44$ d'épaisseur dans l'expérience décrite au paragraphe précédent; l'un et l'autre offraient à peu près la même résistance.

Le carré de la vitesse nécessaire pour traverser le matelas est, d'après les calculs du § 5, égal à 7416. Adoptant ce nombre, on a
$$420^2 = W^2 + 7416,$$
d'où
$$W = 411^m,1,$$
tandis que, d'après la formule générale, le projectile devrait posséder une vitesse de $429^m,7$ pour traverser une plaque unique de $0^m,44$, résultat qui, d'ailleurs, diffère très peu, comme on a pu le voir précédemment, de celui qui a été obtenu par l'expérience, savoir $432^m,0$.

Si l'on faisait usage de la formule
$$W = \sqrt{W'^2 + W''^2}$$
donnée plus haut, on trouverait $W = 378^m,1$. La différence, $33^m,0$, est nécessairement due aux liaisons.

On peut chercher quelle serait l'épaisseur ε_1 de la plaque unique qui offrirait la même résistance que l'ensemble des deux plaques de $0^m,22$.

Faisant usage à cet effet de la formule simplifiée (2) du paragraphe précédent, on posera l'équation
$$411,1 = 25180 \varepsilon^{0,7} \sqrt{\frac{a}{p}},$$
d'où l'on tire
$$\varepsilon_1 = 0^m,410,$$
$$\frac{\varepsilon_1}{\varepsilon} = 0^m,932.$$

Cette valeur du rapport ne convient qu'au cas où les deux plaques ont la même épaisseur. Il est d'ailleurs naturel d'admettre qu'il est indépendant de la valeur de ε.

Dans le cas général où les épaisseurs ε' et ε'' sont différentes, on posera toujours $\varepsilon' + \varepsilon'' = \varepsilon$ et, de plus, $\varepsilon'' = \dfrac{\varepsilon'}{n}$, ε' étant supposé supérieur à ε'', d'où résulte $n > 1$.

Le rapport $\dfrac{\varepsilon_1}{\varepsilon}$ croît évidemment lorsque n augmente, et doit se réduire à l'unité quand $\dfrac{1}{n} = 0$.

Comme il ne s'agit que de très légères différences, on peut poser

$$\dfrac{\varepsilon_1}{\varepsilon} = 1 - \dfrac{0,068}{n}.$$

Cette relation permet de calculer la valeur de ε_1, qui, introduite dans la formule générale, donne la valeur de W. Dans le Tableau ci-contre, les résultats ainsi obtenus sont comparés à ceux que l'on a déduits des expériences :

PASSAGE DES PROJECTILES A TRAVERS LES MURAILLES CUIRASSÉES.

Projectiles { diamètre (mètres)............	0,3170	0,2374	0,2374	0,1915
poids (kilogrammes)........	345	144	144	75
Composition de la cuirasse { Épaisseur de la première plaque ε' (mètres)...	0,15	0,15	0,12	0,15
Épaisseur de la deuxième plaque ε'' (mètres)...	0,15	0,05	0,12	0,05
Épaisseur totale ε (mètres)............	0,30	0,20	0,24	0,20
Épaisseur du matelas (mètres).............	0,84	0,84	0,84	0,84
Vitesse avec laquelle le boulet a traversé le système V (mètres)...	334,0	350,1	376,0	436,0
Vitesse que devrait posséder le projectile pour traverser le matelas U (mètres).	105,9	127,5	127,5	145,7
Vitesse nécessaire pour la perforation de la cuirasse $W = \sqrt{V^2 - U^2}$ (mètres)...	316,4	326,1	353,7	410,9
Épaisseur de la plaque unique équivalente à la cuirasse, $\varepsilon_1 = \varepsilon \left(1 - \dfrac{0,068}{\dfrac{\varepsilon'}{\varepsilon''}}\right)$ (mètres).............	0,2796	0,1954	0,2237	0,1954
Vitesse que, d'après la formule générale, devrait posséder le projectile pour traverser la plaque d'épaisseur ε_1 (mètres)...........	312,8	326,0	358,4	405,7
Excès de cette vitesse sur la valeur de W déduite de l'expérience (mètres)...	—3,6	—0,1	+4,7	—5,2

Les différences sont négligeables. La formule est donc admissible, du moins tant que les modes de liaison sont analogues à ceux qui sont en usage à Gâvre.

Les formules précédentes ne conviennent qu'autant que les plaques n'ont pas été altérées par un tir antérieur. A chaque coup, l'état des parties qui avoisinent le trou est modifié; l'étendue de cette altération varie d'ailleurs avec la vitesse du projectile, ainsi qu'avec la nature de la plaque, et l'on ne peut citer à cet égard que des faits isolés.

Trois boulets de 16^{cm} ont été successivement lancés contre une plaque de $0^m,20$; leur vitesse au choc était inférieure à celle qui aurait produit la perforation et les pénétrations ont été égales; les centres des trois trous étaient les sommets d'un triangle équilatéral dont le côté était égal à $0^m,32$. De là il est permis de conclure que, dans ce cas particulier, l'influence du coup ne s'étendait pas au delà d'un cercle concentrique au trou et d'un rayon égal à un calibre et demi.

Dans une autre expérience, cinq boulets ogivaux de 16^{cm} ont été tirés successivement contre une plaque de $0^m,30$ d'épaisseur; leur vitesse au choc était, en moyenne, de 452^m. Les centres des quatre premiers trous formaient les sommets d'un carré de $0^m,25$ de côté. Les pénétrations ont été successivement $0^m,17$, $0^m,19$, $0^m,20$ et $0^m,25$.

Le cinquième coup a été dirigé sur le centre du carré; le projectile a complètement traversé la plaque et s'est arrêté dans le bois.

Dans cette dernière expérience, l'altération produite par chaque coup ne s'est guère montrée sensible au delà d'un cercle concentrique au trou et ayant un calibre de rayon.

§ 7. — Plaques en acier.

Aucune expérience n'a été exécutée en vue de déterminer les vitesses que doivent posséder les projectiles pour traverser des plaques en acier. On a seulement fait des expériences comparatives sur des plaques d'égale épaisseur, les unes en fer forgé, les autres en acier. Les projectiles qui traversaient les premières étaient arrêtés par les secondes, bien que, dans les deux cas, ils fussent animés de la même vitesse. Les plaques en fer forgé n'étaient endommagées que dans le voisinage de la partie atteinte, tandis que les plaques en acier présentaient des fentes qui, s'étendant dans toute leur épaisseur, les divisaient en parties indépendantes les unes des autres.

Ces faits ont été mis, pour la première fois, en évidence dans des épreuves faites à la Spezzia, sur une plaque de fer fournie par la maison Marrel, de Rive-de-Gier, et une plaque en acier provenant du Creusot.

Épaisseur des plaques, $0^m,56$. Les plaques étaient fixées sur des murailles identiques.

Boulets ogivaux en acier : diamètre, $0^m,43$; poids, 780^{kgr}.

Le projectile dirigé contre la plaque en fer forgé avec une vitesse qui, au moment du choc, était de 472^m, l'a traversée, ainsi que la muraille, et s'est enfoncé de $2^m,50$ dans une butte en sable.

D'autre part, un boulet dont la vitesse était de 476^m au moment du choc, lancé contre la plaque en acier, a été repoussé en deçà de la muraille. La plaque se trouvait fendue en plusieurs morceaux, mais la muraille était intacte.

Des expériences du même genre, exécutées, à Gâvre, sur des plaques d'acier de diverses provenances, ont donné des résultats analogues.

Des épreuves ont été faites, à la fin de 1881, sur trois plaques en acier coulé et martelé, provenant du Creusot; leur longueur était de $1^m,50$, et leur épaisseur de $0^m,45$. Elles étaient appuyées sur un matelas, en bois, de $0^m,80$ d'épaisseur.

Les projectiles en acier, du diamètre de $0^m,317$, pesaient 345^{kgr}. Leur vitesse au choc, à peu près égale à 450^m, était supérieure d'environ 10^m à celle que les formules indiquent comme étant suffisante pour que le même projectile pût traverser le système composé d'une plaque en fer de $0^m,45$ et d'un matelas en bois de $0^m,80$.

Un premier coup a été tiré sur chaque plaque. Les projectiles ont été brisés, et les fragments sont tombés en deçà de la muraille. Les pénétrations ont été égales à $0^m,15$, $0^m,18$, $0^m,22$; valeur moyenne, $0^m,18$.

Deux autres coups ont été tirés sur chaque plaque; les centres des trois empreintes formaient un triangle équilatéral de $0^m,80$ de côté.

Pénétration au deuxième coup : $0^m,23$, $0^m,27$, $0^m,33$; moyenne, $0^m,28$. Pénétration au troisième coup : $0^m,32$, $0^m,35$, $0^m,41$; moyenne, $0^m,36$.

On voit que la pénétration augmente rapidement à mesure que les coups se multiplient. Tous les projectiles ont été brisés.

A la suite de ces trois coups, les plaques présentaient des fentes plus ou moins nombreuses; de l'une d'entre elles s'était même détaché un fragment dont le volume était à peu près égal au quart du volume total de la plaque.

On a encore fait, à Gâvre, des essais sur une cuirasse composée de deux plaques soudées ensemble, l'une d'acier très dur, l'autre de fer forgé; l'épaisseur de la première plaque n'était que la moitié de celle de la seconde. L'acier avait été coulé sur le fer chauffé au rouge; l'action du laminoir avait ensuite régularisé l'épaisseur, qui, d'une extrémité à l'autre, variait entre $0^m,40$ et $0^m,45$. Les deux autres dimensions étaient respectivement $1^m,50$ et $1^m,80$ (¹).

Cette cuirasse a été fixée sur une muraille en chêne; c'était le fer qui se trouvait en contact avec le bois. Ainsi disposée, elle a été atteinte normalement par un boulet ogival massif, en fonte dure, de 32^{cm}, du poids de 545^{kg}, et animé d'une vitesse de 426^m. Il a été brisé en menus fragments; sa péné-

---

(¹) Cette cuirasse avait été fabriquée en Angleterre, dans l'usine de MM. Cammel et Wilson.

tration n'a été que de 0^m,12. La plaque ne présentait qu'une fente qui, à la vérité, paraissait traverser toute son épaisseur.

Un second et un troisième boulet ont produit des effets à peu près semblables. Un quatrième, rencontrant une partie déjà fortement endommagée, a traversé la cuirasse et s'est arrêté dans la muraille en bois.

Une vitesse de 414^m aurait assuré le passage du projectile à travers la muraille si la cuirasse avait été remplacée par une plaque en fer forgé de même épaisseur.

§ 8. — Variation des deux facteurs de la force vive. Effets du tir sur les projectiles.

Les formules données précédemment font dépendre la perforation des plaques de la grandeur de la force vive des projectiles, représentée par le produit pV^2. Cependant, tout en conservant à ce produit la même valeur, on peut faire varier les deux facteurs et obtenir ainsi des résultats différents.

Vers la fin de l'année 1883, quelques expériences ont été faites à Gâvre à ce sujet; les projectiles ogivaux et du calibre uniforme de 0^m,10 différaient de longueur et de poids. Le tir était dirigé contre une plaque en fer forgé. A chaque coup, on mesurait la vitesse du projectile et l'on en déduisait la force vive à l'instant du choc. Les résultats moyens sont donnés dans le Tableau suivant :

ÉPAISSEUR de la plaque.	POIDS des projectiles.	VALEUR de $\frac{pV^2}{1000}$.	NOMBRE des coups.	OBSERVATIONS.
0,193	kgr 12,000	4136	6	Les boulets sont restés dans la plaque.
	13,650	4126	3	Les boulets ont traversé la plaque.
0,226	13,650	4307	3	Les boulets sont restés dans la plaque.
	15,700	4471	2	Les boulets ont traversé la plaque.

Les boulets essayés sur chaque plaque avaient à très peu

près la même force vive. Dans l'un et l'autre cas, les plus lourds ont seuls traversé l'obstacle.

L'explication de ce fait est facile. Lorsqu'un projectile rencontre la plaque, la partie antérieure éprouve un fort ralentissement, qui ne gagne pas instantanément la partie postérieure. Il en résulte que, pendant quelques instants, l'avant et l'arrière du corps ont des vitesses différentes; de là une cause de déformation d'autant plus grande que le choc est plus violent et la longueur du corps plus considérable. Mais, dans le cas où le produit $p\mathrm{V}^2$ conserve la même valeur, l'allongement du corps, entraînant une augmentation de poids, a pour conséquence une diminution de vitesse; le choc devient moins violent. On conçoit donc qu'il doit exister une longueur à laquelle correspond le minimum de déformation, et c'est alors que le passage du projectile devient plus facile. Mais la détermination de cette longueur dépend évidemment de la nature matérielle non seulement du projectile, mais encore de la plaque. Il faudrait donc bien se garder de généraliser les résultats de quelques tirs particuliers.

Lorsque la plaque offre une grande résistance, comme il arrive lorsqu'elle est en acier, la déformation dégénère en rupture. On voit que, la force vive restant la même, il y a toujours une longueur du projectile à laquelle correspond le maximum du nombre des ruptures.

§ 9. — Tir oblique contre les murailles cuirassées.

L'axe d'un projectile qui traverse obliquement une plaque ne conserve pas une direction constante. Au commencement de la pénétration, il se rapproche de la normale et s'en éloigne à sa sortie; mais, lorsqu'il ne s'agit que de la vitesse nécessaire à la perforation, ces légères variations peuvent être négligées.

ε désignant, comme précédemment, l'épaisseur de la plaque et W la vitesse qu'exige la perforation quand elle s'opère suivant la normale, soient i l'angle que fait avec cette normale un projectile qui pénètre obliquement, W_i la vitesse qui détermine son passage. Ce projectile peut être considéré comme traversant une plaque d'une épaisseur égale à $\frac{\varepsilon}{\cos i}$. La qualité de la plaque restant la même, quelle que soit la manière dont elle est traversée, les vitesses W et W_i doivent être proportionnelles aux épaisseurs ε et $\frac{\varepsilon}{\cos i}$. De là résulte l'équation

$$W_i = \frac{W}{\cos i},$$

qui se trouve vérifiée par de nombreuses expériences, du moins tant que l'angle d'incidence ne surpasse pas 25°.

CHAPITRE XV.

PROBABILITÉ DU TIR.

§ 1. — Considérations générales.

Il serait important d'avoir une solution, sinon exacte, du moins approximative, de la question suivante :

Dans un tir bien dirigé, quelles sont les chances d'atteindre un but dont les dimensions et la position sont données?

Ces chances sont ce qu'on appelle la *probabilité du tir*.

L'hypothèse d'une complète indépendance entre les déviations verticales et les déviations longitudinales des projectiles est évidemment celle qui assigne la moindre valeur à cette probabilité, et peut être ne verra-t-on aucun inconvénient à l'admettre; en effet, dans la pratique où l'on ne s'assujettit pas à toutes les précautions observées dans les expériences, le nombre des chances favorables est toujours amoindri.

On sait que, dans le tir des canons rayés, les causes qui déterminent les deux genres de déviations sont fort différentes, du moins aux grandes distances. L'hypothèse doit alors se rapprocher beaucoup de la vérité.

Elle a, dans les circonstances actuelles, l'avantage de simplifier les calculs.

§ 2. — Loi de probabilité admise par Laplace. Formules.

L'équation de la courbe de probabilité des écarts, admise par Laplace, est

$$y = \frac{a}{\sqrt{\pi}} e^{-a^2 x^2},$$

et l'on a vu dans la Note II placée à la fin du Tome I que la probabilité Π d'obtenir, dans une épreuve, un écart inférieur ou au plus égal à λ, est donnée par l'expression

$$\Pi = \frac{2}{\sqrt{\pi}} \int_0^\lambda e^{-a^2 x^2} dx.$$

D'ailleurs le carré moyen des écarts Γ et l'écart moyen γ sont liés à a par les formules

$$a = \frac{2}{\Gamma \sqrt{2}} = \frac{1}{\gamma \sqrt{\pi}}.$$

En remplaçant a par l'une ou l'autre de ces deux valeurs, on est conduit aux formules suivantes :

$$\Pi = \frac{2}{\sqrt{\pi}} \int_0^{\frac{\lambda}{\Gamma \sqrt{2}}} e^{-t^2} dt,$$

(A) $$\Pi = \frac{2}{\sqrt{\pi}} \int_0^{\frac{\lambda}{\gamma \sqrt{\pi}}} e^{-t^2} dt.$$

Les Tables placées dans la Note citée donnent, dans chaque cas particulier, la valeur des intégrales.

La seconde formule est généralement employée, de préférence à la première, par la raison qu'il est plus simple de calculer l'écart moyen que le carré moyen des écarts.

§ 3. — Substitution d'une ligne droite à la courbe de probabilité.

Il est intéressant d'examiner si, au moins dans certains cas, la courbe réellement inconnue qui représente la répartition des écarts ne pourrait pas être remplacée par une simple ligne droite BC (*fig.* 42), hypoténuse d'un triangle rectangle BOC dont la base OB serait égale à l'écart extrême.

L'aire A de ce triangle représente alors le nombre total des écarts, et l'abscisse OG du centre de gravité g est l'écart moyen γ. Comme $OG = \dfrac{OB}{3}$, il faut que l'écart extrême soit triple de l'écart moyen.

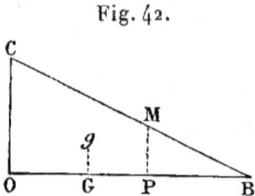

Fig. 42.

C'est, en effet, ce qui arrive généralement dans les expériences d'Artillerie, du moins quand elles sont suffisamment prolongées.

Prenant l'abscisse $OP = \lambda$, et menant l'ordonnée PM, on forme un trapèze OPMC dont l'aire représente le nombre des écarts qui ne surpassent pas λ. On obtient donc la probabilité Π d'avoir, à une épreuve, un écart numériquement inférieur ou au plus égal à λ, en divisant l'aire du trapèze par celle du triangle. De là, on conclut facilement, en se rappelant que $OB = 3\gamma$,

$$\Pi = \frac{2\lambda}{3\gamma} - \frac{\lambda^2}{9\gamma^2}.$$

Quand $\lambda = 3\gamma$, la probabilité devient 1 et se change en certitude. Il faut d'ailleurs se garder d'attribuer à λ des valeurs supérieures à 3γ.

Il est naturel de comparer cette formule à la formule (A) du § 2.

VALEUR de $\dfrac{\lambda}{\gamma}$.	VALEUR DONNÉE PAR LA FORMULE	
	$\Pi = \dfrac{2}{\sqrt{\pi}} \displaystyle\int_0^{\frac{\lambda}{\gamma\sqrt{\pi}}} e^{-t^2}\,dt.$	$\Pi = \dfrac{2\lambda}{3\gamma} - \dfrac{\lambda^2}{9\gamma^2}.$
$\frac{1}{4}$	0,158	0,160
$\frac{1}{2}$	0,310	0,306
1	0,574	0,556
$\frac{3}{2}$	0,767	0,750
2	0,889	0,889
$\frac{5}{2}$	0,952	0,972
3	0,983	1,000

La plus forte différence ne s'élève qu'à $\frac{1}{50}$, et souvent on ne prétend pas à une plus forte approximation.

Quand le rapport $\dfrac{\lambda}{\gamma}$ est très petit, de manière que son carré puisse être négligé, la première formule donne $\Pi = \dfrac{2\lambda}{\pi\gamma}$ et la seconde $\Pi = \dfrac{2\lambda}{3\gamma}$.

Le triangle offre une image facile à saisir; les calculs auxquels il conduit sont simples et ne demandent le secours d'aucune Table; ce n'est d'ailleurs qu'à ce point de vue qu'il présente quelque avantage; pour les recherches plus compliquées, il serait inadmissible.

§ 4. — Probabilité d'atteindre un rectangle horizontal.

Supposons que l'on prenne l'équation

$$y = \dfrac{a}{\sqrt{\pi}} e^{-a^2 x^2}$$

pour celle de la courbe de probabilité des écarts.

Alors la probabilité Π' d'obtenir à une épreuve une déviation latérale inférieure ou au plus égale à λ se déduit immédiatement de la formule (A) du § 2. Il suffit d'y mettre, au lieu de γ, la déviation latérale moyenne q. Ainsi

$$(1) \qquad \Pi' = \frac{\sqrt{\pi}}{2} \int_0^{\frac{\lambda}{q\sqrt{\pi}}} e^{-t^2} dt.$$

De même, si Π'' désigne la probabilité d'obtenir, à une épreuve, une déviation longitudinale inférieure ou tout au plus égale à Λ,

$$(2) \qquad \Pi'' = \frac{\sqrt{\pi}}{2} \int_0^{\frac{\Lambda}{Q\sqrt{\pi}}} e^{-t^2} dt,$$

Q représentant la déviation longitudinale moyenne.

Les formules qui font connaître les valeurs de q et de Q pour les boulets ogivaux se trouvent dans les Chapitres V et VI de la IIIe Section, et dans les Chapitres X et XI de la IIIe Section.

Lorsqu'on remplace la courbe de probabilité par une ligne droite, on a

$$(3) \qquad \Pi' = \frac{2\lambda}{3q} - \frac{\lambda^2}{9q^2},$$

$$(4) \qquad \Pi'' = \frac{2\Lambda}{3Q} - \frac{\Lambda^2}{9Q^2}.$$

Mais il ne faut se servir de ces équations qu'autant que les rapports $\frac{\lambda}{3q}$, $\frac{\Lambda}{3Q}$ ne surpassent pas l'unité. Si $\lambda > 3q$, il faut prendre $\Pi' = 1$; de même, $\Pi'' = 1$ si $\Lambda > 3Q$. Dans les deux cas la probabilité se change en certitude.

On vérifiera ces diverses formules en cherchant dans une suite de tirs la proportion du nombre des coups dont les déviations ne surpassent pas une certaine fraction ou un multiple de la déviation moyenne.

Par exemple, de l'examen d'environ 500 coups, tirés avec des canons rayés de 16^{cm}, avec des projectiles à tenons, sous de grandes inclinaisons, il est résulté le Tableau suivant :

| | PROBABILITÉ QUE LA DÉVIATION NE SURPASSERA PAS |||||
	$\frac{q}{4}$.	$\frac{q}{2}$.	q.	$2q$.	$3q$.
D'après l'expérience.........	0,176	0,300	0,592	0,886	0,998
D'après la formule (1)......	0,158	0,310	0,574	0,889	0,983
D'après la formule (2)......	0,160	0,306	0,556	0,889	1,000

Dès lors qu'on admet une complète dépendance entre les déviations latérales et longitudinales, la probabilité Π d'avoir à la fois une déviation latérale et une déviation longitudinale inférieures ou tout au plus égales, la première à λ, la seconde à Λ, doit être égale au produit des deux probabilités Π' et Π''. Ainsi

$$\Pi = \Pi'\Pi''.$$

Chacune des deux sortes de déviations se produit indifféremment dans un sens ou dans l'autre. De là il résulte que Π est la probabilité d'atteindre un rectangle horizontal dont la largeur est 2λ et la longueur 2Λ. Il est bien entendu que le centre de ce rectangle se trouve au point de chute de la trajectoire moyenne et que sa longueur et sa largeur sont, la première perpendiculaire, et la seconde parallèle au plan vertical passant par la tangente finale.

Par exemple, si $\frac{\lambda}{q} = \frac{1}{2}$ et $\frac{\Lambda}{Q} = 1$, on obtient par les formules (1) et (2),

$$\Pi' = 0,310, \quad \Pi'' = 0,574;$$

par suite,

$$\Pi = 0,178.$$

C'est la probabilité d'atteindre le rectangle dont la largeur est q et la longueur $2Q$.

C'est ainsi qu'on a formé le Tableau suivant :

Probabilités d'atteindre divers rectangles horizontaux ayant pour centre commun le point de chute de la trajectoire moyenne, et tels que leurs largeurs et leurs longueurs soient, les premières perpendiculaires, et les secondes parallèles au plan vertical passant par la tangente finale.

		LARGEUR DES RECTANGLES.						
		$\frac{q}{2}$.	q.	$2q$.	$3q$.	$4q$.	$5q$.	$6q$.
Longueur des rectangles.	$\frac{Q}{2}$	0,025	0,049	0,091	0,121	0,140	0,150	0,155
	Q	0,049	0,096	0,178	0,238	0,276	0,295	0,305
	$2Q$	0,091	0,178	0,329	0,440	0,510	0,546	0,564
	$3Q$	0,121	0,238	0,440	0,588	0,682	0,730	0,754
	$4Q$	0,140	0,276	0,510	0,682	0,790	0,846	0,874
	$5Q$	0,150	0,295	0,546	0,730	0,846	0,906	0,936
	$6Q$	0,155	0,305	0,564	0,754	0,874	0,936	0,966

En multipliant ces probabilités par 100, on aurait les nombres de boulets qui, sur 100 coups, tomberaient probablement dans les rectangles; toutefois, si l'on ne tirait précisément que 100 coups, il ne faudrait pas s'attendre à une distribution aussi régulière.

§ 5. — Probabilité d'atteindre un rectangle vertical.

On sait que la déviation verticale moyenne est sensiblement égale à $Q \tang \omega$, la lettre ω désignant l'angle de chute. D'après cela, la probabilité Π''' d'obtenir, à une épreuve, une déviation verticale numériquement inférieure ou tout au plus égale à H, peut être calculée par la formule

$$\Pi''' = \frac{2}{\sqrt{\pi}} \int_0^{\frac{H}{Q\sqrt{\pi}\tang\omega}} e^{-t^2} dt$$

ou, si l'on croit pouvoir remplacer la courbe de probabilités par une ligne droite,

$$\Pi''' = 2\frac{H}{3Q\tang\omega} - \left(\frac{H}{3Q\tang\omega}\right)^2.$$

La probabilité Π d'avoir à la fois une déviation latérale et une déviation verticale inférieures ou tout au plus égale, la première à λ, la seconde à H, est donnée par l'équation

$$\Pi_1 = \Pi'\Pi'''.$$

C'est, en d'autres termes, la probabilité d'atteindre un rectangle vertical dont la largeur horizontale est égale à 2λ et la hauteur à $2H$, le centre de ce rectangle se trouvant sur la trajectoire moyenne et son plan étant perpendiculaire au plan vertical qui passe par la tangente finale.

Lorsque le tir est très surbaissé, qu'il s'agisse de boulets sphériques ou de projectiles lancés par les canons rayés, les déviations verticales deviennent à peu près égales aux déviations latérales (1re Partie, Chap. IX, § 5). En continuant néanmoins de les regarder comme indépendantes les unes des autres, on peut, dans ce cas, calculer la probabilité Π''' par la formule

$$\Pi''' = \frac{2}{\sqrt{\pi}} \int_0^{\frac{H}{q\sqrt{\pi}}} e^{-t^2} dt$$

ou encore

$$\Pi''' = \frac{2H}{3q} - \left(\frac{H}{3q}\right)^2.$$

La probabilité Π_1 d'atteindre le rectangle vertical, dont la largeur est 2λ et la hauteur $2H$, est donnée par la formule

$$\Pi_1 = \left(\frac{2}{\sqrt{\pi}} \int_0^{\frac{\lambda}{q\sqrt{\pi}}} e^{-t^2} dt\right)\left(\frac{2}{\sqrt{\pi}} \int_0^{\frac{H}{q\sqrt{\pi}}} e^{-t^2} dt\right)$$

ou encore par l'équation

$$\Pi_1 = \left(\frac{2\lambda}{3q} - \frac{\lambda^2}{9q^2}\right)\left(\frac{2H}{3q} - \frac{H^2}{9q^2}\right),$$

le premier facteur devant être réduit à l'unité lorsqu'on a $\frac{\lambda}{3q} > 1$, et le second quand $H > 3q$.

Si les boulets sont sphériques, la formule donnée dans la Ire Partie, Chapitre VII, § 2, fait connaître leurs déviations latérales.

En faisant, dans les formules précédentes, $H = \lambda$, on obtient la probabilité Π_2 d'atteindre le carré vertical dont le côté est 2λ; ainsi

$$\Pi_2 = \left(\frac{2}{\sqrt{\pi}} \int_0^{\frac{\lambda}{q\sqrt{\pi}}} e^{-t^2} dt \right)^2$$

ou

$$\Pi_2 = \left(\frac{2\lambda}{3q} - \frac{\lambda^2}{9q^2} \right)^2.$$

Supposons, par exemple, que le carré ait $0^m,50$ de côté et soit placé à 600^m d'un canon de 30, tirant à boulets massifs, et à la charge de 5^{kg}; les Tables placées dans le Chapitre IX de la première Partie donnent, dans ce cas, $q = 1$.

La valeur de λ est $0^m,25$; mais il est clair que, si l'on veut tenir compte de tous les boulets qui peuvent atteindre le carré, il faut augmenter cette valeur d'une quantité égale à leur rayon, c'est-à-dire à $0^m,08$. D'après cela, on doit prendre $\lambda = 0^o,33$.

Cela posé, la première formule donne $\Pi_2 = 0,043$ et la seconde $\Pi_2 = 0,044$; en sorte que le nombre des boulets qui atteindraient probablement le carré ne serait guère que de 4 pour 100.

On obtenait mieux que cela dans les tirs ordinaires des polygones, en tirant contre des cibles circulaires de $0^m,50$ de diamètre, qui offraient cependant moins de chances d'être atteintes; mais il ne faut pas oublier que les hypothèses qui servent de base à l'établissement des formules sont celles qui réduisent la probabilité à sa moindre valeur.

§ 6. — Probabilité d'atteindre un cercle vertical.

Il est facile d'obtenir la probabilité d'atteindre un cercle vertical.

Le centre O de ce cercle (*fig.* 43) étant supposé sur la trajectoire, et menant en ce point deux axes de coordonnées, l'un Ox horizontal, l'autre Oz vertical, soit M un point à coordonnées positives représentées par x et z; trois autres

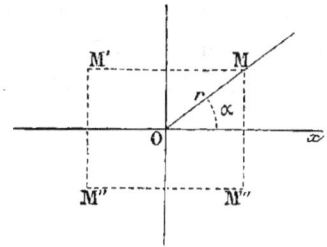

Fig. 43.

points M', M'', M''' ont des coordonnées numériquement égales aux siennes.

La probabilité d'obtenir une déviation latérale égale à x est

$$\frac{2a}{\sqrt{\pi}} e^{-a^2 x^2} dx$$

(Note II, placée à la fin du Tome I, § 4); celle d'avoir une déviation verticale égale à z est $\frac{2a}{\sqrt{\pi}} e^{-a^2 z^2} dz$; dans ces deux expressions, a conserve la même valeur, savoir $\frac{1}{q\sqrt{\pi}}$, puisque les déviations sont les mêmes dans les deux sens.

La probabilité du concours de ces deux déviations est donc

$$\frac{4a^2}{\pi} e^{-a^2(x^2+z^2)} dx dy.$$

C'est, en d'autres termes, la probabilité d'atteindre un des quatre rectangles élémentaires $dx\,dz$ situés au sommet de celui qui est formé par les quatre points M, M', M'', M'''.

Désignant par r la distance OM et appelant α l'angle que fait OM avec l'axe des x, il est clair que $r^2 = x^2 + z^2$ et qu'à l'élément superficiel $dx\,dz$ on peut substituer $r\,d\alpha\,dr$. Par suite, l'expression précédente devient

$$\frac{4a^2}{\pi} e^{-a^2 r^2} r\,d\alpha\,dr.$$

L'intégration par rapport à α et entre les limites zéro et $\frac{\pi}{2}$ donne évidemment la probabilité d'atteindre la bande circulaire comprise entre les deux circonférences dont les rayons sont r et $r + dr$. Cette probabilité est donc égale à

$$2a^2 e^{-a^2 r^2} r\,dr.$$

La quantité $e^{-a^2 r^2} r$, nulle lorsque $r = 0$ ou $r = \infty$, atteint sa plus grande valeur quand $r = \dfrac{1}{a\sqrt{2}}$ ou $r = q\sqrt{\dfrac{\pi}{2}}$, en remplaçant a par $\dfrac{1}{q\sqrt{\pi}}$. Ainsi, la circonférence qui aurait un rayon à peu près égal aux $\frac{5}{4}$ de la déviation longitudinale moyenne serait celle qui offrirait le plus de chances d'être atteinte. C'est dans son voisinage que les boulets devraient être groupés en plus grand nombre; il n'y en aurait que très peu près du centre.

Cela posé, en intégrant l'expression précédente à partir de $r = 0$, on doit avoir la probabilité Π_3 d'atteindre le cercle de rayon r; donc

$$\Pi_3 = 1 - e^{-a^2 r^2}$$

ou

$$\Pi_3 = 1 - e^{-\frac{r^2}{\pi q^2}},$$

ce qui équivaut à

$$\Pi_3 = 1 - 10^{-0,13823 \frac{r^2}{q^2}}.$$

Soit encore un canon de 30 tirant à boulets massifs, et à

la charge de 5^{kg}, contre une cible circulaire de $0^m,50$ de diamètre placée à la distance de 600^m. Dans ce cas, $q=1$, et, pour tenir compte de tous les boulets qui peuvent atteindre le but, il faut ajouter leur rayon à celui de la cible et prendre, en conséquence, $r = 0,25 + 0,08 = 0,33$. La formule donne $\Pi_3 = 0,034$. Le nombre des chances favorables serait donc compris entre 3 et 4 pour 100, et, comme on l'a déjà dit, l'expérience donne davantage.

L'atténuation de la probabilité est d'autant plus sensible que le rapport $\dfrac{r}{q}$ est plus petit.

On arrive à des résultats bien différents lorsque, supposant que les causes déviatrices agissent indifféremment et avec la même intensité dans tous les sens autour de la trajectoire moyenne, on prend l'équation ordinaire $y^2 = \dfrac{a}{\sqrt{\pi}} e^{-a^2 x^2}$ pour celle de la courbe qui représente la probabilité des écarts.

Dans cette hypothèse, la probabilité d'obtenir un écart inférieur ou au plus égal à r est donnée par l'expression

$$\frac{2}{\sqrt{\pi}} \int_0^{\frac{r}{\gamma\sqrt{\pi}}} e^{-t^2} dt,$$

γ désignant l'écart moyen.

C'est évidemment la probabilité d'atteindre un cercle d'un rayon égal à r, ayant son centre sur la trajectoire moyenne et dont le plan est normal à cette courbe. Lorsque le tir est surbaissé, il est bien clair que ce plan peut être considéré comme vertical.

Admettant qu'il en soit ainsi, la direction suivant laquelle se manifeste un écart numériquement égal à ε peut faire avec le plan horizontal un angle quelconque. Soit α cet angle. La projection horizontale de cet écart est $\varepsilon \cos \alpha$.

Comme il ne s'agit ici que de valeurs numériques, il est permis de regarder l'angle α comme aigu et positif.

Mais, dans les hypothèses admises, il peut indifféremment prendre toutes les valeurs comprises entre zéro et $\frac{\pi}{2}$.

Divisant l'angle droit en n parties égales entre elles, infiniment petites et représentées par $d\alpha$, en sorte que $n\,d\alpha = \frac{\pi}{2}$, la somme des projections horizontales des n écarts numériquement égaux à ε, et dont les directions se confondent avec les divisions de l'angle droit, est

$$\left(\cos d\alpha + \cos 2\,d\alpha + \cos 3\,d\alpha + \ldots + \cos\frac{\pi}{2}\right)\varepsilon.$$

Leur moyenne arithmétique est

$$\left(\cos d\alpha + \cos 2\,d\alpha + \cos 3\,d\alpha + \ldots + \cos\frac{\pi}{2}\right)\frac{\varepsilon}{n}$$

ou, en remplaçant n par $\frac{\pi}{2\,d\alpha}$,

$$\frac{2\varepsilon}{\pi}\left(\cos d\alpha + \cos 2\,d\alpha + \cos 3\,d\alpha + \ldots + \cos\frac{\pi}{2}\right)d\alpha,$$

ce qui revient à dire que la moyenne arithmétique des projections horizontales des écarts numériquement égaux à ε est

$$\frac{2\varepsilon}{\pi}\int_0^{\frac{\pi}{2}} \cos\alpha\,d\alpha \quad \text{ou} \quad \frac{2\varepsilon}{\pi}.$$

De là il résulte que, si l'on regarde les déviations latérales comme les projections horizontales des écarts,

$$q = \frac{2}{\pi}\gamma \quad \text{ou} \quad \gamma = \frac{\pi}{2}q.$$

Dès lors la probabilité d'atteindre le cercle vertical dont le rayon est r a pour expression

$$\frac{2}{\sqrt{\pi}}\int_0^{\frac{2}{\pi\sqrt{\pi}}\frac{r}{q}} e^{-t^2}\,dt$$

ou

$$\frac{2}{\sqrt{\pi}} \int_0^{0,3592\frac{r}{q}} e^{-t^2} dt.$$

L'application de cette formule à l'exemple cité plus haut donne 0,105 pour la valeur de la probabilité, de sorte que le nombre des chances favorables serait supérieur à 10 pour 100.

Ce nombre paraît exagéré si on le compare aux résultats que l'on obtient dans les tirs ordinaires. Cependant, dans les expériences exécutées à Vincennes en 1833, et rapportées dans le *Traité d'Artillerie* du général Piobert, trois bouches à feu ont été essayées comparativement, savoir un canon de 12, un canon de 8 et un obusier de 15^{cm} de campagne. Le but était un carré de 0^m,45 de côté. Le nombre des coups qui l'ont atteint à la distance de 600^m a été de 12 pour 100.

TABLE DES MATIÈRES.

Pages.

Avant-propos.. 1

SECONDE PARTIE.
ARTILLERIE RAYÉE.

PREMIÈRE SECTION.
Notions préliminaires.

§ 1. — Considérations générales................................... 5
§ 2. — Propriétés d'un corps de révolution animé d'un mouvement de rotation autour de son axe........................... 6
§ 3. — Suite. — Cas où la vitesse de rotation est très grande........ 13
§ 4. — Projectiles... 17
§ 5. — Tenons et rayures. — Résistance des canons................. 18
§ 6. — Résistance que les rayures opposent au mouvement des projectiles. — Pression sur les rayures........................ 23
§ 7. — Relation entre la vitesse de translation et la vitesse de rotation. 27
§ 8. — Notations relatives aux boulets ogivaux..................... 28
§ 9. — Forme générale de la trajectoire............................ 30

DEUXIÈME SECTION.
Projectiles à tenons. — Emploi de l'ancienne poudre.

CHAPITRE I.
DISPOSITIONS GÉNÉRALES. — BOUCHES A FEU ET PROJECTILES EMPLOYÉS DANS LES EXPÉRIENCES.

CHAPITRE II.
RÉSISTANCE DE L'AIR AU MOUVEMENT DES PROJECTILES. PREMIÈRES EXPÉRIENCES.

§ 1. — Considérations générales. — Formules...................... 37
§ 2. — Projectiles ogivaux de 16^{cm} (Gâvre, 1869)................. 39

	Pages.
§ 3. — Projectiles ogivaux lancés par le perrier (Gâvre, 1859).......	41
§ 4. — Projectiles ogivaux de 14^{cm} (Gâvre, 1868)...................	43
§ 5. — Boulets terminés à l'avant par un demi-ellipsoïde (Gâvre, 1861).	44
§ 6. — Boulets cylindriques (Gâvre, 1860 et 1861).................	47
§ 7. — Résumé et conclusions..	48

CHAPITRE III.

VITESSES INITIALES DES PROJECTILES.

§ 1. — Expression générale des vitesses............................	51
§ 2. — Canons de 16^{cm}. — Expériences de 1858.......	53
§ 3. — Canons de 16^{cm}. — Expériences de 1859...	54
§ 4. — Canons de 16^{cm}. — Expériences de 1860...................	55
§ 5. — Canons de 16^{cm}. — Expériences de 1861...................	56
§ 6. — Obusier rayé de 22^{cm}. — Octobre 1861....................	58
§ 7. - Expériences exécutées en 1864 sur deux canons, l'un de 24^{cm}, l'autre de 26^{cm}..	60
§ 8. — Expériences exécutées sur des perriers en 1859..............	62
§ 9. - Conclusions...	63

CHAPITRE IV.

PORTÉES MOYENNES DES PROJECTILES OGIVAUX.

§ 1. — Formule des portées..	65
§ 2. — Canons de 16^{cm}. — Expériences de 1858....................	65
§ 3. — Canons de 16^{cm}. — Expériences de 1860....................	67
§ 4. — Canons de 16^{cm}. — Expériences de 1863....................	68
§ 5. — Conséquences des expériences exécutées sur des canons de 16^{cm}.	75
§ 6. — Projectiles ogivaux de 14^{cm}. — Expériences de 1864.........	76
§ 7. — Canons de 19^{cm}. — Expériences de 1858.....................	77
§ 8. — Obusier de 22^{cm}. — Expériences de 1861-1862...............	80
§ 9. — Expériences exécutées sur des perriers (juin et août 1859)...	82
§ 10. — Résumé et conclusions.....................................	82

CHAPITRE V.

DÉRIVATION DES PROJECTILES.

§ 1. — Considérations générales...................................	85
§ 2. — Dérivation des obus ogivaux de 16^{cm}. — Expériences de 1858.	86
§ 3. — Suite. — Expériences de 1860 (Chap. IV, § 3)..............	87
§ 4. — Suite. — Expériences de 1863............................	88
§ 5. — Conséquences des expériences précédentes..................	89
§ 6. — Dérivation des obus ogivaux de 22^{cm}. — Expériences de 1861 et de 1862 (Chap. III, § 6; Chap. IV, § 8).................	90

TABLE DES MATIÈRES. 417

Pages.

§ 7. — Dérivation des obus ogivaux de 14^{cm}. — Expériences de 1864 (Chap. IV, § 6) 91
§ 8. — Dérivation des projectiles ogivaux lancés par le perrier. — Expériences de 1859 (Chap. IV, § 9).................... 91
§ 9. — Conclusions 92

CHAPITRE VI.

DÉVIATIONS LATÉRALES DES PROJECTILES.

§ 1. — Déviation latérale moyenne................................. 95
§ 2. — Déviations latérales moyennes des obus ogivaux de 16^{cm}. — Expériences de 1858 décrites dans le Chapitre IV, § 3....... 97
§ 3. — Suite. — Expériences de 1863 décrites dans le Chapitre IV, § 4. 98
§ 4. — Déviations latérales des obus de 19^{cm}. — Expériences de 1858 (Chap. IV, § 7).. 99
§ 5. — Déviations latérales des obus de 22^{cm}. — Expériences de 1861-1862 (Chap. IV, § 8) 99
§ 6. — Déviations latérales des projectiles lancés par le perrier. — Expériences de 1859 (Chap. IV, § 9)...................... 100
§ 7. — Résumé et conclusions.. 101

CHAPITRE VII.

DÉVIATIONS LONGITUDINALES DES PROJECTILES.

§ 1. — Considérations générales..................................... 102
§ 2. — Déviations longitudinales des obus ogivaux de 16^{cm}. — Expériences de 1858 décrites dans le Chapitre IV, § 3, et le Chapitre VI, § 2.. 104
§ 3. — Suite. — Expériences de 1863 (Chap. IV, § 4, Chap. VI, § 3). 105
§ 4. — Déviations longitudinales des obus de 19^{cm}. — Expériences de 1858 (Chap. IV, § 7, Chap. VI, § 4)...................... 107
§ 5. — Déviations longitudinales des obus de 22^{cm}. — Expériences de 1861-1862 (Chap. IV, § 8, et Chap. VI, § 5)................ 108
§ 6. — Conclusions... 109
§ 7. — Influence du mode de chargement sur les déviations longitudinales... 109
§ 8. — Déviation verticale moyenne 111

CHAPITRE VIII.

SYSTÈME D'ARTILLERIE ADOPTÉ PAR LA MARINE EN 1864.

§ 1. — Dispositions générales....................................... 113
§ 2. — Influence du diamètre du mandrin des gargousses sur les vitesses initiales 114

II. 27

		Pages.
§ 3.	Influence des valets en algue sur les vitesses initiales........	117
§ 4.	— Calcul des vitesses initiales.............................	121
§ 5.	— Influence de la nature de la gargousse sur la grandeur des vitesses initiales des projectiles......,................	129
§ 6.	— Influence de la position de la lumière sur la grandeur des vitesses initiales des projectiles........................	130
§ 7.	— Chargement avec vide en arrière de la gargousse. — Influence de la position de la lumière.............................	132
§ 8.	Portées moyennes des projectiles de 1864. — Résultats des expériences..................................,...........	136
§ 9.	— Conséquences des expériences précédentes.................	140
§ 10.	Dérivations des projectiles de 1864	142

TROISIÈME SECTION.

Projectiles à ceintures. — Emploi des nouvelles poudres.

CHAPITRE I.

DISPOSITIONS GÉNÉRALES.

§ 1.	Bouches à feu	143
§ 2.	— Projectiles ....,.................	145
§ 3.	— Poudre	146
§ 4.	— Gargousses	147

CHAPITRE II.

INFLUENCE DU VENT SUR LE MOUVEMENT DES PROJECTILES OGIVAUX.
CORRECTIONS A FAIRE SUBIR AUX RÉSULTATS DES EXPÉRIENCES.

§ 1.	— Considérations générales................................	148
§ 2.	Influence d'un vent horizontal parallèle au plan de tir. — Correction relative au coefficient K........................	149
§ 3.	Suite. — Correction relative à la résistance de l'air..........	151
§ 4.	Influence d'un vent perpendiculaire au plan de tir. — Correction relative à la dérivation...........................	152
§ 5.	— Observations..	154

CHAPITRE III.

RÉSISTANCE DE L'AIR AU MOUVEMENT DES PROJECTILES OGIVAUX.

§ 1.	Observation préliminaire...................................	155
§ 2.	Formule..	156
§ 3.	Expériences exécutées à Gâvre en 1873 sur des projectiles de 24^{cm}	159

TABLE DES MATIÈRES. 419

Pages.

§ 4. — Expériences exécutées à Gâvre en 1881 sur des projectiles de 10^{cm}.. 160
§ 5. — Expériences exécutées en Angleterre par M. Bashforth (années 1866-1870).. 162
§ 6. — Expériences faites à Saint-Pétersbourg en 1868 et 1869...... 164
§ 7. — Nouvelles expériences exécutées en Angleterre par M. Bashforth pendant les années 1879-1880......................... 166
§ 8. — Expériences exécutées à Meppen par M. Friedrich Krupp.... 169
§ 9. — Boulets terminés à l'avant par un hémisphère. — Expériences exécutées en Angleterre par M. Bashforth en 1879........ 172
§ 10. — Résumé... 175
§ 11. — Conséquences générales..................................... 176
§ 12. — Calcul des pertes de vitesse éprouvées par un projectile pour un parcours sensiblement horizontal..................... 178

CHAPITRE IV.

FORMULE DES PORTÉES.

§ 1. — Considérations générales.................................... 189
§ 2. — Comparaison de la trajectoire réelle et de la parabole d'égale portée... 189
§ 3. — Limites entre lesquelles varie le coefficient K. — Angle de plus grande portée.. 192
§ 4. — Observations sur les erreurs dont peuvent être affectées les valeurs de K données par l'expérience..................... 196
§ 5. — Régularisation des valeurs de K données par l'expérience.... 198
§ 6. — Résultats des expériences. Canon de 34^{cm} (Gâvre, 1880)..... 203
§ 7. — Suite. — Canon de 32^{cm} (Gâvre, 1876)....................... 206
§ 8. — Suite. — Canon de 27^{cm}. Expériences de Gâvre............. 210
§ 9. — Suite. — Canon de 24^{cm}. Expériences de Gâvre, 1873........ 216
§ 10. — Suite. — Canon de 24^{cm}. Expériences de Gâvre, 1875........ 224
§ 11. — Suite. — Canon de 24^{cm} de la guerre (Gâvre, 1878)......... 227
§ 12. — Suite. — Canon de 19^{cm}. Expériences de Gâvre............. 229
§ 13. — Suite. — Canon de 16^{cm}. Expériences de Gâvre, 1880........ 233
§ 14. — Suite. — Canon de 14^{cm} (Gâvre, 1880)....................... 235
§ 15. — Suite. — Canon de 10^{cm} (Gâvre, 1881)....................... 237
§ 16. — Influence de la manière dont le projectile est maintenu dans l'âme... 240
§ 17. — Conséquences des expériences............................... 245
§ 18. — Application numérique...................................... 251
§ 19. — Examen du cas où l'angle de départ est très-faible.......... 252
§ 20. — Application des formules aux projectiles à tenons employés avant 1870... 257
§ 21. — Application des formules au canon de 90^{mm} de la guerre (Bourges, 1877, 1878, 1879)................................ 260
§ 22. — Construction des Tables de tir.............................. 263

CHAPITRE V.

SUBSTITUTION D'UNE COURBE DU TROISIÈME DEGRÉ A LA TRAJECTOIRE RÉELLE.

Pages.
§ 1. — Abscisse du sommet de la trajectoire........................ 267
§ 2. — Ordonnée du sommet de la trajectoire....................... 269
§ 3. — Angle de chute.. 271
§ 4. — Application numérique..................................... 272

CHAPITRE VI.

DURÉE DU TRAJET.

§ 1. — Établissement de la formule................................ 274
§ 2. — Comparaison de la formule avec les résultats des expériences. 276
§ 3. — Observations relatives aux inclinaisons supérieures à 45°.... 281
§ 4. — Application numérique..................................... 283

CHAPITRE VII.

VITESSE FINALE DES PROJECTILES.

§ 1. — Vitesse finale déduite des lois de la résistance de l'air......... 284
§ 2. — Vitesse finale déduite de la courbe du troisième degré........ 285

CHAPITRE VIII.

CALCUL APPROXIMATIF DE LA TRAJECTOIRE MOYENNE.

§ 1. — Considérations générales. — Notations..................... 289
§ 2. — Formules d'approximation 290
§ 3. — Application numérique..................................... 295
§ 4. — Conclusion 302
§ 5. — Autre procédé 303

CHAPITRE IX.

DÉRIVATIONS DES PROJECTILES.

§ 1. — Observations générales..................................... 305
§ 2. — Vérification et généralisation des formules obtenues dans le Chapitre V de la deuxième Section........................ 305
§ 3. — Tir sous les angles supérieurs à 45°........................ 309
§ 4. — Application numérique..................................... 312

CHAPITRE X.

DÉVIATIONS LATÉRALES DES PROJECTILES.

	Pages.
§ 1. — Formule	313
§ 2. — Résultats des expériences	314
§ 3. — Conclusion	318
§ 4. — Tir sous les angles supérieurs à 45°	320

CHAPITRE XI.

DÉVIATIONS LONGITUDINALES DES PROJECTILES.

§ 1. — Observations générales	322
§ 2. — Résultats des expériences	323
§ 3. — Conséquences des expériences	329
§ 4. — Influence de la position des ceintures sur les déviations longitudinales	332
§ 5. — Ricochets des projectiles	334

CHAPITRE XII.

BOULETS CYLINDRIQUES LANCÉS PAR LES CANONS RAYÉS.

§ 1. — Résistance de l'air	336
§ 2. — Portées, dérivations, déviations des boulets cylindriques	341
§ 3. — Influence qu'un appendice en forme de cornet, placé à l'avant des boulets cylindriques, exerce sur la résistance de l'air	342
§ 4. — Projectiles cylindro-coniques. — Résistance de l'air	344

CHAPITRE XIII.

VITESSES INITIALES DES PROJECTILES.

§ 1. — Observations générales	347
§ 2. — Formule des vitesses initiales	348
§ 3. — Poudre de Wetteren, dite à grains de 13 à 16^{mm}	349
§ 4. — Poudre de Wetteren, dite à grains de 20 à 25^{mm}	356
§ 5. — Poudre de Wetteren, dite à grains de 25 à 30^{mm}	359
§ 6. — Poudre de Wetteren, dite à grains de 30 à 38^{mm}	362
§ 7. — Conséquences des expériences précédentes	363
§ 8. — Restrictions à l'emploi de la formule	369
§ 9. — Maximum des effets de la poudre	371
§ 10. — Sur les mesures des pressions exercées par les gaz	372

CHAPITRE XIV.

PASSAGE DES PROJECTILES A TRAVERS LES MURAILLES CUIRASSÉES.

		Pages.
§ 1.	Considérations générales	374
§ 2.	Plaques de fer forgé isolées. (Expériences anglaises, 1864.)	375
§ 3.	Expériences de Gâvre. — Murailles. — Projectiles	378
§ 4.	Passage des projectiles à travers les murailles en bois non cuirassées	380
§ 5.	Passage des projectiles ogivaux à travers les murailles en bois cuirassées	382
§ 6.	Plaques superposées	390
§ 7.	Plaques en acier	394
§ 8.	Variation des deux facteurs de la force vive. — Effets du tir sur les projectiles	397
§ 9.	Tir oblique contre les murailles cuirassées	398

CHAPITRE XV.

PROBABILITÉ DU TIR.

§ 1.	Considérations générales	400
§ 2.	Loi de probabilité admise par Laplace. — Formules	400
§ 3.	Substitution d'une ligne droite à la courbe de probabilité	401
§ 4.	Probabilité d'atteindre un rectangle horizontal	403
§ 5.	Probabilité d'atteindre un rectangle vertical	406
6.	Probabilité d'atteindre un cercle vertical	409

FIN DU TOME SECOND.

www.ingramcontent.com/pod-product-compliance
Lightning Source LLC
Chambersburg PA
CBHW072215240426
43670CB00038B/1520